HEYNE‹

W0085222

DER AUTOR

Peter Wohlleben, Jahrgang 1964, wollte schon als kleines Kind Naturschützer werden. Er studierte Forstwirtschaft und war über zwanzig Jahre lang Beamter der Landesforstverwaltung. Um seine ökologischen Vorstellungen umzusetzen, kündigte er und leitet heute einen umweltfreundlichen Forstbetrieb in der Eifel. Dort arbeitet er an der Rückkehr der Urwälder. Er ist Gast in zahlreichen TV-Sendungen, hält Vorträge und Seminare und ist Autor von Büchern zu Themen rund um den Wald und den Naturschutz. Zuletzt erschienen im Ludwig Verlag seine Bestseller *Das geheime Leben der Bäume* und *Das Seelenleben der Tiere*.

PETER WOHLLEBEN

DER
WALD

EINE ENTDECKUNGSREISE

WILHELM HEYNE VERLAG
MÜNCHEN

Dieses Buch erschien bereits in einer früheren Ausgabe unter dem Titel
Der Wald – Ein Nachruf (ISBN: 978-3-453-28041-0).

MIX
Papier aus verantwor-
tungsvollen Quellen
FSC® C014496
www.fsc.org

Verlagsgruppe Random House FSC® N001967

3. Auflage
Taschenbucherstausgabe 11/2016

Copyright © 2013 by Ludwig Verlag, München,
in der Verlagsgruppe Random House GmbH,
Neumarkter Str. 28, 81673 München
Redaktion: Dr. Sigrun Künkele, Hamburg
Umschlaggestaltung: Eisele Grafik-Design, München
Umschlagfotos: David Pattyn/Foto Natura/Minden Pictures/
Corbis und Trish Punch/Rudolf Vlček, beide Getty Images
Satz: Leingärtner, Nabburg
Druck und Bindung: GGP Media GmbH, Pößneck
Printed in Germany
ISBN: 978-3-453-61508-3

www.heyne.de

INHALT

Vorwort

Ich stehe vor einer riesigen Buche. Ihre glatte Rinde ist auf einer Seite hellgrau, auf der anderen dunkel und feucht vom Regen der letzten Nacht. Das Laub riecht nach Pilzen und Moder. Ich schaue noch einmal in die weit ausgreifenden kahlen Kronenäste. Rund 170 Jahre hat sie auf dem Buckel. Da schreckt mich der Achtungsruf der Waldarbeiter aus meinen Gedanken und unwillkürlich trete ich noch einige Schritte zurück. Die Motorsäge heult auf, weiße Späne spritzen umher. Das Schwert der Maschine frisst sich unerbittlich ins Holz und wenig später geht ein Zittern durch den Baum. Fast unmerklich setzt sich die Krone in Bewegung, um rasch an Fahrt aufzunehmen. Der Stamm ächzt und quietscht, die Äste rauschen und dann schlägt die Buche so hart zu Boden, dass ich es in den Fußsohlen spüre.

Meine Gefühle fahren Achterbahn. Denn da sind zum einen die gewaltigen Kräfte, die so eine Fällung zum Ausbruch bringt. Der dicke Stamm, das viele Nutzholz, all das wird auf meine Anweisung hin bearbeitet. Zum anderen schwingt ein Bedauern mit, welches mit jedem abgesägten Baum immer größer wird: Ich beseitige die letzten alten Laubwälder des Gemeindewalds, die letzten mächtigen Buchen und Eichen. Zurück bleibt nur Jungwuchs, wenige Jahre alt. Dieser »Wald« reicht mir nicht einmal bis zum Kinn. Ist es das, was ich mir für unsere Umwelt wünsche?

Diese berufliche Episode ist mittlerweile 20 Jahre her und die alten Wälder meiner Gemeinde stehen nun unter Schutz. Es hat lange gedauert, bis ich verstanden habe, was dort draußen vor sich geht, wie ein Wald funktioniert und was menschliches Handeln bewirkt. Wieder und wieder habe ich meine Arbeit hinterfragt, nicht nur als Förster, sondern auch als Mensch, der seinen Platz im 21. Jahrhundert einnimmt. Und obwohl dieser Lernprozess nie zu Ende gehen wird und ich immer noch Fehler mache, habe ich mich mit den Bäumen versöhnt. Jetzt endlich, nach 25 Jahren beruflicher Tätigkeit, passen Arbeit und Naturschutz zusammen. Und in letzter Zeit lässt mich der neue, unverkrampfte Blick auf unser größtes Ökosystem laufend überraschende Dinge entdecken, die so an keiner Hochschule gelehrt werden.

Wald kommt der Ursprünglichkeit unzerstörter Natur noch am nächsten. Der Lärm und die Hektik des Alltags scheinen in ihm zu verhallen. Wenn der Wind durch die Wipfel rauscht, die Vögel singen und das Grün der Blätter harmonisch in das Blau des Himmels übergeht, können wir tief durchatmen und entspannen. Das Wissen, dass Wälder nebenbei auch unverzichtbar für reines Trinkwasser, gesunde Luft und die Artenvielfalt sind, verstärkt die positiven Gefühle. Doch ist das wirklich intakte Natur, was wir da sehen? Seit ich mich kritisch mit der eigenen Zunft beschäftige, kommen mir viele Forste nur noch wie grüne Kulissen vor, hinter denen es ums knallharte Geschäft geht. Die Tierwelt wird zum Teil an den Rand gedrängt und als lästiges Hindernis gesehen, Bäume nur noch als Holzlieferanten mit begrenzter Verweildauer begriffen.

Noch gibt es sie, die grünen Inseln mit intakten Lebensgemeinschaften. Selbst wenn es keine Urwälder mehr sind, sondern eher wilde Kulturwälder, so kann man hier das Sozialleben der Bäume beobachten, neue Tierarten im kaum erforschten Boden entdecken oder einfach nur spüren, wie sich echter Wald anfühlt. Doch selbst diese Fläche wird täglich kleiner, um Platz für neue Nadelbaumplantagen zu schaffen. Leider wird das in der Öffentlichkeit kaum bemerkt und auffällige Veränderungen werden dem Waldsterben oder dem Klimawandel in die Schuhe geschoben.

Es ist vielfach unser aller Wald, mit dem so gewirtschaftet wird, denn ein Großteil der Betriebe befindet sich im Besitz von Staat, Städten und Gemeinden. Und deswegen wünsche ich mir mehr kritische »Aktionäre«, die helfen, dieses empfindliche Ökosystem zu schützen.

Haben Sie Lust, mich zu begleiten? Dann lade ich Sie ein auf einen Spaziergang durch den Wald, auf eine Entdeckungstour zu den letzten Geheimnissen vor unserer Haustür. Zuvor aber möchte ich Ihnen noch ein wenig über meinen Weg in den Wald erzählen …

Wie ich Förster wurde

Schon als kleiner Junge wollte ich Naturschützer werden. Die Familienurlaube im Allgäu oder auf den Nordseeinseln riefen in mir eine tiefe Sehnsucht nach weiten, ursprünglichen Landschaften hervor. Ging es wieder nach Hause, brach ich jedes Mal in Tränen aus. Diese Sehnsucht ist mir bis heute geblieben.

Naturschutz ist kein Studienzweig oder Lehrberuf und so schrieb ich mich nach dem Abitur für ein Biologiestudium ein, auch wenn mir nicht so richtig klar war, was ich damit später anfangen sollte. Eines Tages brachte mir meine Mutter einen Artikel aus der Tageszeitung, in dem die Bezirksregierung Koblenz Stellen für eine interne Ausbildung zum Förster ausschrieb. Neben 200 anderen Bewerberinnen und Bewerbern schwitzte ich im Auswahltest über politischen Fragen, rechnete kleine Testaufgaben und wurde schließlich vor ein dreiköpfiges Gremium geladen. Hier stellte man die üblichen Fragen, zum Beispiel warum man Förster werden wolle. Und dann wurde es brenzlig: »Waren Sie schon bei der Bundeswehr oder werden Sie noch eingezogen?« Ich wurde rot. Nein, antwortete ich, ich sei aufgrund meiner Körpergröße von 1,98 Metern freigestellt worden. Untauglich also. Dumm nur, dass die Forstverwaltungen erzkonservative Behörden waren, die das Militärische geradezu liebten. Kein Wunder, rekrutierten sich die grünberockten Waldwächter doch früher aus den soldatischen Jägerregimentern – und auch jetzt noch wurde jeder, der nicht gedient hatte, argwöhnisch beäugt.

Ich wähnte mich also durchgefallen und sah mich schon als Biologiestudent im Hörsaal sitzen. Umso mehr überraschte mich

Wochen später die Zusage, zum 1. September 1983 als Dienstanfänger eingestellt zu werden. Hurra!

Am Einstellungstermin wurden wir nach Koblenz zu einem Empfang des Regierungspräsidenten eingeladen, der anders als erwartet verlief. So ließ der ergraute Politiker keinen Sekt mit Häppchen reichen, sondern ermahnte uns polternd, keine modernen Radiosender zu hören. Eingeschüchtert warteten wir auf den nächsten Programmpunkt, doch das war's: Willkommen in der Realität!

Das Dienstanfängerjahr entpuppte sich als ein Praktikum, das dem eigentlichen Studium vorgeschaltet war. Es war eine lustige, unbeschwerte Zeit mit den anderen jungen Kollegen, wenngleich uns immer wieder klargemacht wurde, dass wir die Anfänger waren und auf der niedrigsten Stufe standen. Wir waren schließlich noch keine Beamten. Ich verbrachte viel Zeit bei den Waldarbeitern des Lehrreviers und verrichtete schwere körperliche Arbeit. Ob Holzernte, Zaunbau oder Pflanzung, bei Wind und Wetter lernte ich das Spektrum der Aufgaben kennen. Die Arbeiter freuten sich, denn ihr Akkordlohn stieg durch meine Mitarbeit, die sie einfach als ihre eigene Arbeit verbuchten.

An meinem ersten Arbeitstag wurde ich gleich mit der grünen Realität konfrontiert. Ich hatte damals als 19-Jähriger kein Auto, sondern legte die 15 Kilometer bis zum Forsthaus meines Lehrherren mit dem Fahrrad zurück. Meine Kleidung bestand aus einer blauen, wattierten Jacke und einer hellblauen Jeans. Ich weiß das deshalb noch so genau, weil es mir schon in den ersten Stunden meines neuen Daseins peinlich war. Blau! Das ging gar nicht. Selbst Dienstanfänger hatten Grün zu tragen, und so kaufte ich mir am nächsten Wochenende in einem Jagdkaufhaus in Bonn eine Kniebundhose aus Cord sowie ein Jagdhemd – natürlich in Olivgrün. Meine Mutter strickte mir passende Kniestrümpfe und so konnte ich im Dienst endlich erhobenen Hauptes auftreten.

Das Jahr wurde durch mehrere Lehrgänge im Dörfchen Trippstadt in der Pfalz unterbrochen. Hier lernte ich die anderen Jahr-
gangsteilnehmer kennen. Der Umgang mit der Motorsäge stand
ebenso auf dem Kursplan wie die Pflege von Anpflanzungen oder
der Einsatz von Insektiziden.

Im Herbst des darauffolgenden Jahres wurden wir alle zu Beamten auf Widerruf ernannt und an die Fachhochschule für
Forstwirtschaft in Rottenburg am Neckar versetzt, eine Einrichtung, die von mehreren Bundesländern gemeinsam betrieben
wurde. Dieses verwaltungsinterne Studium mit zwei praktischen
und zwei Hochschuljahren jeweils im Wechsel funktionierte ähnlich wie ein duales Studium: Wir bekamen ein Gehalt und ver-
pflichteten uns dafür, hinterher bei unserer Forstverwaltung zu
arbeiten. Die Fachhochschule war klein und übersichtlich, fast
schon familiär, allerdings mit strengen Regeln. So galt für jede
Vorlesung Anwesenheitspflicht; Diskussionen über den dargebo-
tenen Stoff gab es nicht und waren auch nicht erwünscht. Erst
später wurde mir klar, dass wir so alle auf Linie gebracht wurden.

Ein Highlight war die Ausgabe der Uniformen. Jetzt sahen wir
endlich wie richtige Förster aus! Grüne Jacken mit dunkelgrünen
Aufschlägen, grüne Schulterstücke, die uns als Anwärter auswie-
sen, sowie ein Försterhut, natürlich auch in Grün, mit dem Landeswappen von Rheinland-Pfalz – so ausgestattet fühlten wir uns
wichtig. Bei manchen Exkursionen war das Tragen der Dienstkleidung Pflicht und wir folgten dieser Anweisung gern.

Nach einem Jahr Büffeln folgte die Zwischenprüfung, der ich
mit gemischten Gefühlen entgegensah, da ich etwas faul gewesen
war und kaum gelernt hatte. Mein Kumpel Wolfgang, ebenfalls
nicht besonders fleißig, bekam auch langsam Bedenken, je näher
der Termin rückte. Kurz entschlossen opferten wir ein Wochenende und blieben an der Fachhochschule, um noch einmal die
Sammlungen durchzugehen. Hier standen Holzstücke der wich-

tigsten Baumarten fein säuberlich auf Tischen sortiert und an den Wänden hingen Geräte für Waldarbeiter. Daneben fanden sich Tierpräparate, die uns aus Glasaugen anstarrten, und, ganz besonders wichtig, die Insektensammlung. Hunderte von Käfern waren mit Nadeln auf Schaumstoffkissen gespießt und einzeln in Schächtelchen gesetzt. Daneben lag ein Stück Holz oder Rinde mit dem Fraßbild der Schädlinge. Ein Student, der sich und uns mit der Stofffülle, die er für das absolut zu beherrschende Minimum hielt, verrückt machte, schien so oft hier zu sein, dass wir uns fragten, ob er im Ausstellungsraum auch übernachtete. Als er uns hereinkommen sah, dozierte er gleich ungefragt über Borkenkäfer. Ein Name kam mir besonders bizarr und auch völlig unwichtig vor. »Das hier ist das typische Fraßbild des Fichtenrindenbastkäfers.« Ich konnte ein Kichern kaum unterdrücken und blickte zu Wolfgang, dem es ähnlich ging. Wir verdrehten die Augen und verließen die staubige Sammlung, um noch ein Eis essen zu gehen.

Tags darauf fand die mündliche Prüfung im Fach Forstschutz statt, zu dem auch die Insektenkunde gehörte. Und was wurde mir vom Professor vorgelegt? Der Fichtenrindenbastkäfer. Volle Punktzahl! Dieser eine Name hat sich seither in mein Gedächtnis eingebrannt. Wichtiger aber war, ich bestand die Zwischenprüfung und durfte endlich wieder in den Wald!

Im dritten Jahr mussten wir, jeder an einer anderen Dienststelle, beweisen, was wir gelernt hatten. Ich wurde einem Eifelforstamt zugewiesen, in dem die Uhren noch etwas langsam gingen. Es war von einem riesigen Waldgebiet in Staatsbesitz geprägt und hatte entgegen dem gesetzlichen Auftrag, sich schwerpunktmäßig um die Bäume zu kümmern, offensichtlich die Jagd als wichtigstes Betätigungsfeld. Hier wurden Hirsche und Muffelschafe in großer Zahl gehegt, was mir damals aber nicht seltsam vorkam, sondern aufregend. Für mich als kleines Licht gab es nur beschränkte Abschussmöglichkeiten. Struppige Rehe, die kurz vor dem Verhungern waren, gestand man dem forstlichen Nachwuchs zu. Die dicken Hirsche mit den ausladenden Geweihen waren für andere reserviert: Diese begehrten Tiere durften Beamte des Ministeriums, Jagdgäste aus der Wirtschaft oder der Forstamtsleiter erlegen. Normale Förster kamen in der Regel nur einmal bei solchen Trophäenträgern zum Zug, und zwar am Ende ihrer Dienstzeit. Dann erhielten sie die Freigabe für einen »Pensionshirsch«. Damals empfand ich diese Art des Wildmanagements als etwas völlig Logisches und den Jagdbetrieb selber als wichtigen Bestandteil meines künftigen Berufs.

Ich selbst hatte kein Jagdglück. Nur einmal, während einer Treibjagd, wäre es fast passiert. Denn bei einer solchen Gelegenheit darf jeder Schütze, also auch Studenten, alles Wild aufs Korn nehmen, das die behördlichen Abschusspläne freigegeben haben.

Schon von Weitem hörte ich die Hunde bellen, die in meine Richtung unterwegs waren. Da sie irgendetwas vor sich her zu treiben schienen, machte ich mich schussfertig. Es knackte im Unterholz und dann sah ich einen jungen Hirsch hervorbrechen. Mit kleinem Geweih zwar, aber für mich als Jungspund eigentlich eine Nummer zu groß. Etwa 100 Meter von mir entfernt stand der zuständige Revierleiter. Er war bekannt dafür, Hirsche zu füttern und zu schonen, bis sie eines Tages als mächtige Geweihträger geschossen wurden. Ihm musste das Herz bluten, dass sein geliebtes Rotwild so dezimiert werden sollte. Und ausgerechnet mir als einem der Rangniedrigsten lief so ein Tier vor die Büchse. Also ließ er den Hund, der bis dahin brav neben ihm gelegen hatte, blitzartig von der Leine. Und der Vierbeiner wusste genau, was er zu tun hatte. Aus den Augenwinkeln sah ich ihn spurten, geradezu fliegen, hinüber zu mir. Das Gewehr im Anschlag auf den Hirsch wähnte ich mich schon als erfolgreichen Schützen, da bemerkte er den Hund und machte auf den Hinterbeinen kehrt. Aus der Traum, weg war er.

Als Jäger durfte ich mich an diesem bitterkalten Wintertag trotzdem noch betätigen. Zusammen mit anderen Auszubildenden wurden wir zur Wildkammer beordert, in der die Strecke, die geschossenen Tiere, lagen. Normalerweise macht jeder Jäger sein Wild selbst verkaufsfertig, wozu es aufgebrochen werden muss. Dabei wird der Bauchraum durch einen Längsschnitt vom After bis zur Kehle geöffnet und die Innereien werden komplett entfernt. Danach kann das Fleisch auskühlen und verdirbt nicht so schnell. Bei dieser Treibjagd, zu der das Ministerium ins Forstamt geladen hatte, war es jedoch anders. Denn den Gästen war kalt und sie wollten schnell ins Wirtshaus, wo Kasseler, Kartoffelpüree, Sauerkraut und das eine oder andere Bier auf sie warteten.

Die forstliche Jugend musste derweil bei minus fünf Grad Celsius die blutige Arbeit in der Wildkammer erledigen, bevor auch sie in die warme Wirtsstube durfte. Ich erinnere mich noch, dass ich einen dicken Keiler bearbeiten musste. Er stank wie die Pest und sein Bauch war dick und fett vom Winterfutter. Ich arbeitete mich mit klammen Händen durch die Speckschichten, hatte kaum noch Gefühl in den Fingern und wühlte Därme, Lunge und Leber heraus. Der Geruch klebte noch Tage später an meiner Haut.

Ähnlich ging es während des ganzen praktischen Jahres zu. Immer wurde fein säuberlich zwischen den verschiedenen Rangstufen unterschieden: Ganz oben war der höhere Dienst angesiedelt, hier in Gestalt des bärtigen Forstamtsleiters. Seine Uniform zierten Schulterstücke, deren grüne Kordel silbern eingefasst war. Diese Verzierung fehlte bei den Revierleitern, aber sie hatten noch Eicheln aus Metall auf dem Geflecht. Bei mir, dem Beamtenanwärter, waren die grünen Zierstücke ungeschmückt. Damit war ich zwar als rangniedriger gekennzeichnet, aber unter mir ging es noch weiter. Die Angestellten des Forstamts, als reine Innendienstler im Büro tätig, standen damals eindeutig auf einer tieferen Stufe als ich und wurden daher bei Dienstbesprechungen nur ab und an eingeladen. Bei öffentlichen Empfängen mussten sie sogar Häppchen und Getränke reichen. Die Putzfrau schließlich, ebenfalls im öffentlichen Dienst beschäftigt, wurde selbst bei solchen Anlässen ausgeschlossen. Ich denke, dass die meisten Beschäftigten gar nicht wussten, wie sie hieß.

Nachdem ich gelernt hatte, wie die forstliche Welt funktionierte, kehrte ich für ein weiteres Jahr an die Fachhochschule zurück. Dieses zog sich ähnlich in die Länge wie das erste, wobei der nahende Ernst des Berufslebens uns etwas fleißiger werden ließ. 14 Monate später fand unsere Staatsprüfung an einem grauen Oktobertag statt. Dazu war der gesamte Jahrgang per Bus in den Westerwald gefahren worden, um in Einzelbefragungen vor Ort Rede und Antwort zu stehen. Meine Antworten waren anscheinend in Ordnung, denn wenig später hielt ich mein Diplom in den Händen. Ich war Förster! Und weil mein Notenschnitt gut war, wurde ich gleich als Beamter übernommen. Damals war ich stolz auf das Erreichte, wähnte mich angekommen und sah mit Freude meiner beruflichen Zukunft entgegen. Dass ich meine Meinung wenige Jahre später ändern und mein mühsam erlerntes Wissen über Bord werfen sollte, ahnte ich damals noch nicht.

Vom Studium in den Wald

Da stand ich nun als frischgebackener Förster: stolz auf meine bestandene Staatsprüfung, voller Tatendrang und mit großer Vorfreude auf die Tätigkeit im Wald. Ich sah mich schon zwischen den Bäumen umherstreifen, die frische Luft genießen, kurz, das Leben eines Revierleiters führen, denn so hatte ich es bei meinen Ausbildern während der praktischen Jahre erlebt. Die Forstdirektion holte mich jedoch schnell wieder auf den Boden der Tatsachen zurück. Jungen Forstbeamten werden die Stellen angeboten, die sonst kaum jemanden aus der Verwaltung interessieren. Und für Waldmenschen ist das der Innendienst. Meine Verlobte arbeitete damals in der Verwaltung eines Industriebetriebs in Bonn und ich versuchte, so nah wie möglich an die Landesgrenze zwischen Rheinland-Pfalz und Nordrhein-Westfalen versetzt zu werden, damit wir wenigstens zusammenziehen konnten. Das Resultat war eine Büroleiterstelle in einem kleinen Forstamtsgebäude eines Eifelstädtchens.

Am ersten Arbeitstag wurde ich überschwänglich von den beiden Angestellten begrüßt, die mir gleich das »Du« anboten. Bei diesen gab es eine klar definierte Rangordnung und die sogenannte erste Angestellte war ein Kaliber besonderer Güte. Die 63-Jährige qualmte die kleinen Zimmer voll, ließ sich vom zweiten Angestellten Kaffee kochen und beschied mir gleich, was ich zu tun und zu lassen hatte. Brauchte sie etwas von mir, so rief sie: »Peterli!«

Die Wochen verflossen und allmählich wuchs mein Unbehagen. Ich hatte keine Ahnung, was so ein Büroleiter überhaupt zu tun hatte, und so besuchte ich den Kollegen eines Nachbarforstamts und ließ mir erklären, wie der Betrieb normalerweise abläuft. Dabei wurde mir klar, dass in meinem Büro nichts normal war. Ich bat die beiden Angestellten zu einer Besprechung und erklärte, ich wolle einige Abläufe an den üblichen Rahmen anpassen. Die Miene der »Ersten« versteinerte sich und statt über den Vorschlag zu diskutieren, entzog sie mir das »Du«. Damit begann ein monatelanger Kleinkrieg. Sie weigerte sich, meinen Vorgesetztenstatus zu akzeptieren, und ignorierte Aufträge oder Anweisungen. Das Ganze eskalierte an einem Nachmittag, an dem wir beide allein in dem kleinen Dienstgebäude waren. Ich bat sie, ein Schreiben an die Forstdirektion aufzusetzen, worauf sie sich die Finger in die Ohren steckte und vor sich hin murmelte, um mich nicht hören zu müssen. Da war ich mit meinem Latein am Ende.

Auf meinen Hilferuf kam der Personalchef aus Koblenz zu uns. Aber anstatt einmal mit der Faust auf den Tisch zu hauen, bat er uns, doch die Hand zum Frieden auszustrecken. Da sei doch sicherlich von beiden Seiten etwas falsch gemacht worden. Das war das Stichwort für meine Widersacherin. Sie behauptete, ich würde ständig im Büro schlafen und die ganze Arbeit bei ihr abladen. Mir als 23-jährigem Berufsanfänger fiel dazu nichts mehr ein und das Gespräch wurde ergebnislos beendet. Eine Weile später, sie war mittlerweile 64, erklärte sich die Dame mit einem Auflösungsvertrag einverstanden. Die anschließenden Jahre waren wie eine Befreiung. Eine neue Mitarbeiterin kam hinzu und unser Team machte aus dem verschlafenen Laden ein modernes Amt.

Warum ich Ihnen das erzähle? Für mich als blutjungen Förster war das die Feuertaufe, die harte Schule, die mir bei späteren Auseinandersetzungen mit der Jägerschaft half. So wollte ich mich nie wieder unterbuttern lassen. Und im Nachhinein erfuhr ich, dass die Kollegen schon Wetten abgeschlossen hatten, wie lange es wohl dauern würde, bis ich das Handtuch schmiss. Mein Vorgänger, den die Angestellte bis aufs Blut gereizt hatte, war im Forstamtsgebäude an einem Herzinfarkt gestorben.

Die obligatorischen fünf Jahre Innendienst neigten sich allmählich dem Ende zu, da fragte mich ein alter Kollege, der kurz vor der Pensionierung stand, ob ich nicht sein Revier übernehmen wolle. Ich wusste, dass das Forstrevier Hümmel wunderschön war, aber auch einen Haken hatte. Denn von der Gemeinde wurde der Bezug des alten Forsthauses erwartet. Es stand herrlich auf einem Waldgrundstück, umgeben von hohen Bäumen und mit einer atemberaubenden Aussicht über die Eifelberge. Und ruhig war es dort. Zu ruhig für meine Frau, die immer betont hatte, niemals in eine Einöde zu ziehen. Gegen eine Einladung zum Kaffee beim alten Kollegen hatte sie aber nichts einzuwenden, und so fuhren wir an einem sonnigen Nachmittag im Mai hinauf in die Berge nach Hümmel. Immer einsamer wurde es und die kleinen Dörfchen mit wenig mehr als 20 Häusern verstärkten den Eindruck noch. Einen Kilometer hinter Hümmel erreichten wir das Forsthaus, welches 50 Meter zurückgesetzt von der schmalen Landstraße lag. Alte Birken und Kiefern beschatteten das parkartige Anwesen, und als wir auf die Einfahrt einbogen, entfuhr es meiner Frau: »Das ist es, hier bleiben wir!«

Wenige Wochen später, bei der Gemeinde hatten sich verschiedene Kandidaten um die Nachfolge beworben, erhielt ich den Zuschlag. Zwar waren meine Innendienstjahre noch nicht ganz abgeleistet, aber da drückte die Forstdirektion ein Auge zu. Und so beluden wir im Oktober 1991 den Möbelwagen und zogen ins alte Forsthaus. In den ersten Nächten konnte ich dort kaum schlafen. Das Rauschen des Windes in den alten Kiefern, die Dunkelheit beim Blick aus dem Schlafzimmerfenster, der Ruf eines einsamen Käuzchens – jedes Detail war aufregend. Dass so

ein abgelegenes Haus überhaupt einen Wasser- und einen Strom-
anschluss hatte, war kaum zu glauben. Heute kommt mir das
alles normal vor und ich kann mir nicht mehr vorstellen, woan-
ders zu wohnen.

Mein Leben als echter Förster, draußen im Wald und nicht am
Schreibtisch, begann unspektakulär. Ich hatte drei Mitarbeiter,
Forstwirte, die meine Vorstellungen von Waldwirtschaft mit mir
umsetzten. Anfangs gab es Schwierigkeiten, weil sie vom Vorgänger eine großzügigere Auslegung der Arbeitszeiten gewohnt waren. Vielleicht war auch mein Alter der Grund. Denn wer lässt
sich schon gern als gestandener Waldarbeiter etwas von einem
Jungspund sagen?

Eine Einarbeitung gab es nicht, aber das empfand ich auch als
unnötig. Schließlich hatte ich ja auf der Fachhochschule alles
gelernt, was man als Förster wissen musste. Und so ließ ich den
Boden mit einem speziellen Bagger fräsen, damit Fichten und
Eichen leichter zu pflanzen waren. Die Mäuse auf den Kahlschlägen
bekämpfte ich mit Giftködern, und die Holzstapel am Wegesrand
wurden mit Insektiziden eingenebelt, um sie vor einem Befall zu
schützen. War das ein Spaß, als der erste Harvester eine Durchforstung machte! Die Erntemaschine fällte die Bäume im Minu-
tentakt und im Nu waren ganze Bestände abgefertigt. Die alten
Buchen ließ ich nach und nach fällen, denn sie galten als überaltert. Zum damaligen Zeitpunkt wuchsen sie bereits 170 Jahre, was
nach forstlichem Verständnis schon zehn Jahre über das übliche
Verfallsdatum hinaus war. Ja, es tat weh, die alten Riesen fallen zu
sehen. Aber wie aufregend war es, die Stämme Holzaufkäufern
aus China anzubieten, die horrende Preise zahlten. Und das war
es schließlich, was ich beabsichtigte: Geld in die Kassen zu bringen, auch wenn mir das nicht recht gelingen wollte. Pro Quadratkilometer Waldfläche »erwirtschaftete« ich jährlich 10 000,– Euro
Verlust. Ein schlechtes Gewissen brauchte ich deswegen aber

nicht zu haben, denn das entsprach damals dem Durchschnitt der Forstbetriebe in meiner Gegend. Solch eine gute Waldpflege durfte eben etwas kosten, das war allgemeiner Konsens.

Bei der Bevölkerung hatte ich schnell den Ruf eines scharfen Hunds: Wer immer mit dem Mofa oder dem Auto in einen Waldweg bog, wurde von mir zur Rede gestellt, in etlichen Fällen gab es auch ein Knöllchen. Egal, mein Wald, mein Revier war tipptopp in Ordnung.

Wenn ich heute an diese Zeit denke, dann schäme ich mich für das, was ich mit dem Wald getan habe. Ich kann mich gut an einzelne Bäume erinnern, bei denen es mir besonders leidtut, dass ich sie fällen ließ. Etwa die dicke, alte Buche, deren Krone ein Sturm abgebrochen hatte. Sie kämpfte ums Überleben und hatte mit den Jahren aus ein paar verbliebenen Seitenästen eine kümmerliche Ersatzkrone aufgebaut. Solche Bäume gelten als ökologisch besonders wertvoll, da sich um die Bruchzone seltene Insekten- und Pilzarten ansiedeln. Den dicken, tonnenschweren Stamm einfach stehen zu lassen, erschien mir als betriebswirtschaftliche Sünde. Also markierte ich ihn zur Fällung und kurze Zeit später setzten die Waldarbeiter die Motorsäge an. Ungewöhnlicherweise sprudelte aus dem Schnitt Wasser hervor, fast so, als würde der Baum Tränen vergießen. Und als der Stamm dann lag, zeigte sich ein weißes, sternförmiges Muster auf der Schnittfläche – Weißfäule. Dafür bezahlen Holzkäufer nicht mehr als den Brennholzwert, und so hätte ich den Baum besser stehen gelassen.

Oder eine andere Buche, die bereits komplett abgestorben war. Als Sägeholz kam sie nicht mehr in Betracht, aber ein örtlicher Verein fragte nach Brennholz. Und da der Baum praktischerweise nah am Waldweg stand und somit leicht abtransportiert werden konnte, verschenkte ich ihn – und mit ihm Tausende seiner Bewohner.

Auch beim Gedanken an den Maschineneinsatz regt sich das schlechte Gewissen. Zweimal war ich dabei, als ein Hydraulikschlauch platzte, das Öl meterweit durch den Wald spritzte und im Erdreich versickerte. Und das war nicht der einzige Schadstoffregen. Denn die Waldarbeiter füllten, um Geld zu sparen, besonders schädliches Altöl in die Kettenschmierung der Motorsägen. Wurden dann Bäume gefällt und entastet, flog das klebrige schwarze Zeug literweise durch die Luft.

Schon in den ersten ein, zwei Jahren, in denen ich das Revier noch traditionell führte, wuchs mein Unbehagen von Tag zu Tag. Denn je mehr ich über das System nachdachte, desto weniger verstand ich es. War es wirklich angewandter Naturschutz, alte Laubwälder abzuholzen? Warum musste man Jungwälder pflegen, indem man überzählige Bäumchen heraussägte? Ging es nicht auch ohne Chemie? Wie viel zerstörten Boden würde ich hinterlassen, wenn ich das Revier einst an meinen Nachfolger übergeben würde?

Nein, das hatte ich so nicht gewollt! Von meinem ursprünglichen Berufswunsch Naturschützer war ich weiter denn je entfernt. Der mir anvertraute Wald mit all seinen Bewohnern wurde nicht bewahrt, sondern zerstört. Ich handelte zweifellos im Rahmen der Dienstvorschriften und im Einklang mit den Anordnungen meiner Vorgesetzten, aber das konnte mein Gewissen nicht beruhigen. Hier musste sich etwas ändern.

Der dringendste Handlungsbedarf bestand bei der Jagd. Der Wald der Gemeinde Hümmel war, zusammen mit den Feldern und Wiesen, in vier Jagdreviere eingeteilt, die alle verpachtet waren. In den vergangenen Jahrzehnten hatte es niemanden interessiert, wie die Wildbestände wuchsen, und meine Vorgänger hatten sich hierzu nie geäußert. Ganz im Gegenteil, mindestens einer jagte kostenlos bei den Pächtern und hielt im Gegenzug den Mund. In der Folge nahmen die Wildbestände immer weiter zu.

Eichen, Buchen oder andere Laubbäume waren ausweislich der alten Betriebsunterlagen spätestens seit 1934 nicht mehr ohne schützende Zäune nachzuziehen, weshalb meine Vorgänger schließlich ganz darauf verzichtet hatten. Statt aber mahnend den Finger zu heben, pflanzten sie einfach nur noch Nadelbäume, die von Reh und Hirsch kaum angefressen wurden, und fällten weiterhin die gewinnträchtigen Laubbäume. So wurden die alten Eichen und Buchen gnadenlos abgeholzt und durch Fichten ersetzt.

Als ich das Revier übernahm, waren viele Laubwälder diesen Weg gegangen. Die übrig gebliebenen dicken Eichen kann ich heute an zwei Händen abzählen, und als letzter Gruß ihrer Artgenossen blieb nur ein großer Lagerplatz für wertvolle Laubbaumstämme zurück, auf dem das kostbare Holz früher gleich Lkw-weise versteigert wurde. In den jungen Fichtenbeständen, die mittlerweile das Bild beherrschten, stolperte ich über meterdicke Baumstümpfe des früheren Laubwalds. Zwar gab es noch alte Buchenbestände, aber es war absehbar, dass diese bald verschwunden sein würden, wenn sich nichts änderte.

Der Beginn der Veränderungen war eine Kommunalwahl, bei der ein neuer Bürgermeister, Rudolf Vitten, gewählt wurde. Dies war ein Glücksfall für mich, denn Rudi war in der Automobilbranche tätig und besaß betriebswirtschaftliches Fachverständnis. Wenige Wochen nach der Amtsübernahme bat ich um einen Außentermin. Wir rumpelten in meinem kleinen Suzuki-Jeep durch den Wald und ich zeigte Rudi die Folgen der bisherigen Wirtschaft. »Es gibt zwei Möglichkeiten«, erklärte ich dem aufgeschlossenen Lokalpolitiker. »Entweder ich mache das noch zehn Jahre so weiter, plündere den Wald bis zum Ende und bewerbe mich danach auf ein anderes Revier – oder wir setzen uns auf den Hosenboden und ändern alles grundlegend.«

Rudi verstand sofort, wo mich der Schuh drückte: Nachhaltiges Wirtschaften war nur möglich, wenn wir die jagdliche Situation bereinigen würden. Also wurde der Gemeinderat zusammengerufen, und an einem milden Sommerabend spazierten wir gemeinsam durch einen alten Buchenwald, dessen Nachwuchs in Kniehöhe durch Rehe abrasiert worden war. Uns allen war klar, dass wir viel Zeit brauchen würden, um die Jagdpächter von der Notwendigkeit höherer Abschüsse zu überzeugen. Um in der Zwischenzeit aber irgendetwas für den Baumnachwuchs zu tun, beschlossen die Hümmeler, Schutzzäune zu bauen.

Kaum war der Bürgermeister wieder zu Hause, erhielt er einen erbosten Anruf des zuständigen Jagdaufsehers. Was denn der Gemeinderat in seinem Revier zu so später Stunde treiben würde? So etwas sei ohne Anmeldung bei ihm eine Ungeheuerlichkeit! Damit Sie das richtig verstehen: Der Gemeinderat ist der Hausherr in seinem Wald, der Jagdpächter der Gast und der Jagdaufseher der »Hilfssheriff« des Gasts. Aber zum damaligen Zeitpunkt war dies Normalität. Rudi kümmerte das jedoch wenig. Er war es auch, der gleich zu Beginn seiner Tätigkeit Schecks und Geldspenden, etwa für Dorffeste, seitens der Jäger zurückwies. »Wenn wir uns das nicht selber leisten können, ist es sowieso zu spät«, war sein Kommentar.

Diese ehrliche Grundhaltung, gepaart mit einem freundlichen Wesen und absoluter Zuverlässigkeit, war der Schlüssel zu den Veränderungen, die von nun an rasant ihren Lauf nahmen. Dazu muss ich meine damalige dienstliche Stellung kurz erklären: Ich war Landesbeamter der staatlichen Forstverwaltung, die den Gemeindewald Hümmel gegen eine Gebühr betreute. Mein Vorgesetzter war demnach der Forstamtsleiter und nicht der Bürgermeister. Die Gemeinde konnte allerdings bestimmen, was in ihrem Wald geschehen sollte. Da die Gemeindevertreter jedoch keine Ahnung von Forstwirtschaft hatten und stets vom staatlichen Personal beraten wurden, das auch die Kontrollen durchführte, konnte ein Förster letztendlich fast machen, was er wollte.

Für die Veränderungen, die mir vorschwebten, brauchte ich aber starke Partner, also beherzte Eigentümervertreter, und das war die Gemeinde Hümmel in Person ihres Bürgermeisters Rudi Vitten.

Drei Jahre nach der Revierübernahme bekam ich Kontakt zu Mitgliedern der Arbeitsgemeinschaft Naturgemäße Waldwirtschaft (ANW). Sie nahmen mich auf Exkursionen zu Betrieben mit, die sich ganz der ökologischen Wirtschaftsweise verschrieben hatten. Dort kam ich aus dem Staunen nicht mehr heraus, denn die Forstbetriebe zeigten uns die reinsten Märchenwälder. Würdevolle alte Bäume beherrschten das Bild, darunter ihr Nachwuchs, beschützt durch das dichte Laubdach ihrer Eltern. In der dämmrigen Waldluft lag ein würziger Pilzgeruch und wir stapften über einen federnden Boden, dessen dicke Humusschicht man regelrecht fühlen konnte. Kahlschläge sah man keine und die Rückegassen hatten mindestens 40 Meter Abstand. Und die Förster! Sie sprachen von ihrem Wald, als seien sie verliebt. Ich hörte zum ersten Mal von einem Umgang mit Bäumen, der mein Herz ansprach. Diese Waldhüter wollten Rücksicht auf die natürlichen Abläufe nehmen und so wenig wie möglich eingreifen. Hier und da sah man einen alten, moosbewachsenen Stumpf, wo ein einzelner Baum gefällt worden war. An diesen Stellen drängte sich der Baumnachwuchs, der seine Chance auf mehr Licht ergriff und nach oben strebte.

Ich erinnere mich an den Besuch eines kleinen Forstbetriebs im Voralpenland. Dort war gerade die Holzernte im Gange. Der Besitzer hatte an den halbwüchsigen Bäumen in der Nähe eines zu fällenden Stamms Stricke befestigt. Die jungen Bäume wurden dann mit den Seilen zur Seite gebogen und angepflockt. Erst jetzt durften die Waldarbeiter den großen Baum absägen, der nun zwischen seinen Nachwuchs fallen konnte, ohne ihn mit umzureißen. Anschließend wurde er in vier Meter lange Teilstücke gesägt, damit er beim Herausziehen besser um den Jungwuchs herum

manövriert werden konnte. So viel Rücksichtnahme bei der Wald-
arbeit hatte ich noch nirgendwo gesehen, und wenn diese Wirtschaftsweise nicht auch finanziell sehr erfolgreich gewesen wäre,
hätten die mitgereisten ANW-Mitglieder sie sicher belächelt. So
aber war es ein rührendes Beispiel einer schonenden Arbeitsweise.

Für mich waren diese Fortbildungsreisen eine Offenbarung. So
hatte ich mir meinen Beruf vorgestellt, so wollte ich fortan arbeiten. Allerdings gab es da noch einen Haken – das Revier gehörte
ja nicht mir, es war nicht mein Wald. Der größte Teil war im Besitz
der Gemeinde Hümmel. Wollte ich künftig das Gelernte umsetzen, so musste ich erst den Gemeinderat und den Bürgermeister
überzeugen. Also fragte ich Rudi, ob wir uns nicht alle gemeinsam
einmal einen solchen Spitzenbetrieb ansehen wollten, um zu
schauen, was wir bei uns verbessern könnten. Und so saßen wir
wenige Monate später in einem Reisebus nach Franken. Es ging in
den Wald des Freiherrn von Rotenhan, dessen Familie ihren
Waldbesitz schon seit Generationen ökologisch pflegt. Der groß
gewachsene Baron stapfte vor uns durch seinen Forst und gewann
mit seiner mächtigen Stimme und seiner schnoddrigen Art unsere Herzen im Flug. Wertvolle alte Bäume standen ringsherum
und er verkündete: »Wenn ich mit meiner Frau einmal für zwei
Wochen nach New York fliegen will, dann verkaufe ich eben einen
Stamm wie diesen.« Dabei tätschelte er eine Eiche. Meine Gemeinderäte wechselten Blicke, brachte doch ein Durchschnitts-
baum aus Hümmel bestenfalls rund 50 Euro. Und Billigflüge gab
es damals noch nicht, die Bemerkung kam unserer Truppe also
märchenhaft vor. Um die Dimension des Baums zu erfassen, hielten sich drei Ratsmitglieder an den Händen und kamen so eben
um den Stamm herum.

Zehn Minuten später riss sich von Rotenhan die Schieber-
kappe vom Kopf und schleuderte sie mit den Worten »Egal wo
ich meine Kappe hinwerfe, sie fällt immer auf junge Bäume« in

die Botanik. Und davon konnten wir uns sofort überzeugen. Es stimmte, denn im Gegensatz zu unseren leer gefressenen Wäldern ohne Nachwuchs sprossen hier Hunderte von Sämlingen auf jedem Quadratmeter! Abends, bei knuspriger Schweinshaxe und Bamberger Rauchbier, wurde eifrig über das Gesehene diskutiert. Das Fazit war: »So etwas wollen wir auch!«

Es folgte eine Zeit weiterer Reisen und Exkursionen für mich, denn ich hatte noch viel zu lernen. Anfangs eiferte ich den verehrten Vorbildern nach, später entwickelte ich eigene Ideen, die ich gemeinsam mit den Gemeindevertretern umsetzte. Und die Veränderungen waren umwälzend. Kahlschläge? Nein danke! Stattdessen wurden in den alten Laubwäldern nur noch vereinzelt Bäume gefällt, ab 2003 stellte die Gemeinde sie dann ganz unter Schutz. Nadelbäume? Wurden seither konsequent zurückgedrängt, indem immer dann, wenn in der Nachbarschaft ein Laubbaum wuchs, die Konifere entnommen wurde. Insektizide? Undenkbar! Und damit mir der Forstamtsleiter nicht per Dienstanweisung dazwischenfunken konnte, ließ die Gemeinde ihren Wald ökologisch zertifizieren. FSC nennt sich das Label, das seitdem auf unserem Holz prangt und das ökologisches, ökonomisches und sozial einwandfreies Wirtschaften garantiert.

Die größte Hürde aber war die Jagd. Man kann nur dann umweltfreundlichen Waldbau betreiben, wenn der Baumnachwuchs überlebt und die Wildbestände halbwegs auf natürlichem Niveau sind. Das soziale Miteinander der Bäume, welches nach dem Prinzip extremer Langsamkeit abläuft, verträgt keinen übermäßigen Wildfraß. Die Sämlinge müssen schließlich jahrzehntelang in Höhen unter einem Meter verharren und ihr Gipfeltrieb kann dort schnell im Maul eines Rehs enden.

Wir erhöhten also den Druck auf die Jagdpächter, endlich mehr zu schießen und weniger zu füttern. Dieser Druck erzeugte Ärger. Konnten die Jäger in unserem Landkreis bis dato ungestört ihrem Treiben nachgehen, so gab es nun eine Störung, denn um uns selbst abzusichern, machten wir unsere Strategie öffentlich. Nun war in den Zeitungen immer wieder zu lesen, wie viel Schaden Wildfütterungen und zu hohe Bestandsdichten von Rehen und Hirschen anrichten können. Auf Führungen ließen sich Gemeinderäte von Nachbarkommunen über die ökologischen und ökonomischen Auswirkungen aufklären. Und um dem Ganzen noch die Krone aufzusetzen, wurde in einer Sitzung beschlossen, einen Teil des Walds künftig von den eigenen Bürgern bejagen zu lassen. Bei den konventionellen Jägern wurde ich so zum Hassobjekt ersten Ranges, aber das war mir egal, denn der Wald konnte endlich aufatmen. Mein Revier wurde zum Exkursionsobjekt von Behörden und Naturschutzverbänden, und das nicht, weil hier alles in Ordnung gewesen wäre. Nein, allein die Tatsache, dass wir uns Mühe gaben, Fehler zu vermeiden und die Natur zu schonen, machte uns bereits interessant – allerdings weniger für Kollegen. Diese fühlten sich vielmehr massiv gestört, denn nun wurden etliche Waldbesitzer mit staatlicher Betreuung wach und fragten, warum es bei ihnen nichts Ähnliches zu vermelden gäbe. Entsprechende Bemerkungen bei Dienstbesprechungen, im Gespräch mit Kollegen und Mitarbeitern anderer ortsansässiger Behörden häuften sich. Ich bekam schließlich die Anweisung, nicht mehr öffentlich über die finanziellen Erfolge meiner Gemeinde zu sprechen, denn das sei unkollegial.

Im Lauf der Zeit wurde der Druck auf mich immer stärker und ich konnte mir nicht mehr vorstellen, bis zu meiner Pensionierung 2031 weiterzukämpfen und ständig am Rand eines Disziplinarverfahrens zu stehen. Allmählich ging mir die Energie aus. Daher erwog ich, noch einmal den Job zu wechseln, möglicherweise in eine andere Branche zu gehen oder vielleicht sogar auszuwandern. Unser Urlaubsland Schweden hatte es uns besonders angetan und damals spielten wir ernsthaft mit dem Gedanken, die Koffer zu packen und ganz von vorn anzufangen.

Auch mit Rudi, dem Bürgermeister, sprach ich ganz offen über diese Überlegungen, von denen er nicht begeistert war. Was sollte dann aus den begonnenen Projekten werden, wer die Nachfolge antreten? War es da nicht besser, die Gemeinde machte sich selbstständig, würde die Verträge mit der Landesforstverwaltung kündigen und einen eigenen Betrieb aufbauen? Ob ich mir vorstellen könnte, in diesem Betrieb als Angestellter der Gemeinde zu arbeiten? Und ob ich das konnte! Ein sicheres Beamtenverhältnis würde zwar nicht dabei herausspringen, denn das war der kleinen Kommune zu riskant. Aber ein angestellter Förster, das lag im Bereich des Möglichen.

Für mich würde dies bedeuten, dass der Bürgermeister mein Chef werden und das Forstamt nur noch den Status einer Aufsichtsbehörde haben würde – weniger staatliche Einmischung ist rein rechtlich einfach nicht möglich. Was wir in Hümmel mit unserem Wald anstellten, bliebe im Rahmen der Gesetze unsere Sache – und das hieße natürlich eine kompromisslos ökologische Wirtschaftsweise. Sollte mein Traum doch noch wahr werden?

Nach Rücksprache mit meiner Familie nahmen wir das Projekt in Angriff. Rudi und ich verließen uns blind aufeinander, was vor allem absolute Vertraulichkeit bedeutete. Wäre im Verlauf der Monate, die bis zur endgültigen Trennung vom Forstamt vergingen, auch nur eine Silbe vorzeitig bekannt geworden, so wären wir gescheitert. Denn ich war überhaupt nicht befugt, solche Verhandlungen mit der Gemeinde ohne Rücksprache mit meinem damaligen Vorgesetzten, dem Forstamtsleiter, zu führen. Wie die Gespräche mit ihm als Verhandlungspartner ausgegangen wären, möchte ich mir lieber nicht vorstellen. Tatsächlich gelang es Rudi und dem Hümmeler Gemeinderat aber, absolute Verschwiegenheit zu wahren und mit meiner Hilfe eine eigene Forstverwaltung aufzubauen.

Dann kam der 30. September 2006. Beamte haben viele Privilegien, eines davon ist die kurze Kündigungsfrist. Ich hätte theoretisch meine Beamtenstelle von einem Tag auf den anderen zurückgeben können, kündigte aber immerhin mit einem Vorlauf von einigen Wochen. Der Vertrag mit der Gemeinde war da schon in trockenen Tüchern und ich erinnere mich noch genau an die entsprechende Sitzung. Die Papiere lagen auf dem Besprechungstisch, der Gemeinderat stimmte meiner Einstellung zu und ich durfte sofort unterschreiben. Danach kam ein kleiner symbolischer Akt, der mir sehr wichtig war. Ich trug meine Dienstkleidung, eine grüne Fleecejacke mit dem rheinland-pfälzischen Landeswappen. Die Tinte unter dem Vertrag war noch nicht trocken, da riss ich dieses Abzeichen herunter und befestigte an seiner Stelle das Wappen von Hümmel. Zwar dauerte es noch einige Tage bis zum offiziellen Kündigungstermin, aber das war mir jetzt egal: Ich fühlte mich frei!

Und nun ging die Arbeit erst richtig los. Wir mussten beweisen, dass wir es ohne die Landesforstverwaltung, ohne ihren Verwaltungsapparat und die ganzen kostenlos zur Verfügung gestellten Dienstleistungen schaffen würden. Und wie wir es schafften! Die Einnahmen verbesserten sich, die Gewinne stiegen und die Strategie der ökologischen Bewirtschaftung konnte nun ohne Kompromisse weiterverfolgt werden. Was vernünftig schien, wurde umgesetzt, überflüssiger Ballast wurde abgeworfen. Unnütze Formulare gehörten der Vergangenheit an, hinderliche Verwaltungshierarchien gab es nicht mehr. Sollte etwas Neues eingeführt werden, so genügte eine kurze Rücksprache mit meinem Chef, dem Bürgermeister. War der Vorschlag plausibel, so konnte er Stunden später bereits umgesetzt werden, ansonsten wurde er verworfen oder neu durchdacht.

Wenige Wochen nach dem Wechsel bereitete mir jedoch mein Körper massive Probleme. Schon seit Jahren hatte ich Rückenschmerzen, quälte ich mich mit einer Bandscheibenvorwölbung herum. Als hätte meine Wirbelsäule gewartet, bis alles in trockenen Tüchern war, nahmen die Beschwerden schlagartig zu. Eines Abends merkte ich, wie sich in meinem Inneren Unheil zusammenbraute. Zuvor hatte ich nach einem anstrengenden Arbeitstag noch unsere große Wiese mit der Motorsense gemäht, was wohl das Fass zum Überlaufen brachte. Ich dachte noch, dass eine ruhige Nacht schon alles wieder richten würde.

Diesmal war es aber anders. Beim Aufwachen merkte ich, dass gar nichts mehr ging. Um auf die Toilette zu gelangen, brauchte ich zehn Minuten. Dazu musste ich mich aus dem Bett wälzen und auf den Boden fallen lassen, denn an eine Krümmung der Wirbelsäule war nicht mehr zu denken. Sofort schossen Schmerzen wie Pfeile durch Rücken, Gesäß und Beine und verboten kategorisch jedes Abweichen von der geraden Linie. Ich robbte zum WC und erlangte auf dem Weg dorthin immerhin so viel Geschmeidigkeit zurück, dass ich mich wenigstens setzen konnte. In fünf langen Minuten schaffte ich den Weg die Treppe hinunter aufs Wohnzimmersofa, dann war endgültig Schluss. Ein Rettungswagen brachte mich in die Klinik, wo ich mit Spritzen und Infusionen zunächst wieder alltagstauglich gemacht wurde. Weitere drei Monate quälte ich mich mit verschiedensten Therapien herum und war dann schließlich im Januar so weit, dass ich keine zwei Minuten mehr sitzen konnte. Da erbarmte sich der Chefarzt der Uniklinik in Bonn und griff zum Skalpell. Der Faserring der Bandscheibe, der die Gallertmasse an Ort und Stelle hält, war gerissen, die weiche Masse in den Nervenkanal gedrückt worden. Hier halfen keine sanften Methoden mehr, das Zeug musste entfernt werden. Endlich schmerzfrei! Dafür meldete sich jetzt das schlechte Gewissen. Kaum bei der Gemeinde eingestellt, fiel ich schon für Wochen aus.

Das war kein guter Start, und mir war das Ganze sehr peinlich. Um die Misere komplett zu machen, braute sich in der Natur

Unheil zusammen. Vom Klinikbett aus konnte ich den Wipfel einer Eiche sehen. Ihre Äste waren winterkahl, trotzdem wirkte der Baum nicht trostlos, erinnerte er mich doch an meinen Wald. Die Zweige schwankten im Wind und diese Bewegungen wurden immer heftiger. Für mich sah das bedrohlich aus, denn ich wusste, was sich anbahnte. Ich hatte viel Zeit und sah mir mehrmals täglich die Nachrichten auf dem kleinen Fernseher meines Zimmers an. Der Wetterbericht wurde zunehmend spannend, denn die Meteorologen kündigten ein starkes Tiefdruckgebiet an. Und das bedeutet im Winter immer Sturm. Am 18. Januar 2007 war es dann so weit: Der Orkan Kyrill zog über weite Teile Europas und Deutschland. Die Böen heulten ums Krankenhaus, schüttelten die alte Eiche und ich bangte in meinem Bett um meine Familie und den Wald.

Am nächsten Morgen telefonierte ich mit meiner Frau. Sie berichtete von der schlimmen Nacht: von umgestürzten Bäumen, die links und rechts von unserem Grundstück die Straße versperrten, von ausgefallenem Strom und Kerzenscheinromantik im Forsthaus. Rings um das Haus hatte es zum Glück keine Schäden gegeben, alle, die Familie und unsere Tiere, waren wohlauf. Zwei Tage lang gab es keine Elektrizität. Bei ihrem nächsten Besuch im Krankenhaus brachte meine Frau ihre Kamera mit und zeigte mir die Bilder der Zerstörung. Etliche Waldgebiete waren komplett umgefallen und da tröstete es mich wenig, dass es ausschließlich Nadelbäume erwischt hatte. Noch vom Krankenhaus aus organisierte ich telefonisch die Aufarbeitung und den Verkauf von 10 000 umgestürzten Bäumen. Unterstützung gab ein Kollege, der damals als freier Unternehmer meine Vertretung übernahm. Und dennoch hatte ich keine Ruhe bis zu dem Tag, als ich selber wieder durch den Wald stapfen konnte, der durch kreuz und quer liegende Stämme kaum noch passierbar war. Gegen ärztlichen Rat war dies bereits fünf Tage nach der

Operation der Fall, ich musste einfach sehen, was draußen in meinem Revier passiert war.

Mit dieser Einstellung arbeitete ich noch zwei Jahre unter Volldampf weiter. Ich hatte den Bandscheibenvorfall nicht als das erkannt, was er wohl war – ein Warnsignal meines Körpers, endlich ein wenig kürzerzutreten. Urlaub? Ließ ich bis auf zwei Wochen regelmäßig verfallen. Wochenende? Das sind doch zwei Tage, an denen man noch im Wald arbeiten kann! Feierabend? Warum nicht auch noch abends um 20:00 Uhr Termine annehmen! Doch eines Tages ist auch der stärkste Akku leer.

Im Juni 2009 hatte ich ein Hörfunkinterview beim Saarländischen Rundfunk. Thema war eines meiner Bücher, die Livesendung dauerte eine Stunde. Schon in den Wochen vorher befiel mich immer wieder eine innere Unruhe, die nun in der Sendung in eine regelrechte Panikattacke ausartete. Nur mühsam absolvierte ich das Programm, stand die Fragen des Reporters irgendwie durch und brachte wenigstens äußerlich noch einen ganz passablen Auftritt zustande. Innerlich tobte dagegen der Aufruhr und ich fühlte mich weder auf der Rückfahrt mit dem Zug noch zu Hause besser. Meine Hoffnung war der bevorstehende Urlaub, sodass ich die Zähne zusammenbiss – es waren ja nur noch drei Wochen. So ließ ich mir nichts anmerken und hoffte auf die Zukunft. 20 Tage fern der Heimat und ohne den Alltagsstress des Berufslebens, da sollte wieder alles ins Lot kommen. Die Voraussetzungen waren bestens. Ich reiste mit der ganzen Familie nach Südschweden, wo wir ein einsames Häuschen in tiefen Wäldern gemietet hatten. Ein eigener See mit Ruderboot und Sauna, das verhieß Entspannung pur. Doch statt mich zu erholen, wälzte ich mich jede Nacht bis 4:00 Uhr morgens im Bett herum, fand keinen Schlaf und war tagsüber wie gerädert. Das machte mir Sorgen, denn so kannte ich mich gar nicht.

Wieder zu Hause angekommen, suchte ich gleich meine Hausärztin auf, die mich erst einmal aus dem Verkehr zog. Verschiedene Untersuchungen ergaben, dass ich völlig erschöpft und ausgebrannt war, also einen Burn-out hatte.

Neben der Einnahme von Medikamenten, die meinen Zustand wieder erträglich werden ließen, begann ich eine Psychotherapie, die zwei Jahre dauerte. Hier konnte ich mir mit fachlicher Hilfe vor allem zwei wichtige Erkenntnisse erarbeiten: Erstens nahm ich jeden Misserfolg persönlich, weil ich bis dato glaubte, für alle Fehlschläge verantwortlich zu sein. Und zweitens definierte ich mich selbst zu stark über meine Leistungen. Besonders belastet hatten mich dabei die Auseinandersetzungen mit den Jägern. Die wildzerfressenen Wälder, die ständigen Rückschläge trotz vordergründiger Beteuerungen, doch nur zum Wohle des Walds zu handeln, das hatte mich an meinen Fähigkeiten zweifeln lassen, alles Notwendige getan zu haben.

Heute weiß ich, dass das so nicht stimmt. Vor allem ein Satz meiner Therapeutin klingt noch immer in mir nach: »Sie sind nicht Gott! Zu allen zwischenmenschlichen Aktivitäten braucht es mindestens zwei, und wenn der andere nicht will, können Sie es nicht ändern.« So banal das klingt, für mich war diese Erkenntnis wie eine Befreiung. Und dennoch löste sie nicht alle Probleme. Denn das Wichtigste war, den inneren Antreiber in Rente zu schicken. Ich musste mich zwingen, nicht jede freie Minute mit scheinbar sinnvollen Tätigkeiten vollzupacken, mir meinen Urlaub zu gönnen, auch einmal pünktlich Feierabend zu machen und vor allem an freien Tagen wirklich nichts Dienstliches zu tun. Das ist für einen Förster schwierig, weil ja das Büro im eigenen Haus ist. Was sagen Sie Leuten, die abends an der Haustür klingeln, weil sie Brennholz kaufen wollen? Und wenn das Diensttelefon klingelt, soll es sich ausklingeln? Ich hatte das 25 Jahre anders gehandhabt und musste nun mühsam lernen, auch einmal an mich und meine Familie zu denken. Mein Arbeitgeber unterstützte mich beim Neustart tatkräftig. Eine echte Entlastung und einmalig für ein relativ kleines Revier war die zusätzliche Einstellung einer jungen Kollegin, die mir seither viel Arbeit und Sorgen abnimmt. Das Umfeld stimmt also mittlerweile und nun geht es nur noch an die Strukturen im Kopf. Neben der richtigen Zeiteinteilung und der wirklichen Nutzung von Erholungsphasen möchte ich gern mehr Gelassenheit gewinnen. Ein schönes Beispiel ist das Wetter, denn ein engagierter Förster kann die aktuelle Situation im Grunde nie genießen. Stürmt es, so können Bäume umstürzen. Scheint die Sonne über mehrere Tage, trocknet der Boden aus und die Borkenkäfer beginnen, Fichten und Kiefern anzuknabbern. Je länger eine Schönwetterperiode dauert, desto häufiger muss ich an den Klimawandel und die prognostizierte Trockenheit denken. Regnet es dagegen wie aus Kübeln, so weichen die Waldwege auf und werden durch die Lkw der Holzfirmen völlig zerfahren. Schneit es zu wenig, dann ergibt die Schneeschmelze kaum messbare Beiträge für das Grundwasser, schneit es zu viel, so müssen die Betriebsarbeiten eingestellt werden, wodurch die Einnahmen sinken und der Terminkalender in Unordnung gerät. Jedes Wetter hat also seine Tücken. Dennoch möchte ich es in Zukunft lieber etwas anders angehen. Ich möchte mich auch einmal an einem brausenden Herbststurm erfreuen, an einigen Wochen Sonnenschein und an prasselndem Regen. Wichtig ist nur, den Wald wieder so fit zu machen, dass er die eine oder andere Kapriole der Natur aushalten kann. Alles Weitere liegt außerhalb meiner Macht und sollte mich daher auch nicht mehr sorgen. Ich arbeite daran!

Noch ein Wort zu den Tätigkeiten eines Försters. Wenn ich über meine Erkrankung rede, dann höre ich oft: »Überlastet? Erschöpft? Sie sind doch den ganzen Tag an der frischen Luft!« Ja, der Wald gefällt mir nach wie vor und ich kann mich an Bäumen nicht sattsehen. Die Arbeit im Revier macht mir nach wie vor viel

Freude, aber sie kann auch sehr stressig sein. Um das weitverbreitete Bild vom Waldhüter, der mit seinem Hund zwischen den Bäumen umherstreift, zu korrigieren, schildere ich Ihnen einmal einen meiner typischen Arbeitstage.

Der Wecker klingelt, es ist 6:30 Uhr. Da ich keine Anfahrt zu meinem Arbeitsplatz habe, gönnen wir uns den Luxus, nicht noch früher aufzustehen. Ich mache mich flott im Bad fertig und trabe los, zur Pferdeweide. Dort füttere ich unsere Reittiere. Nebenbei werfe ich einen Blick auf das Wetter: Hat es gefroren, wird es regnen, ist es stürmisch? Zurück im Forsthaus gibt es ein kleines Müsli zum Frühstück, dann nehme ich meine Kaffeetasse und setze mich ins Büro.

Es ist 7:00 Uhr. Am Computer schaue ich den Terminkalender durch und bereite den Arbeitstag vor. Diesen Vormittag habe ich keine festen Termine, prima, dann kann ich in Ruhe die nächste Holzernte vorbereiten. Zuerst wird aber der Stapel an Papier noch einmal durchgesehen: Ist eine Rechnung dabei, die angewiesen werden muss? Gibt es eine Anfrage zu beantworten?

Um 7:30 Uhr steht meine Praktikantin vor der Tür und wir fahren mit meinem Geländewagen in den Wald. Ein Fichtenbestand steht zur Durchforstung an und jetzt kommt das Auszeichnen an die Reihe. Dabei markiere ich alle Bäume, die von den Waldarbeitern gefällt werden sollen. Dazu muss ich erst jeden Baum genau prüfen. Krumme, faule oder anderweitig fehlerhafte Exemplare erhalten ein gelbes Papierband um den Stamm und müssen weichen. Pro Stunde kann ich rund 500 Bäume taxieren, aber nach zwei Stunden lässt die Konzentration so nach, dass ich aufhöre. An meiner Seite läuft die Studentin und lauscht meinen Erklärungen. Ich frage sie immer wieder, welche Stämme sie entnehmen würde, denn in einigen Tagen soll sie selbstständig eine Abteilung für den Holzeinschlag vorbereiten. Wir kämpfen uns durchs Unterholz zum Auto zurück und fahren in eine andere

Abteilung, in der gerade Bäume gefällt werden. Motorsägenge-brumm und eine Geruchsmischung von verbranntem Zweitakt-gemisch und harzigen Sägespänen sind die typischen Sinneswahr-nehmungen, die zu einer Durchforstung gehören. Die Maschinen verstummen, als uns die Waldarbeiter heranstapfen sehen. Die Leute gehören zu einer Selbstwerberfirma, die das Holz in stehen-dem, lebendem Zustand kauft. Das ist praktisch, denn so habe ich mit dem Verkauf, aber auch mit der Lohnbuchhaltung nicht viel zu tun. Dennoch achte ich auf Arbeitssicherheit und die Ein-haltung unserer Ökostandards. Jeder Arbeiter wird per Hand-schlag begrüßt. Zum einen gebietet das die Höflichkeit, zum an-deren hat dann jeder registriert, dass ich heute kontrolliert habe. Weil alles in Ordnung ist, gehen die Praktikantin und ich wieder zum Auto. Schon wieder fahren? Ja, ein Förster verbringt heute ungefähr eine Stunde pro Tag im Pkw, weil die Reviergrößen im Gegensatz zu früher um ein Mehrfaches gewachsen sind. Es sind zwar pro Tag nur rund 50 Kilometer, aber davon werden etliche im zweiten Gang zurückgelegt. Denn die Waldwege sind auf-grund von Geldmangel in einem schlechten Zustand und vielfach nur eine Aneinanderreihung von Schlaglöchern. Da kommt man manchmal nur im Schritttempo voran.

Wir fahren also weiter. Es ist mittlerweile 11:00 Uhr, als wir beim Holzrücker Norbert eintreffen. Er zieht mit seinem Pferd, einem schweren Kaltblüter, Stammteile zum nächsten Maschi-nenweg. Leider weiß ich nie genau, wann er hier in Hümmel ar-beitet. Er wird zwar von der Selbstwerberfirma beauftragt, der wir dieses Prozedere vorgeschrieben haben. Wann er aber seine Arbeit verrichtet, spricht er höchstens mit deren Firmenchef ab. Für mich ist es ein Roulettespiel, ob ich den Pferderücker an-treffe, und daher schaue ich einfach jeden Tag nach ihm. Nun könnte man einwenden, es sei doch viel angenehmer, eigene Leute einzustellen. Das stimmt, aber leider haben wir nicht genug

Arbeit, um Mensch und Tier ein ganzes Jahr hindurch zu beschäftigen.

Heute ist Norbert also da, was mich freut. Es ist immer wieder schön zu sehen, wie schonend diese Art der Arbeit für den Wald ist. Norbert hat eine eigene Sprache für das Pferd, in der Schnalz- und Klicklaute vorkommen. Sein Tier weiß das genau zu deuten und legt sich mächtig ins Zeug, um nach rechts einem Schössling auszuweichen und das Holz punktgenau auf den Waldweg zu bringen. Die Ruhe, uns dieses Schauspiel lange anzusehen, haben wir nicht. Denn im Büro, zu dem wir jetzt zurückfahren, wartet weitere Arbeit. Zuerst müssen die Berechnungen der Praktikantin durchgesehen werden. Sie hat einmal kalkuliert, wie sich verschiedene Durchforstungsvarianten finanziell für den Betrieb auswirken würden. Nachdem die Aufgabe besprochen ist, gibt es eine neue für den nächsten Tag und die Studentin ist fürs Erste entlassen.

12:00 Uhr: Mittagspause. Meine Frau und ich schmieren uns Butterbrote, kochen Kaffee und setzen uns ins Kaminzimmer. Das Feuer prasselt im Ofen, wohlige Wärme breitet sich in mir aus. Wir sprechen, wie könnte es anders sein, über dienstliche Dinge. Miriam leitet den Betrieb des gemeindlichen Bestattungs- walds und da gibt es viele Überschneidungen zu meiner Tätig- keit. Aber nein, wir wollten uns ja eigentlich nicht über den Beruf unterhalten; unsere Kinder beschweren sich zu Recht, wenn sie am Wochenende mit uns essen. Immer geht es nur um den Dienst, wann können wir endlich mal abschalten? Oder ein klei- nes Nickerchen machen? Die Augen werden schon schwer, die wohlige Ofenwärme tut ihr Übriges, da klingelt das Telefon. Mein Puls ist sofort wieder auf 120 und ich drücke auf den grünen Knopf des Hörers. Es meldet sich der Lkw-Fahrer der Selbstwer- berfirma, der das Holz nicht findet, das er ins Werk bringen soll. In Ordnung, ich werde es ihm rasch zeigen. Aus dem »Rasch«

wird eine Stunde, weil ich unterwegs schnell noch mal nach den Waldarbeitern sehe. Haben sie noch genug zu tun oder muss ich noch mehr Bäume auszeichnen?

13:30 Uhr: Ich sitze wieder am Schreibtisch und bereite die Gemeinderatssitzung für morgen Abend vor. Der Bürgermeister will wissen, ob wir mit dem Brennholzverkauf an die Bürger überhaupt Geld verdienen. Brennholz, der neue Volkssport, macht viel Arbeit. Jeder Haushalt im Einzugsbereich möchte gern fünf bis zehn Raummeter Buche oder Eiche kaufen. Dazu werden die Stämme von Waldarbeitern gefällt und danach einzeln vermessen. Mit Sprühfarbe kommt noch eine Nummer auf jedes Stück, anschließend wird der genaue Ort in eine digitale Karte eingetragen. Viel Aufwand für wenig Geld, denn Brennholz zählt zu den billigsten Sortimenten. Aber was soll's, der Wald ist Gemeindewald, gehört schließlich den Bürgern und die lieben diese Freizeitbeschäftigung. Dabei geht es nicht nur um die Brennstoffgewinnung, sondern mindestens ebenso sehr um das Walderlebnis. Mit den eigenen Kindern auf dem Traktor hinauszufahren, Stämme klein zu sägen und zu spalten, um am Abend mit hochbeladenem Anhänger wieder nach Haus zu fahren – das will sich kaum jemand entgehen lassen. Draufzahlen möchte der Bürgermeister für die Brennholzbereitstellung aber auch nicht, und so muss ich noch einmal alles genau durchrechnen, um morgen vor dem Gemeinderat umfassend Auskunft geben zu können.

15:00 Uhr: Zeit für eine Tasse Kaffee. Miriam und unser Sohn Tobias sitzen mit mir am Küchentisch und wir versuchen, nicht vom Revier zu sprechen. Wie war die Schule, was macht der Garten? Das Telefon unseres Ruheforsts klingelt, da steht sicher ein neuer Sterbefall an. Miriam verdreht entschuldigend die Augen und eilt aus der Küche, während Tobias die Tassen in die Spülmaschine räumt. Die Kaffeepause ist damit beendet und ich mache mich wieder an die Arbeit. Es geht noch einmal hinaus, diesmal in den Ruheforst. Ein Ehepaar aus Bonn hat sich angemeldet, um sich einen Baum als letzte Ruhestätte auszusuchen. Ich parke auf dem Waldparkplatz und halte Ausschau nach einem Pkw mit dem Kennzeichen BN. Kurz vor 16:00 Uhr erscheint er, am Steuer eine ältere Dame. Nach kurzer Begrüßung fahren wir zum Waldfriedhof, die Auswahl dauert eine knappe Stunde. Nach meiner Rückkehr ins Forsthaus gebe ich Miriam alle Daten des Baumverkaufs, damit die Verträge aufgesetzt werden können.

17:15 Uhr: Es regnet und ich gehe noch einmal zu den Pferden, die auf ihr Futter warten. Sie haben sich schön in ihren Unterstand gestellt und schauen mir entgegen, wie ich durch den Regen zu ihnen komme. »Schön, dass wenigstens ihr trocken bleibt«, geht es mir durch den Kopf. Zurück im Forsthaus setze ich mich erst einmal wieder ins Kaminzimmer, um zu trocknen.

Es ist 20:00 Uhr. Der Gong der Tagesschau fällt fast mit dem Klingeln an der Haustür zusammen und ich wälze mich umständlich vom Sofa. Mist, beinahe wäre ich eingeschlafen. Auf dem Weg zur Tür versuche ich, mein müdes Gesicht wieder in Form zu bringen. Vor mir steht der Jagdpächter der Nachbargemeinde. Ich hatte mich gegenüber dem Bürgermeister bereit erklärt, den Abschuss zu kontrollieren, damit die Pächter nicht mogeln können. Nur jedes gezählte Reh darf als erlegt gelten, was keine Selbstverständlichkeit ist. Denn vielerorts drücken sich die Jäger um die Reduzierung der hohen Wildbestände, indem sie einfach irgendwelche Fantasiezahlen an die Behörden melden. Nicht mit mir! Also gehe ich mit dem Waidmann zu seinem Geländewagen und schaue in den blutverschmierten Kofferraum. Ein Reh, in Ordnung, wird notiert.

20:15 Uhr: Jetzt ist wirklich Feierabend. Heute klingelt niemand mehr, der Computer ist heruntergefahren und nun schauen Miriam, Tobias und ich irgendeine Castingshow. Der Vorteil: Dabei kann man sich unterhalten, weil man nichts verpasst. Die

Laiensänger, die verzweifelt um einen Plattenvertrag kämpfen, sind ein schöner Kontrast zum Arbeitsplatz Wald. Jetzt erst kann ich abschalten. Obwohl – mir fällt siedend heiß ein, dass ich noch eine Anfrage für unser Ökosiegel beantworten muss – Stichtag ist schon morgen. Und morgen, morgen machen wir dann auch endlich zusammen unseren Spaziergang durch den Wald …

Unser Wald

Wir Menschen sind eigentlich gar nicht für ein Leben im Wald geschaffen. Unsere evolutionäre Vergangenheit liegt in der Steppe und deshalb sind unsere Sinne auf freie Graslandschaften mit weitem Sichtfeld ausgelegt. Wir können sehr gut sehen, akzeptabel hören und schlecht riechen. Waldtiere dagegen müssen nicht sonderlich scharfe Augen haben, weil die Sicht durch Bäume und Geäst versperrt wird. Feinde kann man in so einer Situation viel eher hören, besser noch erschnuppern, weil der Geruch viele Hundert Meter weit trägt.

Wir können die Vergangenheit als Steppenbewohner nicht abschütteln, gleichwohl haben unsere Vorfahren das Urwaldland Mitteleuropa besiedelt. Der dunkle, dichte Wald machte jedoch Angst und war der Ort von Märchen und Mythen. Zwar verehrten Kelten und Germanen einzelne Bäume, dennoch begannen sie, Platz um ihre Siedlungen zu schaffen. Im Mittelalter beschleunigte sich das Tempo der Entwaldung, denn Holz war der Motor der Städteentwicklung, der Seefahrt und der wirtschaftlichen Entwicklung. Wegen dieser Bedeutung nennt man das Mittelalter und die Zeit bis zum 18. Jahrhundert auch das »hölzerne Zeitalter«. Der Nebeneffekt der Rodungen war, dass sich die Äcker und Weiden immer mehr ausdehnten. Dadurch konnte mehr Nahrung für die wachsende Bevölkerung erzeugt werden und endlich breitete sich um die Dörfer und Städte eine Steppe aus! Ob marodierende Söldner oder jagende Wölfe, jede Gefahr konnte nun schon von Weitem erkannt werden, während die schwindenden Wälder niemanden beunruhigten.

Gegen Mitte des 19. Jahrhunderts war der letzte Urwald endgültig gefällt, sein Holz verbaut oder verbrannt worden. Auf den Freiflächen wurde Ackerbau betrieben und überall dort, wo der verarmte Boden nicht dazu taugte, weideten Kühe und Schafe. Wölfe, Bären und Luchse waren ausgerottet und das »Steppentier« Mensch hatte endlich die Landschaftsform um sich, in der es sich wohlfühlt. Hier und da hatte man einzelne Eichen oder Buchen verschont, allerdings nicht aus sentimentalen Gründen. Ihre Eicheln und Bucheckern dienten der herbstlichen Schweinemast, bevor die Borstentiere für den Winter geschlachtet wurden. Jene einsamen Bäume wuchsen, Wind und Wetter ohne schützende Nachbarn ausgesetzt, besonders knorrig und krüppelig heran. Dieser letzten Waldreste nahm sich die Romantik an, so etwa der Maler Caspar David Friedrich. Auf manchen seiner düster-melancholischen Bilder recken sich Bäume in meist kahlen Landschaften in den Himmel. Und merkwürdigerweise sind es genau diese knorrigen Gestalten, die sich als typische Urwaldgesellen in unseren Köpfen festgesetzt haben, auch wenn dies nichts mit der Wirklichkeit zu tun hat.

Wir haben einen Hang dazu, untergehende Geschöpfe zu bedauern und zu verklären. Ob es unterdrückte Völker wie die Ureinwohner Nordamerikas sind oder die letzten Blauwale, in vielen von uns regen sich tiefes Mitleid und Ehrfurcht. Und dies wurde auch den verbliebenen Bäumen zuteil. Das verlorene Naturidyll unberührter Wälder wurde verklärt und verankert sich bis heute in unseren Seelen. Mit positiven Folgen, denn mit dem Ausklang der Romantik begann der Wald, sich wieder auszudehnen. Grund hierfür war die Einführung der geregelten Forstwirtschaft auf großer Fläche, angesichts der Holzknappheit eine überlebenswichtige Neuerung. Schon Hans Carl von Carlowitz, Anfang des 18. Jahrhunderts zuständig für die Wälder um Freiberg in Sachsen, hatte 1713 das Prinzip der Nachhaltigkeit formuliert, dem zufolge nicht mehr Holz eingeschlagen werden soll, als wieder nachwachsen kann. Dieses Prinzip setzte im 19. und frühen 20. Jahrhundert vor allem die preußische Verwaltung in ihrem Zuständigkeitsbereich kompromisslos und großflächig durch.

Für die verarmte Landbevölkerung bedeutete das, auf Acker- und Weideflächen verzichten zu müssen, denn irgendwohin muss- ten die Bäume ja gepflanzt werden. Zu ihrem Unglück sollten sie das auch noch selber machen und wurden verpflichtet, Fichten und Eichen zu säen. Kein Wunder, dass Widerstand aufkam, der mancherorts in Sabotageakten gipfelte. So wurde das Saatgut nachts auf die heiße Herdplatte gelegt, sodass die anderntags an- gelegten Forstkulturen nicht gediehen. Trotz dieser Vorfälle wuchs die Waldfläche stetig und dieser Trend ist bis heute unge- brochen. Aktuell sind in Deutschland und der Schweiz jeweils 31 Prozent der Landesfläche bewaldet, in Österreich sind es sogar 48 Prozent.[1] Innerhalb der letzten 40 Jahre sind allein in Deutsch- land 10 000 Quadratkilometer, das entspricht viermal der Größe des Saarlands, dazugekommen.[2]

Die staatlichen Aufforstungsprogramme waren aber nicht die eigentliche Ursache für die wachsenden Wälder. Denn die pros- perierende Industrie brauchte vor allem eines: Energie. Um Eisen zu verhütten und Stahl zu erzeugen, um Glas zu schmelzen oder chemische Anlagen zu befeuern, immer wurde auf Holzkohle zurückgegriffen. Daher wären die neu gepflanzten Wälder nicht lange erhalten geblieben, wenn der Energiehunger nicht anders hätte gestillt werden können. Der heimliche Retter der Bäume war die Steinkohle. Mit der stetig steigenden Fördermenge dieses fos- silen Rohstoffs wurden die Wälder entlastet und die Köhler ar- beitslos. Und während die Schornsteine in den Ballungsgebieten munter qualmten, wurde draußen auf dem Land ein Forst nach dem anderen neu gegründet. Die Heidelandschaften, die das Bild der Mittelgebirge großflächig prägten, wurden von Fichten-,

Kiefern- und auch Eichenwäldern abgelöst. Die dicken Stämme schätzte man weiterhin als Bauholz, der Bedarf an Brennholz sank jedoch rapide. Diese verringerte Nachfrage hielt bis ins 21. Jahrhundert an und verhinderte eine erneute Übernutzung.

Mit den früheren Urwäldern hatten diese Forste allerdings kaum noch etwas gemeinsam. Dazu trugen vor allem zwei Umstände bei: Anstelle der heimischen Laubhölzer pflanzten die Förster bevorzugt Fichten und Kiefern, Arten, die ursprünglich in der Taiga zu Hause sind. Diese werden von Wildtieren kaum verbissen und wachsen besonders gerade. Um dem Ordnungssinn der Verwaltungen Rechnung zu tragen, wurden die Schösslinge akkurat in Reih und Glied gesetzt, und zwar immer nur eine Baumart pro Fläche. Diese Flächen glichen Rechtecken mit schnurgeraden Seitenlinien. So entstand statt des ursprünglichen Waldes ein gigantisches baumbestandenes Schachbrett, bei dem auf jedem Feld nur Exemplare einer einzigen Baumart mit exakt gleichem Alter wuchsen. Auf diese Art und Weise ließ sich der Holzeinschlag bestens kontrollieren. Ein Beispiel mag dies verdeutlichen: Fichten sind nach 100 Jahren schlagreif, also dick genug, um aus ihnen anständige Balken sägen zu können. Wenn man nun den Forst in 100 gleich große Felder einteilt und jedes Jahr Fichten aussät, dann kann man nach 100 Jahren pro Jahr ein Feld ernte-reifer Fichten abholzen und muss diese Fläche anschließend wieder aufforsten. Sollte ein Waldbesitzer zwei Felder auf einmal nutzen, so würde das schnell auffallen.

In Bezug auf eine nachhaltige Holznutzung, die jedes Jahr gleichbleibende Erträge liefert, war das Modell stimmig. Die Natur hat in diesen Monokulturen allerdings das Nachsehen. Und sie wehrt sich in Form von Insekten, die die Nadelbäume quadratkilometerweise auffressen. Zudem reißen Stürme immer wieder Lücken in die sorgsam geplante Ordnung. Dennoch ist diese Kästchenstruktur bis heute erhalten geblieben, was man auf Luftbildaufnahmen gut erkennen kann – schauen Sie doch einfach mal im Internet nach. Unsere Wälder sehen aus wie ein Flickenteppich und das ist das Resultat der althergebrachten Forstwirtschaft.

Dieses Stückwerk spuckt eine große Menge Holz aus. Wollte man die jährlich im deutschsprachigen Raum produzierte Menge auf einen Schlag abtransportieren, so bräuchte man eine Flotte von rund 3,5 Millionen Lkw. Eine gewaltige Masse, die pro Kopf und Jahr schon etwas übersichtlicher wirkt: In der Schweiz beträgt die geerntete Menge 0,7, in Deutschland einen und in Österreich zwei Kubikmeter. Ein Kubikmeter Holz entspricht etwa dem Stamm eines 60-jährigen Baumes. Als Brennholz kann dieser Kubikmeter 180 Liter Heizöl ersetzen, als Industrieholz kann er zu 300 Kilogramm Papier verarbeitet werden, woraus sich rund 1 500 Tageszeitungen herstellen lassen.[3] Für den Dachstuhl eines Einfamilienhauses müssen in Deutschland schon zehn Personen zusammenlegen. Fünf Kubikmeter werden zu Balken und Sparren, der Rest verbleibt als Abfall im Sägewerk. Dieses verkauft ihn in Form von Spänen und Reststücken an die Spanplattenindustrie, die aus diesen Rohstoffen die Bretter für Billigmöbel und anderes presst.

Besonders hochwertiges Holz wird furniert, also mit scharfen Messern zu millimeterdünnen Blättern geschnitten, die dann auf minderwertiges Holz geklebt werden. So können besonders schön gemaserte Stämme Hunderte von Möbelstücken veredeln, denn aus einem Kubikmeter Holz lassen sich 1 000 Quadratmeter Furnier schneiden.

Eine wichtige Leistung unserer Forste ist die Filterung der Luft. Ein durchschnittlicher Wald befreit die Luft mit seinen Blättern, Zweigen und Ästen pro Quadratkilometer und Jahr von bis zu 50 Tonnen Staubpartikeln.[4] Auf die gesamte Waldfläche Deutschlands bezogen sind dies 5,5 Millionen Tonnen pro Jahr. Dabei sind Fichten und Kiefern effektiver als Laubbäume, da diese eine geringere Blattoberfläche aufweisen, im Winter ihr Laub verlieren und die kahlen Äste kaum etwas einfangen. Die Filterwirkung der Bäume können Sie bei Nebel selbst erleben: Dann tropft es unter den Zweigen, auch wenn es nicht regnet.

Manchmal allerdings werden Wälder auch zu Staubquellen. Im Frühjahr zur Blütezeit ziehen riesige Wolken gelber Pollen über die Wipfel hinweg und pudern die Umgebung regelrecht ein. Jeder Windstoß lässt erneut Schwaden aufsteigen, bis nach Wochen der Vorrat erschöpft ist oder heftige Regenfälle die kleinen Teilchen auswaschen und zu Boden bringen.

Und wie ist das nun mit der oft gehörten Aussage, Wald wäre ein Sauerstofflieferant? Solange ein Baum wächst, nimmt er CO_2 auf, verbaut den Kohlenstoff in Holz und Blättern und atmet Sauerstoff aus, so weit stimmt die Geschichte. Doch ist das zu kurz gedacht. Denn die Bäume aus unseren Wirtschaftswäldern enden praktisch alle irgendwann im Sägewerk oder in Papierfabriken. Sind die Produkte nicht mehr recycelbar, so werden sie verbrannt. Rund die Hälfte des Holzeinschlags wird sogar direkt in Millionen von Kamin- und Kachelöfen verfeuert. Über kurz oder lang löst sich Holz also wieder in Asche und Rauch auf. Und genau dabei wird Sauerstoff verbraucht und CO_2 freigesetzt – exakt die Menge, die beim Wachstum gebunden wurde. Das Ganze ist daher bei einem bewirtschafteten Wald ein Nullsummenspiel. Unter dem Strich kann nur ein Urwald mehr Sauerstoff produzieren als verbrauchen, aber so etwas gibt es in Mitteleuropa bis auf wenige Reste nicht mehr.

Wild wachsende Bäume

Will man die Frage, was ein Urwald überhaupt ist, beantworten, dann kann man verschiedenen Definitionen folgen. Für manche Experten reicht es, wenn so ein Wald einen hohen Anteil Totholz hat, eine lange Zeit ohne forstwirtschaftliche Nutzung war sowie eine natürliche Baumartenzusammensetzung mit alten Bäumen aufweist.[5] Urwälder können demnach durchaus Wälder sein, die einst sehr stark vom Menschen verändert wurden, sich jetzt aber wieder zurück zum ursprünglichen Zustand entwickeln. Nach dieser Definition hätten wir noch einige Urwälder in Mitteleuropa. Ich neige jedoch einer strengeren zu, die als Urwald nur unberührte, echte Primärwälder ansieht. Denn dort ist auch der Boden unbeeinflusst, während er sich in früher bewirtschafteten Gebieten etwa durch den Tritt von Weidevieh oder Erosion so verändert hat, dass auch bei einer späteren Wiederbewaldung keine Erholung mehr möglich ist. Nach dieser Lesart gibt es in Mitteleuropa bis auf wenige klägliche Reste keine Urwälder mehr.

Wenn meine Frau und ich Urlaub machen, reisen wir am liebsten in die abgelegenen Landstriche Skandinaviens. Hier sind die nächstgelegenen, noch völlig ungestörten Urwälder zu finden. Von Natur aus wachsen in Lappland Nadelbäume, denn dieses Gebiet gehört zur Taiga und zur kaltgemäßigten Klimazone der höheren Breiten. Das ist etwas ganz anderes als unsere heimischen Laubwälder, dennoch kann ich dort die Prozesse erspüren, die jedem Urwald der Erde zu eigen sind. Diese Bäume sind im Gleichgewicht, ihnen geht es gut. Wenn der Nieselregen zwischen Kiefern und Fichten auf die Heidelbeerpolster fällt, wenn Bartflechten an den Ästen den vorüberziehenden Nebel durchkämmen und leise vor sich hin tropfen, dann glaubt man, in einer anderen Welt zu sein. Lediglich die Schwärme winziger Mücken, die wolkenartig vor meinem Mund schweben und mit ihren Stichen meine Aufmerksamkeit einfordern, holen mich aus den Tagträumen zurück. Woran liegt es, dass intakte Wälder eine solche Wirkung auf Menschen haben? Gibt es einen unterschiedlichen Erholungswert unter gestressten und ausgeglichenen Bäumen? Ich glaube fest daran, dass das so ist, und die Gründe dafür erfahren Sie in den folgenden Kapiteln.

Wandern auf Bäumeart

Vor 4000 Jahren war Mitteleuropa von Urwäldern bedeckt. Nur entlang der Flussufer, in Moorgebieten und oberhalb der Baumgrenze in den Alpen konnte der Blick in die Ferne schweifen.

Auf dem größten Teil der Fläche herrschten Buchen als ungekrönte Könige. Andere Baumarten wie Eiche, Esche, Weißtanne oder Ahorn kamen nur vereinzelt vor und in den Hochlagen, klimatisch der Taiga des hohen Nordens ähnlich, gab es eine Zone, in der auch Fichten oder Kiefern auftauchten. Das war's. Artenvielfalt kann man das nicht nennen und der Grund für diese Eintönigkeit liegt in der letzten Eiszeit. Die sich vorschiebenden Gletscher vernichteten die ursprünglichen Wälder, und wer sich als Art nicht in wärmere Gefilde zurückziehen konnte, wurde ausgerottet. Zurückziehen?

Bäume haben keine Beine, sondern bleiben ihr Leben lang an Ort und Stelle. Wandern können sie dennoch, und zwar mithilfe ihrer Samen. Keimen diese an einem entfernten Standort, so wächst ein neues Exemplar heran, das sich nach einigen Jahren ebenfalls vermehren kann. Jede Generation kann also genau so weit in die Ferne schweifen, wie ihre Früchte transportiert werden. Danach gibt es eine Unterbrechung, bis der Nachwuchs geschlechtsreif ist, erst dann können erneut Samen weiterziehen.

Ein Beispiel: Zitterpappeln verpacken ihre kleinen Nüsschen in Watte, die schon vom leisesten Windhauch weggeweht wird. Angenommen, diese Bäusche fliegen 100 Kilometer weit und die daraus keimenden Sämlinge werden nach zehn Jahren zu großen Bäumen, die blühen, dann kann diese Art in zehn Jahren 100 Kilometer wandern. Schwerfrüchtige Bäume wie Buchen oder Eichen sind viel langsamer, da die Bucheckern und Eicheln auch bei Wind einfach unter den Mutterbaum fallen. Und das ist aus zweierlei Gründen riskant. Ein Ausweichen in günstigere Klimazonen ist, wenn überhaupt, nur im Schneckentempo möglich und eine vergleichsweise schnelle Veränderung wie die erwähnte Eiszeit überrollt solche Schlafmützen. Zudem besteht die Gefahr der Inzucht, denn wenn der eigene Nachwuchs stets in unmittelbarer Nähe der Eltern groß wird, vermischt sich das Erbgut der verschiedenen Generationen einer Baumfamilie. Genetische Vielfalt, Voraussetzung für eine gesunde Population, kann so nicht entstehen. Aber hier wissen sich die Bäume zu helfen und setzen auf tierische Unterstützung.

Bei der Flucht der Bäume vor dem heranrückenden Eis gab es ein entscheidendes Hindernis: die Alpen. Diese waren bereits vergletschert, sodass hier keine Baumgeneration heranwachsen konnte, um sich weiter nach Süden auszubreiten. Wer keinen klimatisch sicheren Schlupfwinkel fand oder auch schon südlich der Alpen wuchs, wurde in Süddeutschland vom Eis überrollt und starb in Europa aus. Solche Kandidaten waren beispielsweise die Douglasie und verschiedene Eichenarten.

Nach dem Ende der Eiszeit wagten sich die Bäume mit den steigenden Temperaturen wieder aus ihren Schlupfwinkeln im Süden Europas nach Norden vor. Zuerst fassten die »Schnellläufer« wie Birken und Kiefern Fuß, die mit weiter zunehmenden Temperaturen von Eichen abgelöst wurden. Vor etwa 5000 Jahren wendete sich dann das Blatt, da das Klima wieder etwas kühler und feuchter wurde. Nun trat die Buche vor den massiven Eingriffen der Menschen einen wahren Siegeszug durch Europa an und hätten wir sie nicht gebremst, so würde sie aktuell das südliche Skandinavien erobern. Ganz so langsam kann sie demnach nicht sein und das Geheimnis ihrer Ausbreitung ist auch das Geheimnis ihres Überlebens während der Kälteperiode: Es sind tierische Verbündete wie Mäuse, Eichhörnchen oder Eichelhäher, die ganz wild auf die fetthaltigen Samen sind. Sie sammeln die Früchte und lagern sie in Depots, damit der Vorrat über den ganzen Winter bis ins nächste Frühjahr reicht.

Die Wissenschaft weiß über den Eichelhäher Erstaunliches zu berichten. Er gehört zu den Rabenvögeln, deren Intelligenz man erst seit wenigen Jahren richtig einschätzt. Die kleinen, fingernagelgroßen Gehirne funktionieren anders als bei vielen anderen Arten und arbeiten trotz ihrer geringen Größe blitzschnell und effizient. Die geistigen Fähigkeiten werden dadurch so groß, dass Rabenvögel schon als gefiederte Affen bezeichnet werden. Und es ist schier unglaublich, was sich Eichelhäher und ihre Kollegen so alles merken können. Legen sie ihre Winterverstecke an, so ist es wichtig, welche Art der Nahrung verbuddelt wird. Sind es verderbliche Früchte oder Regenwürmer, die zuerst gefressen werden müssen? Oder sind es lange haltbare Nüsse, Bucheckern oder Eicheln, die bis zum nächsten Frühjahr in der Erde bleiben können? Wichtig ist auch, ob beim Vergraben neidische Artgenossen in der Nähe waren. Daher können sich Eichelhäher bei jedem einzelnen Versteck erinnern, ob sie an ihm von ihresgleichen beobachtet wurden. Und da man sich gegenseitig bestiehlt, werden Bestände, die nicht mehr geheim sind, im Notfall erst einmal links liegen gelassen. Denn wenn man Hunger hat, will man nicht lange suchen, um dann womöglich vor einem leeren Loch zu stehen.

Um die Gehirnleistung dieser Vögel zu erahnen, können Sie selbst einmal überlegen, wie viele derartiger Depots Sie sich merken können, und zwar so, dass Sie sie auf Anhieb und bei Schnee zielsicher wiederfinden. Eichelhäher bringen es auf die unglaubliche Zahl von 10 000 Stück. Nicht, dass sie so viele Bucheckern und Eicheln benötigen. In einem normalen Winter brauchen sie rund 1 000 Verstecke, aber im Frühjahr helfen ihnen die Baumfrüchte auch noch bei der Aufzucht ihrer Jungen. Aus den ungenutzten Reserven sprießen neue Bäume, die die Nahrungsgrundlage für kommende Vogelgenerationen darstellen. Und nicht nur aus überschüssigen Vorräten, denn auch bei Vögeln und Eichhörnchen gibt es vergessliche Zeitgenossen. Die Natur bestraft so etwas gnadenlos, sodass in erster Linie Tiere mit Erinnerungsschwäche vom Hungertod betroffen sind. Die Hinterlassenschaften können Sie bei einem Frühjahrsspaziergang durch den Wald entdecken. Denn immer dann, wenn Buchen- oder Eichensämlinge wie ein Strauß Blumen aus dem Boden sprießen, also etliche Keimlinge auf wenigen Zentimetern Fläche stehen, handelt es sich um ein solch ungenutztes Depot.

Für Bäume mit schweren Früchten ist diese Art der Luftpost ein großer Gewinn. Denn die Vögel ermöglichen es ihnen, sich über viele Kilometer in die Landschaft auszubreiten und so neue Lebensräume zu erschließen.

Warum Buchen?

Ohne den Menschen wäre der Großteil Mitteleuropas von Buchen bedeckt. Aber warum sind es keine Eichen, Fichten oder Kiefern, die sich hier durchsetzen würden?

Jede Baumart hat ihre ökologische Nische, in der sie besonders konkurrenzstark ist. Grundsätzlich würde jeder Baum gern auf nährstoffreicher, feuchter Erde wachsen, aber das kann sozusagen jeder. Unterschiede werden dann deutlich, wenn es Abweichungen vom idealen Standort gibt. So kann die Erle auch im Sumpf wachsen, wo wegen des Morasts kaum Sauerstoff an die Wurzeln gelangt. Fichten, Kiefern und Lärchen hingegen sind Kältekünstler. Sie vertragen extreme Minustemperaturen, ganz kurze Sommer und sehr viel Regen, also Bedingungen, wie sie im hohen Norden, etwa Skandinavien oder Sibirien, herrschen. Die Eiche kann Kälte, Hitze und auch Sommertrockenheit gut wegstecken, ein Klima, das man als kontinental bezeichnet.

Und die Buche? Nun, sie mag genau unser mitteleuropäisches Klima, das von eher milden Wintern, kühlen Sommern und ausreichender Feuchtigkeit geprägt ist. Dieses sogenannte atlantisch getönte Klima lässt sie zur Höchstform auflaufen. Aber das ist nicht das ganze Geheimnis ihres Siegeszugs in Mitteleuropa. Noch zwei weitere Eigenschaften verhalfen ihr zum Durchbruch. Da ist zum einen ihre Fähigkeit, auch noch im Schatten anderer Bäume wachsen zu können. So siedelt sie sich beispielsweise unter Eichen an, wächst langsam unter ihnen empor und durchdringt schließlich deren Kronen. Die Eiche als Lichtbaumart, die sehr viel Sonne zum Überleben braucht, wird am Ende von den Buchenblättern beschattet und stirbt ab. Als ob das noch nicht reichte, helfen Buchen auch im Wurzelraum kräftig nach. Sie drängen sich mit ihren Ausläufern in jede noch so kleine Ritze, durchziehen das Wurzelgeflecht der Eichen und nehmen ihnen Nährstoffe und Wasser weg. Das finden Sie nicht nett? Natur ist immer ein Wettkampf und jede Art kämpft um ihren Platz auf diesem Planeten.

Der Mensch ist seit Zehntausenden von Jahren Bestandteil des heimischen Ökosystems und beeinflusst dieses kräftig. Ob unsere

Vorfahren der Buche bei der Ausbreitung halfen, ist umstritten. Denn diese Bäume können nicht gemeinsam mit vielen großen Pflanzenfressern in einem Lebensraum existieren. Wildpferde, Auerochsen und Hirsche fressen alle saftigen Triebe, derer sie habhaft werden können. Ob blühende Gräser, aromatische Sträucher oder die Knospen junger Bäume, alles wandert in die hungrigen Mägen. Daher haben sich sämtliche Pflanzen, die mit solchen Tieren einen Lebensraum teilen, an die ständige Gefahr angepasst. Gräser können unendlich oft aufs Neue austreiben und so die Verluste ersetzen. Kräuter wie Brennnesseln, Disteln oder Fingerhut wehren sich mit Stacheln, Brennhaaren, Gift oder Ähnlichem. Sträucher bilden eine dornige Mauer, an denen sich die gierigen Mäuler blutig beißen. Die Landschaft vor 10 000 Jahren muss demnach eine Steppe, durchsetzt mit Sträuchern und wenigen Einzelbäumen, gewesen sein.

Und die Buche? Sie hat nichts von alledem, sondern streckt ihre leckeren Zweige und Knospen den Fressfeinden ungeschützt entgegen. Wenn ihre Sämlinge ständig abgebissen wurden, wie konnte sie sich dann gegen die Pflanzen der Steppe durchsetzen? Hier kommt der Theorie zufolge der Mensch ins Spiel. Er jagte die Pflanzenfresser, um sie seinerseits zu verspeisen. Durch die effektiven Jagdmethoden mit Pfeil und Speer dezimierte er Pferde und Wildrinder so sehr, dass sie mancherorts verschwanden. Das war die Chance für die Buche. Sie wanderte nordwärts, eroberte neue Lebensräume und konnte große Wälder bilden. Ihre tierischen Feinde wurden vom Menschen so unerbittlich verfolgt, dass sie bis auf Hirsch und Reh schließlich samt und sonders ausstarben. Das verhalf meiner Lieblingsbaumart dann endgültig zum Durchbruch.

Soweit die Theorie. Ich persönlich habe da allerdings meine Zweifel. Denn auch in den eiszeitlichen Rückzugsgebieten der Buche gab es Tiere mit Appetit auf Grünzeug. Mit Ausnahme der vereisten Gebiete existieren überhaupt keine Landschaften ohne Pflanzenfresser. Wo hätte sich dann die wehrlose Baumart im Lauf der Evolution entwickeln können? Logisch erscheint mir die Annahme, dass die Wildtierdichte ursprünglich sehr niedrig war. Ein Wildpferd oder Auerochse pro zehn Quadratkilometer, vielleicht noch ein paar Rehe dazu – das war's. Schätzungen aus den heute noch verbliebenen Buchenurwäldern legen dies nahe. Unter solchen Bedingungen kann die Buche Fuß fassen. Hunderttausende von Sämlingen pro Baum können von so wenigen Pflanzenfressern nicht komplett aufgefressen werden; ein Teil wird unbeschadet überleben.

Wachsen diese zu erwachsenen Bäumen heran und bilden einen Wald, so wird es dunkel. Denn Buchen nutzen das Sonnenlicht außergewöhnlich gut aus. Am Boden kommt dann kaum noch etwas davon an, für die meisten anderen Pflanzen reicht das nicht zum Überleben. In diesem Dämmerlicht fanden Pferde und Rinder folglich kaum Nahrung, und wenn, dann immer nur Buchentriebe und -blätter. Das wäre in etwa so, als würde man Ihnen permanent nur Schokolade anbieten. Eintönige Speisen hat man schnell satt und daher konzentrierten sich die meisten Tiere am Rand der Wälder, in den Flussauen oder den Hochlagen der Gebirge, wo Gräser und Kräuter eine Chance hatten. Die Buchenkeimlinge in den Buchenwäldern bekamen hierdurch noch einmal bessere Überlebenschancen – ein sich selbst verstärkendes System.

Der natürliche Lebenszyklus einer Buche

Wenn ich alte Bäume betrachte, kommen mir Dinosaurier in den Sinn. Es ist faszinierend, wie groß diese Tiere werden konnten. Brachiosaurier, harmlose Pflanzenfresser, ragten zwölf Meter in die Höhe, wurden über 20 Meter lang und wogen dabei über

50 Tonnen. Solche Geschöpfe würde ich gern einmal lebend sehen.

Mit dem Blick in die Vergangenheit wird leicht übersehen, dass die größten Lebewesen, die jemals die Erde bevölkerten, noch heute unter uns weilen. Bei den Tieren sind es die Wale, die ihrerseits deutlich von Vertretern aus dem Pflanzenreich übertroffen werden, den Bäumen. Rekordhalter ist eine Douglasie, ein Nadelbaum der nordamerikanischen Pazifikküste, die 138 Meter maß, als sie gefällt wurde. Auch Mammut- oder Eukalyptusbäume können ähnliche Größen erreichen und dabei ein Gewicht von über 1 000 Tonnen auf die Waage bringen.

In Bezug auf das Alter geben Zwerge den Ton an. Per Zufall wurde 2008 im mittelschwedischen Dalarna eine Fichte entdeckt, die es in sich hat. Der unscheinbare Baum, windzerzaust und krumm gewachsen, entstammt einem Wurzelstock, der 9 550 Jahre alt ist und bis heute munter und gesund lebt. Das hatte man dieser Baumart bisher nicht zugetraut.

Aber kommen wir zurück zu unserer früheren Königin der Wälder, der Buche. Sie wird auch als »Mutter des Walds« bezeichnet. Fachleute beziehen dies auf ihre günstige Wirkung hinsichtlich Bodenfruchtbarkeit und Kleinklima, ich würde das gern auf den »Charakter« und die Lebensweise dieser Bäume ausdehnen.

Im Frühjahr regt sich zartes Grün im Laub eines alten Buchenwalds. Nun durchbrechen Tausende von Keimlingen ihre Samenhüllen und überziehen den Boden wie ein Heer von Schmetterlingen. Ihre ersten Blättchen sind paarweise angeordnet und gleichen kleinen Faltern, ganz anders als die Blätter erwachsener Bäume.

Jeder Baum will groß werden, und zwar so schnell wie möglich. Das liegt in seinen Genen, und wenn er könnte, wie er wollte, würde er das sofort in die Tat umsetzen. Die Folge wäre ein Stamm, der aus Holz mit großen Zellen aufgebaut wäre. Große

Zellen enthalten jedoch viel Luft und sind damit bruchanfälliger sowie eine ideale Brutstätte für holzfressende Pilze, da diese Luft zum Atmen benötigen. Ein Baum, der schnell wächst, wird zwar rasch groß, aber durch das minderwertige Holz nicht besonders alt. Wenn Sie ein Exemplar sehen, das durch einen Sturm gebrochen wurde, so handelt es sich wahrscheinlich um solch einen ungestüm gewachsenen Kandidaten. Damit kann er sich auch nicht mehr fortpflanzen, was ein klarer genetischer Nachteil ist.

Zum schnellen Wachstum benötigt eine Buche Licht und hier greifen nun die alten Bäume ein. Sie reduzieren mit ihrem Laub die Sonneneinstrahlung so stark, dass nur noch drei Prozent bis zum Boden zu ihren Füßen gelangen. Die kleinen Buchenschmetterlinge werden so vom ersten Augenblick an stark im Wachstum gebremst und gezwungen, langsam Holz zu bilden. Die Zellen der winzigen Stämmchen bleiben klein und dicht, sie sind dadurch flexibel und unattraktiv für Pilze. So aufgewachsene Bäume können sehr alt werden, da sie in Stürmen gut hin und her federn können, ohne zu brechen. Stammwunden führen seltener zu einer Holzfäule und damit zu einer lebensbedrohlichen Instabilität.

Diese Erziehung durch die Eltern ist allerdings eine langwierige Sache. So geht es für den Nachwuchs pro Jahr manchmal nicht mehr als einen Zentimeter in die Höhe, eine echte Zumutung. Denn die Buchenkinder hungern sich dabei fast zu Tode, da sie mit ihren spärlichen Blättern im Dämmerlicht kaum Zucker produzieren können. Die Rettung naht im Untergrund in Form von zarten Wurzeln der älteren Bäume, die mit denen des Nachwuchses verwachsen und ihn mit lebensnotwendigen Nährstoffen versorgen. So lässt es sich lange aushalten. Zeit spielt dabei keine Rolle und die Wartezeit kann durchaus einmal 200 Jahre oder länger betragen. Weiter nach oben darf ein Buchenkind nämlich erst dann, wenn der Elternbaum das Zeitliche gesegnet hat. Durch seinen Tod dringt ungebremst Licht in die tieferen Etagen und das ist das Startsignal für den Nachwuchs, nun zügig den Luftraum zu erobern. Allerdings nur für diejenigen, die bis dahin gut gewachsen sind. Der Stamm sollte schnurgerade sein, und zwar nicht, weil das schöner ist oder man daraus besser Bretter sägen kann, sondern weil ein gerader Stamm deutlich stabiler ist. In ihm verlaufen die Holzfasern lotrecht, er kann bei einem Sturm den Winddruck also gleichmäßig aufnehmen und die Kräfte auf den ganzen Körper verteilen. Ein krummer, schiefer Baum hingegen muss schon im Normalfall heftig kämpfen, um nicht abzubrechen. Auf die Wurzeln wirken bei einem großen, 40 Meter hohen Exemplar gewaltige Hebelkräfte. Die riesige, tonnenschwere Krone droht, ihn umzureißen, und daher lagert er im Eiltempo Holz an den Krümmungen des Stamms an, um diesen zu verstärken. Für ruhige Tage mag das reichen, bei schweren Stürmen wird es aber eines Tages zu viel. Ein reißender Krach und dieser Baum liegt abgebrochen am Boden.

Damit das erst gar nicht passiert, wachsen Buchen in Gruppen auf. Dabei schiebt sich ihr Gipfeltrieb Jahr für Jahr zentimeterweise in die Höhe. Meint nun einer der Knirpse, er müsse sich schief und krumm entwickeln, folgt die Strafe sofort. Zur Seite zu wachsen bedeutet ja nichts anderes, als weniger in die Höhe zu kommen. Also überholen die normal nach oben strebenden Nachbarn diesen Baum und lassen ihn in der Dunkelheit zurück. Die drei Prozent des Sonnenlichts, die durch das Blätterdach der alten Bäume kommen, erreichen den Abweichler nicht mehr, sodass er wenige Jahre später stirbt und wieder zu Humus wird.

Wie unendlich langsam diese Jugendphase voranschreitet, entdeckte ich vor wenigen Jahren per Zufall in einem 200-jährigen Buchenaltbestand. Unter einer mächtigen Buche stand ihr Nachwuchs, eine etwa 80-jährige Buche. Sie war nur 1,50 Meter hoch, ihr Stämmchen lediglich fingerdick. Bis dieser Winzling ein erwachsener Baum werden darf, werden wohl insgesamt

300 Jahre vergehen. Vielleicht fragen Sie sich, wie ich das Alter der »Jungbuche« erfahren habe. Schließlich wollte ich dieses Bäumchen nicht absägen, zumal die Jahresringe bei solch langsam gewachsenem Holz mit bloßem Auge gar nicht zu erkennen gewesen wären. Es sind die Ästchen, die das Alter verraten. Buchen bilden zum Sommerende kleine Falten an den Enden der Triebe, die aussehen wie ein geriffelter Knoten. Zählt man diese Knoten auf einem Zweig, so lässt sich zuverlässig eine Jahreszahl ermitteln. Bei den jungen Buchen ist jeder Zweig mit Knötchen übersät und kündet von der harten Schule, durch die sie gerade gehen.

Das Gedränge im Buchenkindergarten bringt einen weiteren erzieherischen Effekt mit sich, nämlich das Vermeiden zu großer Seitenäste. Bäume sollen zielstrebig nach oben wachsen und ihre Zeit nicht mit der Bildung dicker Nebenäste vertun. Nun lassen sich diese Äste nicht ganz vermeiden, da schließlich irgendwo auch Blätter wachsen müssen. Würden sich diese nur am Leittrieb, also an der Spitze, bilden, so könnte der Nachwuchs kaum Licht einfangen. Je breiter die winzigen Kronen sind, desto mehr Sonnenenergie lässt sich sammeln. Im weiteren Verlauf ihres Lebens müssen die Buchen diese Verzweigungen wieder loswerden, denn wenn der Gipfeltrieb weiterwächst, wird es unten am Stamm zu dunkel für Blätter. In der Folge verdorren die Zweige und über dieses tote Gewebe versuchen Pilze, in das Holz und damit in den Baum zu gelangen. Nun beginnt ein Wettlauf mit der Zeit. Um die Eindringlinge abzuwehren, schottet die Buche den toten Zweig vom Rest ab. Er bricht mit der Zeit herunter und der Stumpf wird dann mit lebendem Gewebe überwachsen. So eine Reparatur zieht sich je nach Durchmesser über mehrere Jahre hin. Statistisch gesehen schafft es der Baum nur dann, den Stamm wieder abzudichten, bevor der Pilz ins Innere vorgedrungen ist, wenn der tote Ast nicht dicker als fünf Zentimeter ist. Größere Wunden kann er nicht schnell genug verschließen und die Holzzerstörer wandern durch diesen Einlass bis ins Mark. Ein so befallenes Exemplar kann zwar noch einige Jahrzehnte leben, wird aber nicht mehr so alt wie seine Kameraden.

Stehen die Buchenkinder schön dicht beieinander und wachsen jahrelang zusammen der Sonne entgegen, verdunkeln sie ihre Flanken gegenseitig. Dadurch sterben seitliche Äste ab, bevor sie zu mächtig werden. Das ist auch der Grund, warum dicke Urwaldbäume so schön glatte Stämme haben. Erst wenn sie eines Tages im oberen Stockwerk angekommen sind, können sie gefahrlos eine große, verzweigte Krone bilden.

Aber zurück zur Jugend. Die Abweichler sind aussortiert, von den Tausenden Keimlingen sind nur eine Handvoll halbwüchsiger Buchen übrig, die wohlerzogen und gut gewachsen unter dem Elternbaum warten. Weiter geht es, wenn dieser stirbt. Jetzt wird es ein letztes Mal richtig gefährlich. Ist die alte Buche tot, so brechen innerhalb weniger Monate die dicken Äste herunter, manchmal sogar der komplette Baum. Und wo er aufschlägt, gibt es Bruch. Mit abgeknickter Krone kann ein Thronfolger seine Ambitionen vergessen und muss einem der verbliebenden Konkurrenten weichen.

Wer diesen letzten Härtetest unbeschadet übersteht, kann nun endlich in die obere Schicht aufrücken und damit erwachsen werden. Die Chance, es so weit zu schaffen, beträgt für jeden Buchenembryo, der in einer Buchecker im Herbst zu Boden fällt, durchschnittlich 1:1,7 Millionen. Hungrige Tiere, die strenge Erziehung oder Unglücksfälle dezimieren die Baumjugend so stark, dass in 400 Jahren nur ein Baum ein komplettes Leben durchläuft. Aber das reicht zur Arterhaltung völlig aus.

Den schwierigsten Lebensabschnitt hat die Buche jetzt hinter sich und nun kann sie vor allem eines: Wachsen. Bei einer Höhe von maximal 50 Metern ist nach oben hin Schluss, aber die

Krone breitet sich stetig nach den Seiten aus und der Stamm wird ebenfalls immer mächtiger. Aber eine Buche wächst nicht nur so allein vor sich hin, sie steht über die Wurzeln auch mit ihren Artgenossen in Kontakt. Wie über ein Nachrichtennetzwerk werden hier Informationen über Insektenattacken ausgetauscht oder es wird auch Zuckerlösung weitergereicht. Zwar ist diese »Fütterung« unter großen Bäumen nicht nötig, doch im Krankheitsfall kann die Hilfe der Nachbarn lebensrettend sein. Schwächelt eine Buche, so pumpen die Kollegen quasi Flüssignahrung hinüber. Wie weit diese Hilfe geht, habe ich mit Studenten in meinem Revier entdeckt. Dort fanden wir auf dem Boden einen bemoosten Stein, etwa 5 mal 20 Zentimeter groß. Bei genauem Hinsehen entpuppte sich dieser als Buchenholz, das noch fest im Erdreich verankert war. Als wir die Rinde untersuchten, stellte sich heraus, dass es noch lebte. Es war der Rest eines einst meterdicken Baums, den ein Köhler vor vielleicht 400 Jahren gefällt hat und dessen Stumpf größtenteils schon zu Humus zerfallen war. Nur der winzige, steinartige Rest hatte überlebt, und das ohne ein einziges Blättchen. Möglich war das nur, weil die umliegenden Bäume nicht nachgelassen hatten, selbst diese Überreste mit Nährstoffen zu versorgen – bis heute. Und wer weiß, vielleicht treibt irgendwann aus diesem knorrigen Holz auch wieder ein junger Trieb aus, der sich erneut zu einem Urwaldriesen entwickelt.

Aus diesen Beobachtungen lernte ich noch etwas. Buchen scheinen sich untereinander nicht als Konkurrenten zu betrachten. Welchen Sinn sollte es haben, Rivalen zu päppeln, die anschließend den eigenen Platz streitig machen und Wasser sowie Nährstoffe verknappen? Gibt der Baum seinem Nachbarn etwas von seinem Zuckervorrat ab, so steht ihm selbst weniger Energie zum Wachsen oder zur Abwehr von Krankheiten zur Verfügung. Die selbstlose Gabe nützt ihm zunächst selber nichts. Doch eine

Buche ist im Kollektiv besonders widerstandsfähig gegen Krankheiten und Klimaschwankungen. Daher ist es langfristig sinnvoll, den eigenen Nachbarn in Notzeiten zu helfen und so die Gemeinschaft zu erhalten.

Ich sehe was, was du nicht siehst

Bäume, ganz speziell Buchen, können mehr, als man ihnen gemeinhin zutraut. Da wir Menschen mitfühlende Wesen sind, verstehen wir andere Lebensformen besser, wenn wir sie mit unseren Fähigkeiten vergleichen. Und weil wir »Augentiere« sind, das Sehen demnach der wichtigste Sinn ist, lassen Sie uns mit der Optik beginnen.

Buchen haben keine Augen, zumindest nicht so wie wir. Sie »sehen« das Licht trotzdem, und zwar gleichzeitig mit Hunderttausenden Organen, den Blättern. Da die Sonnenstrahlen quasi ihre »Leibspeise« sind, mag sich das möglicherweise so anfühlen, als würden wir uns an einem üppigen Buffet bedienen. Nun könnte man einwenden, dass Sehen und Fotosynthese doch etwas völlig Verschiedenes seien. In Ordnung, betrachten wir ein anderes Phänomen. Mit der ersten Wärmeperiode im Frühling starten Blumen und Gräser auf ein Neues. Überall treiben grüne Spitzen aus dem Boden und auch die Buchen könnten nun wieder loslegen. Wenn da nur nicht die Spätfröste wären. Fällt das Thermometer im April noch einmal unter minus fünf Grad Celsius, würden die jungen Blätter und Triebe erfrieren. Um das zu verhindern, warten die Bäume. Doch woher wissen sie, welcher Monat im Kalender angezeigt wird? Es ist die zunehmende Tageslänge, die sie wahrnehmen bzw. »sehen« können. In Kombination mit den steigenden Temperaturen passen sie so den richtigen Moment zum Laubaustrieb ab. Und dieser Zeitpunkt ist Anfang

Mai gekommen. Damit ist klar, dass Bäume nicht nur mit den Blättern »sehen« können, da diese jetzt erst noch gebildet werden müssen. Die dünne Rinde, speziell an den Knospen, lässt offensichtlich genug Helligkeit ins Innere, damit die Buchen Bescheid wissen.

Moment. Bisher haben wir über den Sehsinn gesprochen und nun ist unversehens noch ein weiterer Aspekt hinzugekommen, das Fühlen. Warm oder kalt, da muss die Buche eindeutig etwas spüren. Das kann sie auch, wie sie jedes Jahr aufs Neue beweist, und noch viel mehr. Selbst Schmerzen registriert sie. Das lässt sich zwar nicht direkt beweisen, aber die indirekten Hinweise sind deutlich genug und auch sehr spannend. Denn sie teilt ihre Gefühle anderen mit.

Schon vor Jahrzehnten beobachteten Wissenschaftler in der afrikanischen Savanne ein merkwürdiges Verhalten bei Gazellen. Diese knabberten am grünen Laub von Schirmakazien, allerdings nicht lange. Schon nach wenigen Minuten wanderten sie zu anderen Exemplaren, die mindestens 50 bis 100 Meter weit entfernt standen. Eine Untersuchung ergab, dass die unmittelbaren Nachbarn der angefressenen Akazien giftige Abwehrstoffe in die Blätter transportiert hatten, was die Tiere offensichtlich wussten. Doch wie konnten die anderen Bäume die bevorstehende Fressattacke ahnen? Es war der Wind, der ihnen einen chemischen Warnruf zutrug, eine Duftbotschaft der angefressenen Exemplare.

Mittlerweile weiß man, dass viele Baumarten heftig miteinander kommunizieren. Das gilt möglicherweise sogar für alle Pflanzen. Zwar sind dies »nur« Duftbotschaften, aber dieses Medium ist nicht schlechter als unsere gesprochene und über Schallwellen transportierte Sprache.

Bei unseren heimischen Bäumen sind es nicht Gazellen, sondern Insekten, die Duftwarnungen hervorrufen. Innerhalb von Minuten lagern die von ihren Artgenossen alarmierten Buchen oder Eichen spezielle Stoffe in die Rinde ein, um die geflügelte Armada gebührend zu empfangen. Professor Dr. Wilhelm Boland vom Max-Planck-Institut für chemische Ökologie in Jena bescheinigt Pflanzen eine ähnlich komplexe Abwehr wie Tieren.[6]

Oft werde ich gefragt, ob das Eindringen von Insekten in die Baumrinde tatsächlich Schmerzen hervorruft, ob diese Annahme nicht zu gewagt sei. Genau weiß ich das auch nicht, denn ich bin ja kein Baum, aber warum sollte das anders sein als bei Tieren? Schmerz ist ein dringendes Signal des Körpers, sofort zu reagieren, um bleibende Schäden oder gar den Tod zu verhindern. Kein Wesen auf diesem Planeten kann auf derartige Mechanismen verzichten.

Die heutige Wissenschaft gesteht anderen Arten jedoch immer nur so viel zu, wie aufgrund der Forschung als Mindestmaß angenommen werden muss. Ein Beispiel: Der Neandertaler galt lange als plumpe Variante des modernen Menschen. Doch war er wirklich so grobschlächtig, gab er tatsächlich nur unartikulierte Laute von sich? In Israel wurde ein Zungenbein dieser Urmenschen ausgegraben, ein Knöchelchen, welches zum Sprechen unabdingbar ist. Damit wäre der Beweis erbracht, dass Neandertaler die Fähigkeit zum Sprechen hatten. Doch so schnell lassen sich Wissenschaftler nicht überzeugen, ihm nun auch noch eine Sprache zuzugestehen. Das Zungenbein ließ sich nicht mehr leugnen, doch richtig sprechen? Dafür fehlen bisher die Beweise und deshalb bleiben die kräftigen Gesellen in unserer Vorstellung geringer entwickelt als wir. Mit derselben Argumentation könnte man sie auch als blind beschreiben. In ihren Schädeln sind Augenhöhlen, also hatten sie Augen. Doch konnten sie damit wirklich sehen? Ein Beweis steht auch hierfür aus, aber dennoch zweifelt kein Wissenschaftler an dieser Fähigkeit. Warum sind Forscher nur so vorsichtig mit manchen Thesen? Liegt es vielleicht daran, dass bestimmte Fähigkeiten unser Selbstwertgefühl ankratzen?

Mitgeschöpfe, die sich austauschen, die Schmerz und Freude empfinden, die sich zärtlich um ihren Nachwuchs kümmern, sich artikulieren können und ihre Umwelt in all ihren Facetten wahrnehmen, sind, sobald wir sie als Nutztiere verwenden möchten, einfach nur unbequem. Wenn wir akzeptieren würden, dass Bäume ebenfalls Schmerzen empfinden können, müssten wir unseren Umgang mit ihnen überdenken. Hecken, Bonsais, Holzplantagen und veredelte Obstbäume, all dies müsste eigentlich als Baumquälerei eingestuft werden. Da ist es viel bequemer, die Riesen unter den Pflanzen als zwar imposante, aber gefühllose »Bioroboter« anzusehen. Hätten Bäume Knopfaugen und eine Stupsnase, so würde ein öffentlicher Sturm der Entrüstung ob der Zustände in unseren Wäldern ausbrechen. So aber leiden Buchen, Eichen oder Fichten stumm in der Kulisse, die wir als Natur bezeichnen.

Kultivierte Bäume

Lassen Sie mich zunächst einen Begriff klären – Natur. Er wird häufig verwendet, aber leider oft sehr unterschiedlich. Natur ist auch in meinem Verständnis das, was vom Menschen nicht geschaffen wurde, also das Gegenteil von Kultur. Im Zusammenhang mit Wald bezeichnet Natur also ein von menschlichen Tätigkeiten unbeeinflusstes Ökosystem. Wälder, in denen in den letzten Jahren oder Jahrhunderten einmal Bäume gefällt wurden, zählen demnach nicht zur Natur in diesem Sinn, und das aus gutem Grund. Denn die zuvor geschilderten langsamen Prozesse, die endlose Jugendphase der Schösslinge unter ihren Elternbäumen, finden dann nicht mehr statt. Wo ein Stamm abgesägt wurde, ist nun eine Lücke im Kronendach, durch die das Sonnenlicht ungehindert zu Boden fällt und alles zum Wachsen bringt.

Ein Urwald ist Natur, ein bearbeiteter Wald hingegen nicht. In diesem Sinn gibt es in Mitteleuropa leider keine echte Natur mehr, mit Ausnahme vielleicht des kleinen österreichischen Urwalds am Dürrenstein. Jedes Fleckchen haben wir Menschen umgestaltet und aus einstigen Wäldern wurden Plantagen. Die geschichtlichen Hintergründe hierfür habe ich schon erklärt, die Folgen noch nicht. Dazu würde ich gern mit Ihnen dem Keller des Walds einen Besuch abstatten: dem Boden.

Geschädigte Böden

Von Natur aus war jeder trockene Quadratmeter Mitteleuropas mit Ausnahme von Steilhängen und den Hochlagen der Alpen Urwaldboden. Überall standen einmal Baumriesen, und das Erdreich, in das sie ihre Wurzeln gegraben hatten, glich einem lockeren Schwamm. Luftkanäle versorgten auch die tiefer lebenden Bewohner mit Sauerstoff und eine Vielzahl kleinster Arten ernährte sich von Blättern, Holz und Rinde, um anschließend Humus zu hinterlassen. Dieses Erde-Humus-Gemisch speicherte viel Wasser. So konnte jeder Quadratmeter Wald bis zu 200 Liter festhalten und bei trockener Witterung dosiert wieder abgeben. Das war enorm wichtig, denn im Sommer kann ein Wald mehr Wasser verbrauchen, als durch den Regen zur Verfügung gestellt wird. Getankt wird im Winter, wenn die Vegetation kaum etwas davon verbraucht. Dann saugt sich die Erde voll und alles, was die Speicherfähigkeit übersteigt, versickert ins Grundwasser. Die Buchen und Eichen litten so keinen Durst und die Quellen des Waldes sprudelten munter vor sich hin.

Wie groß die Artenvielfalt dieses Ökosystems Waldboden sein kann, mag eine Gruppe von Tieren verdeutlichen, und zwar die Hornmilben. Manche Arten leben in kleinen Röhren und ernähren sich von Pilzsäften, andere wiederum von Pflanzenteilen. Sie sind äußerst wichtig für die ökologischen Kreisläufe, stehen am Anfang der Nahrungskette und zersetzen totes organisches Gewebe. Viel mehr weiß man nicht, nur eines steht fest: Es gibt mehr Hornmilben- als Vogelarten in Mitteleuropa! Noch längst sind nicht alle Spezies entdeckt, und wenn Sie sich mit einer Lupe bewaffnet in den Wald aufmachen, können Sie möglicherweise noch neue Arten aufspüren. Sie müssen allerdings sehr genau hinschauen, denn in einer Handvoll Walderde wimmeln mehr Lebewesen, als es Menschen auf unserem Planeten gibt.

Die sogenannten Hotspots der Biodiversität finden sich demnach nicht nur am Amazonas, sondern auch vor unserer Haustür. Oder fanden sich dort, denn wir haben mit unserer Land- und Forstwirtschaft dafür gesorgt, dass dieses Paradies größtenteils vernichtet wurde.

Wenn Urwälder verschwinden, verändern sich auch die positiven Bodeneigenschaften. Werden die alten Buchen gefällt, so verlieren beispielsweise die Hornmilben ihren Sonnenschirm. Das Kleinklima ändert sich, und das bekommt diesen winzigen Tierchen gar nicht. Jeder Regenguss klatscht nun ungebremst auf den Humus, jeder Frost kann hart zubeißen und jeder heiße Sommertag die Erde verbrennen. Schlimmer ist jedoch der Nahrungsentzug, denn ohne Blätter, Wurzeln und Pilze der gewohnten Arten haben die Milben nichts mehr zu fressen. Sie verschwinden an diesem Standort. Und genau das ist fast überall mit unserer Landschaft passiert: Jeder Acker, jede Wiese, jede Fichtenschonung oder auch jedes Baugebiet war einst Urwald. Ob in grauer Vorzeit oder im 20. Jahrhundert, irgendwann hat eine Rodung stattgefunden und einen Großteil der Knilche damit ausgelöscht. Und sie stehen stellvertretend für die Tausenden von Arten, die einst im Dunkel unter den Bäumen gelebt haben.

Für den Boden begann jetzt erst das eigentliche Drama, denn die Bäume wurden abgeholzt, um Platz für etwas Neues zu schaffen. Auf den meisten Flächen wurde anschließend Landwirtschaft betrieben und das bedeutete entweder Ackerbau oder Viehweide. Zwar wiegen beispielsweise Schafe nicht sehr viel, sie trampeln aber die obere Erdschicht nachhaltig platt. Ich erinnere mich an eine Exkursion während meines Studiums, bei der wir eine solche Fläche besichtigten. Der Boden war für uns Studenten aufgegraben worden, sodass wir die verschiedenen Schichten sehen konnten. Dabei zeichnete sich ganz deutlich eine verdichtete Zone ab, durch die kaum Sauerstoff dringen konnte. Unser Professor erklärte uns zur allgemeinen Verblüffung, dass die Beweidung schon 300 Jahre zurückgelegen hat.

Später konnte ich auch in meinem Revier Spuren eines früheren Ackerbaus entdecken. Quadratkilometerweise war in etwa 20 Zentimetern Tiefe eine Art Sperrschicht vorhanden, die durch das Pflügen entstanden war. Die einstigen Verursacher benutzten dazu nicht, wie heute, tonnenschwere Traktoren, auch nicht Pferde, die sich damals niemand leisten konnte, sondern mickrige Milchkühe. Diese Tiere waren durch den Futtermangel so schwach, dass sie nach dem Winter auf die Weide gekarrt werden mussten, da sie selbst kaum noch laufen konnten. Mit den Pflügen wurde der Boden bestenfalls etwas aufgekratzt. Dort, wo das Gerät durch den Untergrund scharrte, verschmierten sich Lehm und Ton und ähnlich wie beim Töpfern entstand eine glatte Fläche, die wasser- und luftundurchlässig war.

Egal ob Schaf oder Kuhpflug, die Folgen sind noch heute spürbar. Denn die Bodenschäden regenerieren sich nach menschlichen Maßstäben nie wieder. Zwar werden die oberen 20 Zentimeter durch Frosteinwirkung oder Tiere wieder aufgelockert, darunter aber ist endgültig Schluss. Die Sperrschicht wirkt wie eine Badewanne, aus der ein heftiger Regenguss nicht ablaufen kann. Der Boden füllt sich mit Wasser und gleicht in kürzester Zeit einem Sumpf. Unter der Sperrschicht vertrocknet alles Leben, darüber ertrinkt es. Nun könnte man meinen, dass sich dann eben Sumpfpflanzen ansiedeln und das Ganze zu einem Feuchtgebiet wird. Das funktioniert leider auch nicht, denn aufgrund der geringen Tiefe dieser Badewanne trocknet sie nach wenigen Tagen Sonnenschein wieder aus.

Diese Bodenzerstörung findet auch heute noch statt. Die Pflüge sind nur größer und gehen doppelt so tief, damit ist das Problem eben etwas weiter weg. Für die Feldfrüchte oder das Weidegras spielen die Veränderungen keine so große Rolle, denn sie wurzeln von Haus aus relativ flach. Wenn ich mir aber vorstelle, dass jeder Boden einmal von Urwald bedeckt war und einst ganz andere Eigenschaften hatte, dann werde ich manchmal traurig.

Einstmals fast völlig entwaldet, ist unsere Landschaft inzwischen zu größeren Teilen wieder aufgeforstet worden. Und diese Bäume haben es richtig schwer. Das kaputte Erdreich ist Gift für ihre Wurzeln, und sobald sie die Sperrschicht erreichen, sterben die zarten Ausläufer der meisten Baumarten wegen Sauerstoffmangel ab.

Das ist der Grund für den Mythos der Flachwurzler, zu denen die Fichte gern gezählt wird. Ihr Wurzelwerk breitet sich nur in den oberen 20 Zentimetern aus, die noch ausreichend belüftet werden. Das genügt aber nicht, um sich in starken Stürmen festzuhalten, wenn bis zu 100 Tonnen Zugkraft am Stamm wirken. Dann fällt auch der stärkste Baum um.

Da Fichten besonders häufig auf ehemals landwirtschaftlich genutzten Flächen angebaut werden, sind sie naturgemäß auch überdurchschnittlich oft von diesem Phänomen betroffen. Und in Unkenntnis der wahren Ursachen wurde ihnen ein entsprechendes Etikett verpasst: Sie wären nun mal so veranlagt. Viele meiner Kollegen äußern bei Waldführungen eine ähnliche Auffassung und schieben damit die Verantwortung auf die Natur. Das finde ich schade, denn hier wird eine Chance zur Sensibilisierung der Bevölkerung vertan. Es betrifft ja nicht nur die Fichten, sondern auch viele andere Baumarten, etwa die Buche. Die bequeme Ausrede hat aber noch einen tieferen Grund: Sie ist ein Ablenkungsmanöver für eigene Missgriffe.

Förster sind überwiegend männlich und viele Männer haben ein Faible für Technik. Große Maschinen können zahlreiche meiner Kollegen begeistern, je mächtiger, desto beeindruckender. Und in den letzten 20 Jahren hat die Industrie eine ganze Armada von Fahrzeugen entwickelt. Da gibt es welche, die Stammteile aufladen und an Waldstraßen transportieren können. Andere packen Reisig und pressen es zu Rollen, die später in Kraftwerken verfeuert werden. Besonders weit verbreitet sind Harvester, gigantische Erntemaschinen. Sie umfassen den Baum mit einer Zange, sägen ihn mit einer integrierten Kettensäge ab, ziehen ihn durch Entastungsmesser und zerteilen den nackten Stamm in die gewünschten Längen. Von der mächtigen Fichte bis zum fertigen Holzstapel vergeht keine Minute. In Windeseile sind ganze Waldpartien durchforstet, denn ein Harvester sägt so schnell wie zwölf Waldarbeiter. Er kennt keine Tarifverhandlungen, da die Fahrer meist selbstständige Unternehmer sind, arbeitet im Schichtbetrieb rund um die Uhr und scheut auch kein schlechtes Wetter. Ich gestehe, dass ich in den Anfangsjahren ebenfalls solche Geräte eingesetzt habe. Endlich wurde die Forstwirtschaft modern.

Wenn ich mir allerdings nach einer Durchforstung die Fahrspuren ansah, kamen mir doch Bedenken. Bis zu einem halben Meter tief hatten sie sich ins Erdreich gefressen. Nicht überall, denn die Befahrung durfte nur auf sogenannten Rückegassen stattfinden. Solche Linien zum Abtransport des Holzes, den man Rücken nennt, durchziehen die meisten Wälder im Abstand von 20 Metern und führen zum nächsten befestigten Waldweg. Dieser Abstand orientiert sich nicht an ökologischen Kriterien, sondern an der Greifarmlänge der Maschinen. Mit zehn Metern ausfahrbarer Länge reichen sie so von der Gasse aus an jeden Baum heran. Technisch wäre damit alles in Ordnung. Das Ökosystem Boden wäre da allerdings sicher ganz anderer Meinung. Denn die Kolosse, die mittlerweile bis zu 50 Tonnen wiegen, zerquetschen ihn regelrecht. Diese Verdichtungen erstrecken sich noch 1,50 Meter nach links und rechts über die Fahrspur hinaus, sodass das Erdreich insgesamt auf einer Breite von acht Metern zerstört wird. Im Gegensatz zum Viehpflug geht diese Veränderung deutlich tiefer. Der Motor wirkt zusammen mit dem Fahrzeuggewicht wie eine Rüttelwalze und lässt die Bodenporen bis in zwei Meter Tiefe zusammenbrechen.

Rein rechnerisch kommt man unter Berücksichtigung der gesamten Schäden auf rund 50 Prozent dauerhaft zerstörten Boden – pro Einsatz! Die geschädigte Fläche ist schnell aufsummiert: Bei dem üblichen vorgeschriebenen Gassenabstand von 20 Metern kommen schon 40 Prozent zusammen. Denn obwohl der Boden nur auf einer Breite von drei bis fünf Metern direkt befahren und verdichtet wird, ziehen sich die Schäden noch mindestens je 1,5 Meter nach beiden Seiten über die Fahrspur hinaus. Die restlichen zehn Prozent resultieren aus Überschneidungseffekten, denn nicht immer lassen sich Gassen schnurgerade anlegen, lässt sich der Abstand penibel einhalten. In der Praxis beträgt der tatsächliche Durchschnittsabstand daher eher 15 Meter – und schon ist der halbe Boden betroffen.

Passt diese grobe Behandlung des Walds noch zum Bild des Försters als fürsorglichem Baumhüter? Viele Kollegen reden sich damit heraus, dass die neuesten Modelle Breitreifen haben und kaum noch Spuren hinterlassen. Das mag stimmen, doch die Rüttelwirkung und damit die Tiefenschäden treten auch bei ihnen auf.

Weiter wird argumentiert, dass sich das Erdreich schon nach wenigen Jahren wieder annähernd erholt hätte. Das stimmt so nicht, wie ich aus eigener Erfahrung weiß. Ich habe in meinem Revier zwischen alten Bäumen Fahrspuren aus der Römerzeit gefunden, die von Pferdewagen stammen. 2 000 Jahre haben nicht gereicht, die Schäden wieder zu beheben – der Boden darunter ist betonhart. Wenn schon harmlose Fuhrwerke so etwas anrichten, wie lang mag dann eine Harvesterspur und der von ihr verursachte Schaden erhalten bleiben?

Ich zog die Konsequenz und schlug dem Gemeinderat vor, die maschinelle Holzernte in Hümmel zu verbieten. Nach Besich-

tigung einer entsprechenden Einsatzfläche waren die Ratsmitglieder schnell überzeugt, und so wurden die Ungetüme aus unserem Wald verbannt. Fortan arbeiteten Waldarbeiter die Stämme
auf, die anschließend von Pferden zu den Rückegassen gezogen
wurden. Diese konnten durch das altmodische Verfahren auf den
doppelten Abstand gelegt werden, wodurch sich die Bodenschäden halbierten. Auf diesen Linien sammelten dann Maschinen
die Hölzer ein und brachten sie zum nächsten Waldweg.

Nun könnten Sie einwenden, dass die Pferde das Holz doch
gleich bis zu den befestigten Waldwegen hinausziehen könnten.
Für den Boden wäre das sicher besser, aber auch dieser Kompro-
miss war schon exotisch genug. Denn zum Zeitpunkt der Umstellung war ich noch staatlicher Beamter, und mein Vorgesetzter fand
die Entscheidungen in Hümmel gar nicht in Ordnung. Alle anderen Kollegen setzten die bei uns in Ungnade gefallene Technik
zunehmend ein und da konnten kritische Töne nur stören. Das
Hauptargument für den Harvester war das enorme Einspar-
potenzial bei den Kosten, denn sie arbeiten im Vergleich zu Waldarbeitern pro Kubikmeter Holz für den halben Preis. So konnte
die Rentabilität der Forstbetriebe vieler Waldbesitzer erhöht werden – zumindest kurzfristig.

Langfristig, auf Jahrzehnte gesehen, sieht die Bilanz ganz anders
aus. Denn das Baumwachstum, die Holznutzungsmöglichkeiten
und damit die Rendite hängen stark vom Wasser ab. Auf verdich-
teten, trockenen Böden kümmern die Bäume vor sich hin, während sie auf lockeren, schön feuchten Böden regelrecht em-
porschießen. Laut Forschungsergebnissen der TU München,
vorgestellt in der Sendung »Raubbau am Wald«, verliert das Erdreich nach einem Maschineneinsatz bis zu 95 Prozent seiner Was-
serspeicherfähigkeit.[7] Anschließend wächst der Wald deutlich
langsamer, bringt damit auch erheblich weniger Gewinn, aber
das betrifft die ferne Zukunft und macht sich nicht sofort in der

Kasse bemerkbar. Das wollten wir in Hümmel aber nicht riskieren, so kurzfristig mochte hier niemand denken.

Um uns von unserem Kurs abzubringen, drohte das Forstamt mit dem Entzug von staatlichen Fördermitteln. Mit diesen Subventionen hatten wir bisher die Pflanzung von Buchen in großen Fichtenbeständen finanziert, um die Nadelwälder allmählich in Laubwälder umzuwandeln. Für mich war das reinste Erpressung: Entweder wir ließen Harvester in die Wälder, ließen die Böden zerfahren oder der Geldhahn würde zugedreht. Später wurde diese Drohung auf Weisung der Zentralstelle der Forstverwaltung zurückgenommen und bis heute bleibt der Hümmeler Wald für Erntemaschinen tabu.

Schwierige Anfangsjahre

Die meisten heimischen Wälder sind durch Pflanzung entstanden. Einen jungen Baum zu setzen, ist Sinnbild der Hoffnung. Dieser Akt findet sich in zahlreichen Sprüchen oder beispielsweise auch auf dem 50-Pfennig-Stück, entworfen in den Jahren nach dem Zweiten Weltkrieg.

Für die kleinen Fichten, Eichen und anderen Baumkinder ging die Hoffnung jedoch schon viel früher verloren. Sobald sie aus ihrem Samenkorn lugen, sollten sie eigentlich im Schutz alter Bäume in heimeliger Waldatmosphäre aufwachsen. Stattdessen stehen sie in Reih und Glied auf dem großen Beet einer Baumschule. Hier sind sie schutzlos der Witterung ausgeliefert. So würden sie eigentlich verkümmern, doch welcher Förster kauft schon Schwächlinge, um damit seinen Wald aufzuforsten? Also wird gedüngt und dadurch die äußere Erscheinung kräftig aufpoliert. Die Kleinen wachsen um die Wette und erfüllen die optischen Erwartungen. Doch nun taucht ein weiteres Problem auf – auch die Wurzeln wachsen munter in alle Richtungen. Wenn man die Bäumchen nach drei Jahren ausgräbt und verkaufen möchte, würde ein Großteil dieser wichtigen Organe abgerissen und im Boden verbleiben. Bäume ohne Wurzeln wachsen jedoch nicht weiter, daher ist solche Ware unverkäuflich. Also werden die Bäume jedes Jahr unterschnitten. Dazu fährt ein Schlepper mit einem speziellen Pflug zwischen den Reihen hindurch und kappt unterirdisch die tief reichenden Wurzeln. Die Bäumchen reagieren darauf, indem sie ihr Wurzelsystem fortan eng unter dem Stämmchen zusammenhalten. So entsteht ein kompakter Ballen, den man später ohne Probleme aus dem Boden bekommt. Mit solchermaßen kurzen Wurzeln lassen sich die Setzlinge auch besser pflanzen, da die Löcher dann nicht so tief ausgehoben werden müssen.

Für die Pflanzung gibt es bestimmte Geräte, so etwa die Wiedehopfhaue. Das ist eine Hacke, bei der auf der gegenüberliegenden Seite des Blatts ein Beil angeschmiedet ist. Daher ähnelt das Gerät entfernt dem namengebenden Vogel. Mit dieser Hacke lässt sich die Grasnarbe taschenförmig öffnen, sodass die Wurzeln der Bäumchen hineingeschoben und festgetreten werden können. Ich erinnere mich noch gut an einen Lehrgang im Jahr 1984, bei dem ich zusammen mit anderen Forststudenten dieses Pflanzverfahren lernte. Zu je 25 Stück waren die kleinen Fichten zusammengebunden, die im Gemeindewald nahe Trippstadt in der Pfalz gesetzt werden sollten. Als wir sie zu Gesicht bekamen, war klar, dass ihre langen Wurzeln niemals in die kleinen Löcher passen würden, die wir mit der Wiedehopfhaue in den Sandboden hackten. Aber unser Ausbilder wusste Abhilfe. Er wies auf einen Hackklotz nebst Beil und ordnete an, die langen Wurzeln kurzerhand zu kappen. Munter führten wir das aus, kürzten lieber ein wenig zu viel als zu wenig und konnten die Bäume so problemlos in den Boden bringen. Dass man die Wurzeln einfach den Geräten und Gegebenheiten anpasst und es nicht umgekehrt macht, dieser Gedanke ist mir damals nicht gekommen. Denn für mich klang das Verfahren logisch und vernünftig.

Doch wie geht es den Bäumen damit? Das Beschneiden der Wurzeln ist ein schwerer Eingriff, der sie zeitlebens verkrüppelt. Sie erholen sich nicht mehr von dieser radikalen Behandlung, die vergleichbar mit der Amputation unserer Beine ist. Eichen etwa, die sich normalerweise sehr tief im Boden verankern, wurzeln fortan nur noch flach. Damit können sie sich nicht mehr richtig festhalten und Stürme haben bei größeren Bäumen ein leichtes Spiel. Zudem leiden sie unter Wassermangel, da das Wasser in den tieferen Bodenschichten für sie unerreichbar bleibt. Kommt nun noch ein vorgeschädigter Boden hinzu, so ist späteres Siechtum vorprogrammiert.

Das hier Dargestellte gilt für jede Baumart, die in einer solchen Plantage aufwächst. Sagte ich Plantage? Dieser Begriff wird meiner Erfahrung nach von Förstern vehement abgelehnt. Für sie sind Plantagen diese Pseudowälder in Entwicklungs- oder Schwellenländern wie Brasilien oder Indonesien, also Eukalyptuspflanzungen oder Ölpalmenfelder auf ehemaligen Regenwaldstandorten, für die Orang-Utans ihre Heimat verloren haben. Und das kann man doch mit unseren Wäldern wirklich nicht vergleichen …

Der Boden, in den die Bäumchen gesetzt werden sollen, erfährt nach der Holzernte oft weitere Schädigungen. Zur Vorbereitung der Pflanzung kommt nach wie vor eine Methode zum Einsatz, die offiziell als antiquiert und zu brutal gilt – die Flächenräumung. Nach einem Kahlschlag liegen Äste, Baumkronen und Stümpfe kreuz und quer herum. Zwar könnte man einfach in die Lücken dazwischen pflanzen, gerade Reihen sind so aber nicht möglich. Deshalb wird eine Planierraupe eingesetzt, die das ganze Gewirr kurzerhand auf Wälle schiebt. Dass dabei die

Humusschicht gleich mit beseitigt wird, nimmt man billigend in Kauf. Der Boden liegt anschließend plan und hindernisfrei wie ein Gemüsebeet da.

Das empfindliche Erdreich ist nun zum zweiten Mal völlig platt gefahren worden, doch in manchen Betrieben ist dann immer noch nicht Schluss. Um Kosten zu sparen, werden die Setzlinge nicht von Hand gepflanzt, sondern von großen Maschinen. Nach dieser dritten Befahrung ist die Bodenstruktur endgültig und nachhaltig zerstört. Die Bäume werden zwar wachsen, aber zeitlebens kränkeln. Und die überschäumende Artenvielfalt in den Böden früherer Urwälder ist für alle Zeiten dahin.

Die jungen Buchen, Eichen oder Fichten bergen selber noch ein weiteres Problem. Denn die Baumschulpflanzen verfälschen den Genpool der Waldgebiete, in die sie gesetzt werden. Es gibt bei jeder Baumart viele verschiedene Rassen, die sich im Lauf der Jahrtausende an die einzelnen Regionen angepasst haben. Buchen aus dem Alpenraum haben andere Eigenschaften als ihre Kollegen an der Ostsee. Durch diese Vielfalt ist das Überleben der Art gut gesichert, denn egal was kommt, gibt es immer Exemplare, die mit veränderten Bedingungen zurechtkommen werden.

Die kommerziell vermehrten Setzlinge stammen hingegen alle von wenigen, amtlich anerkannten Saatgutbeständen ab. Das sind kleine Parzellen mit alten Bäumen, die bestimmte forstwirtschaftlich gewünschte Qualitäten besitzen. Gerade, dicke Stämme, schnelles Wachstum, so etwas lässt sich gut verkaufen. Und damit möglichst viele Forstbetriebe davon profitieren, werden die Samen dieser ausgewählten Bäume an die Baumschulen verkauft. Aufgrund der wenigen behördlich genehmigten Erntebäume wird ein genetischer Einheitsbrei erzeugt, der in die Wälder hinausgetragen wird. Dort vermischen sich die Neuankömmlinge nach Erreichen der Geschlechtsreife mit den heimischen Rassen und löschen diese auf lange Sicht aus.

Nun stehen sie also in Reih und Glied, die kleinen Waldbäume. Von Natur aus wären sie ab jetzt streng durch ihre Eltern erzogen worden. 100 und mehr entbehrungsreiche Jahre wären vergangen, in denen ihre Stämmchen zäh und knorrig heranreifen würden, in denen sie lernten, Wasser sparsam einzusetzen, und nur langsam größer würden. Stattdessen herrscht in der Pflanzung Überfluss. Die pralle Sonne gibt reichlich Gelegenheit, Fotosynthese zu betreiben und energiereiche Zucker aufzubauen. Nährstoffe aus dem Boden gibt es ebenfalls in Hülle und Fülle, da die dicke Humusschicht des früheren Altwalds im hellen Tageslicht rasant abgebaut wird und mehr Mineralstoffe freigibt, als die Setzlinge aufnehmen können. Das ist reines Doping, und so wundert es nicht, dass die Bäumchen rasch wachsen. Genau das ist ja auch beabsichtigt. Denn die Pflanzung stellt für den Forstbetrieb eine Investition dar, die verzinst werden will. Je länger es dauert, bis Holz geerntet werden kann, desto weniger rentiert sich diese Form der Geldanlage. Geschwindigkeit ist also Trumpf und der »Turbowald« das Ziel.

Ohne die schützenden Altbäume drohen den jungen Bäumen jedoch etliche Gefahren. Etwa von Mäusen, die sich auf sonnigen Kahlschlägen pudelwohl fühlen und daher massiv vermehren. Ursache ist der Bewuchs mit Gras, das in alten Wäldern praktisch nicht vorkommt. Dort ist es zu dunkel für diese Steppenpflanzen, weshalb es auch kaum Kleinsäuger gibt. Je mehr Gras auf den Freiflächen wächst, desto wohler fühlen sich die Mäuse. Sie können dann ihren Feinden, Füchsen oder Eulen, prima ausweichen, sich verstecken und unentdeckt fressen. Vertrocknen die Kräuter und Stauden im Herbst, dann machen sich die Nager über die Wurzeln der Setzlinge her, in denen kalorienreiche Reservestoffe gespeichert sind. Die Tiere nagen die Bäumchen regelrecht ab und im kommenden Frühjahr treibt kein einziges Blatt mehr aus.

Kahlschläge sind also nicht besonders günstig und es wäre besser, wieder mehr Schatten spendende Altbäume auf den Flächen zu belassen. Viele Förster möchten aber trotzdem an der radikalen Abholzung festhalten, denn einerseits haben sie das so gelernt und andererseits kommt so schnell viel Holz zusammen. Außerdem macht dieses Vorgehen weniger Arbeit. Doch auch sie erkennen Gras als ein Problem, können den alten Spruch für Pflanzungen zitieren: Licht – Gras – Maus – aus. Das Gras wurde über Jahrzehnte mit Herbiziden bekämpft, aber das ist nicht mehr salonfähig und wird kaum noch gemacht. Deshalb werden nun direkt die Mäuse angegangen, und zwar mit Giftködern. Der entsprechende Wirkstoff ist Zinkphosphid, mit dem Sonnenblumenkerne oder Linsen behandelt werden. Fressen die Mäuse diese vermeintlichen Leckerbissen, verbluten sie innerlich.

Massenpflanzenhaltung

Mittlerweile sind die Bäumchen angewachsen und der erste Stress des Lebens legt sich allmählich. Doch wie geht es nun weiter? Von schützenden Elternbäumen keine Spur, keine unterstützende Wurzel eines Altbaums in der Nähe.

Mich erinnert das an Massentierhaltung. Dort werden ebenfalls Lebewesen in großer Stückzahl produziert, in großen Hallen zusammengepfercht und möglichst schnell zu Schnitzeln und Salami gemästet. Keine Muttersau, die den Ferkeln den rechten Weg weist, geschweige denn eine Partnersuche oder gar eigener Nachwuchs, nein, die Landwirte gönnen den intelligenten Geschöpfen nur einen winzigen Ausschnitt ihrer Gefühlspalette. Das erste Lebensjahr ist erst zur Hälfte vorüber, da werden die ängstlich quiekenden Borstentiere schon ins Schlachthaus gebracht, mehr gibt es für sie nicht vom Leben.

Die kleinen Fichten oder Eichen finden sich unter ganz ähnlichen Umständen wieder. Wo im Urwald die Elternbäume bremsend einwirken, können die jungen Bäume nun ungezügelt nach oben streben. Gesund ist das nicht und das Potenzial, uralt zu werden, haben Plantagenbäume nicht. Ganz wie bei den Schweinen verkürzt sich die Spanne auf einen Bruchteil der natürlichen Lebenserwartung. Waren es zu Beginn meiner Studienzeit noch 100 bis 120 Jahre, die man Fichten zugestand, so sind es heute nur noch 80 Jahre und erste Förster fordern die Reduzierung auf 60.

Wenn die Eltern fehlen, gibt es auch keine Erziehung. Die jungen Bäume wachsen nicht nur schnell, sondern oft auch krumm und schief. Einige bilden sogar zwei oder mehr Gipfeltriebe, wodurch im Lauf der Jahre kein vernünftiger Stamm entstehen kann. Werden diese Bäume irgendwann geerntet, um im Sägewerk zu enden, macht sich die fehlende Erziehung in der Kasse des Forstbetriebs bemerkbar. Denn wer will schon krumme Balken oder schiefe Möbel haben? Also machen sich Förster und Waldarbeiter daran, die widerspenstigen Zöglinge zu bändigen.

Pro Hektar wachsen 3 000 bis 5 000 Jungbäume heran. Selbst wenn 80 Prozent eine unnatürliche Gestalt aufweisen, gibt es immer einige, die normal wachsen. Sie sind gerade, mit nur einem Trieb und nicht zu dicken Seitenästen, ganz wie es eigentlich sein sollte. Und genau diese Bäume erobern die Herzen der Förster, werden markiert und erhalten das Prädikat Z-Baum. Z steht dabei für Zukunft, denn nur diese Exemplare spielen in den nächsten Jahrzehnten eine größere Rolle. Ihre Nachbarn werden nach und nach gefällt. Eines Tages sind die Zukunftsbäume dann unter sich, haben Platz, Licht und Luft im Überfluss und wachsen zu prächtigen Bäumen heran. Ihre Stämme lassen das Herz jedes Sägers höherschlagen und erzielen gute Preise.

Und nun die entscheidende Frage: Wie erntet man solch einen Bestand, ohne einen Kahlschlag zu machen? Denn der ist mittlerweile in den meisten Fällen verboten. Zudem streben die staatlichen und kommunalen Forstverwaltungen einen Dauerwald an, bei dem sich junge und alte Bäume auf ganzer Fläche mischen, ähnlich der Situation im Urwald. Fällt man dagegen sämtliche Z-Bäume gleichzeitig, beginnt alles von vorn – eine Freifläche entsteht, die wieder aufgeforstet werden muss.

Es sollen also nur einzelne Stämme entnommen werden. In den entstehenden Lücken kommt Nachwuchs hoch, der sich selbst ausgesät hat. Ist irgendwann der letzte Z-Baum abgesägt, sind seine Nachkommen schon dicke Bäume. So kann ein wahres Idyll und Sinnbild der Nachhaltigkeit entstehen – oder besser, es könnte. Denn in der Praxis funktioniert das nicht.

Um festzulegen, wann der erste Zukunftsbaum geerntet wird, setzen die Forstverwaltungen einen Mindeststammdurchmesser fest. Dieser wird in 1,30 Meter über dem Boden gemessen. Liegt er bei etwa 60 Zentimetern, so gilt der Baum als erntereif. Leider erreichen fast alle Kandidaten dieses Ziel gleichzeitig, denn die dünneren Bäume wurden alle im Lauf der Zeit beseitigt und die übrigen hatten damit genug Platz und Licht für ihre Entwicklung. Bei gleichem Alter, gleichem Boden und gleichem Klima kommt in derselben Zeit auch ein einheitlicher Durchmesser zustande. Folglich werden die Bäume alle innerhalb weniger Jahre geerntet. Natürliche Waldstrukturen mit einem vernünftigen Beziehungsgeflecht lassen sich so nicht verwirklichen, und das trotz des amtlichen Bekenntnisses zur naturnahen Waldwirtschaft. Die einfachste Abhilfe wäre, den Zieldurchmesser zumindest bei einem Teil der Stämme einfach von 60 auf 80 oder gar 100 Zentimeter anzuheben. Doch das hieße, weitere Jahrzehnte auf gute Einnahmen zu warten und schlechtere Finanzergebnisse möchte wohl angesichts der angespannten Haushaltslage in allen Bundesländern kein Landesforstchef verantworten. Und leider ist das noch nicht alles.

Unnatürliche Auslese

Um Zukunftsbäume heranzuziehen, werden die besten Kandidaten ausgewählt und die schlechteren im Rahmen der Durchforstungen entfernt, so viel wissen Sie nun aus dem vorherigen Kapitel. Die wirtschaftlichen Ziele und Auswirkungen kennen Sie auch, aber es gibt zusätzlich genetische Folgen und diese wirken weit über ein Baumleben hinaus.

Durchforstungen schaffen Platz und belassen die qualitativ besseren Bäume im Wald. Doch was ist qualitativ besser? Die Natur und der Förster haben hier ganz verschiedene Ansichten. Exemplarisch lässt sich das anhand des sogenannten Drehwuchses verdeutlichen. Schauen Sie sich bei Ihrem nächsten Waldspaziergang einmal die Stämme älterer Bäume genauer an. Manche weisen leichte Rinnen auf, die sich spiralförmig um den Stamm winden. Besonders bei glattrindigen Arten wie der Buche ist das deutlich zu sehen. Der gedrehte Faserverlauf erinnert an eine Metallfeder, und genau das ist auch der Sinn des Ganzen. Ein Baum, der diese Merkmale aufweist, kann sich bei Sturm besonders gut biegen, ohne zu brechen. Das ist ein echter Konkurrenzvorteil gegenüber Artgenossen, deren Holzkörper schnurgerade nach oben verläuft.

Kommt ein solchermaßen gefederter Stamm ins Sägewerk, erzeugt er nur Stirnrunzeln. Denn werden Bretter daraus gesägt, drehen sich diese beim Trocknen wie eine Spiralnudel. Möbel oder Dielen kann man mit dermaßen verzogenen Teilen nicht herstellen, weshalb drehwüchsige Stämme nur noch als Brennholz taugen. Brennholz ist jedoch viel weniger wert als gutes Sägeholz und als Waldbesitzer möchte man natürlich viel Geld verdienen. Deshalb sorgen die Förster dafür, dass diese untauglichen Bäume frühzeitig gefällt werden und Platz für geradwüchsige Exemplare machen. Das ist prinzipiell nichts anderes als die

Zucht bei Tieren. Auch bei ihnen werden nur diejenigen vermehrt, die unseren Vorstellungen entsprechen.

Drehwuchs ist jedoch nur ein Auslesekriterium von vielen. Alles, was von der perfekten, kreisförmigen und schnurgeraden Stammform abweicht, muss fallen. Krumme Bäume, Exemplare mit Seitenästen im unteren Bereich oder Zwiesel, also mit zwei Gipfeltrieben, fliegen raus. Sind die Buchen, Eichen oder Fichten dann irgendwann geschlechtsreif und vermehren sich, so kommen bis auf wenige Ausnahmen nur noch Elitekandidaten zum Zug. Sie produzieren genetisch einwandfreie Samen, die sich im Wald verbreiten. In der nächsten Baumgeneration finden sich daher vermehrt die gewünschten Eigenschaften wieder.

Von Natur aus besitzen unsere Baumarten eine riesige genetische Variationsbreite. Buchen verschiedener Herkunft zum Beispiel weisen weniger Übereinstimmung in ihrem Erbgut auf als etwa ein Schäferhund und ein Dackel. Das ist überlebenswichtig, denn Bäume werden sehr alt. In den 400 bis 500 Jahren ihres Lebens können sich die Umweltbedingungen einschneidend ändern. Und so hat auch das Klima der letzten Jahrhunderte von einer mittelalterlichen Warmzeit über eine anschließende kleine Kaltzeit zur heutigen Erwärmung eine regelrechte Achterbahnfahrt vollzogen. Eine genetische Anpassung ist aber immer nur über die Vermehrung möglich, denn dabei wird das Erbgut neu gemischt. Und wer von den Eltern besonders gut zurechtkommt, kann seine Nachkommen stärker verbreiten als schwächere Vertreter, denn größere Kronen und damit mehr Reservestoffe ermöglichen eine häufigere und reichere Samenproduktion. Für Mäuse etwa ist eine notwendige Anpassung kein Problem: Sie bekommen alle drei Wochen Nachwuchs, der seinerseits nach einem Monat schon wieder Junge zur Welt bringt. Waldbäume werden in der Regel allerdings nicht vor dem 50. Lebensjahr geschlechtsreif und produzieren erst im hohen Alter große Samenmengen. Eine schnelle Anpassung wie bei den Mäusen ist daher ausgeschlossen, und um diesen Nachteil auszugleichen, unterscheiden sich die einzelnen Bäume sehr stark voneinander. Damit ist sichergestellt, dass in einer Population genügend unterschiedliche Eigenschaften vorhanden sind und immer einige überleben werden.

Mit den Durchforstungen und den Pflanzen aus der Baumschule verschwindet diese Vielfalt. Welche Auswirkungen das genau haben wird, können wir heute noch nicht sagen. Denn die 100 Jahre, in denen dies bereits so praktiziert wird, sind für uns zwar lang, für einen Baum jedoch sehr kurz. Noch existieren Veteranen, die aus auslesefreien Zeiten stammen und über den Pollenflug bei der Blüte immer wieder ihr Erbgut in den Genpool ihrer Artgenossen »mogeln«. Es ist daher sehr wichtig, zahlreiche Inseln zu schaffen, in denen die ganze Bandbreite jeder Baumart erhalten bleibt. Dazu reichen Nationalparks nicht aus, denn sie sind viel zu weit voneinander entfernt. Besser sind kleine Schutzgebiete, die sich im Abstand von wenigen Kilometern wie Perlen an einer Kette durch den Wald ziehen. Der Blütenstaub aus diesen Reservaten kann dann über die Wipfel der Plantagen wehen und das ungesunde Treiben abmildern.

Nährstoffmangel

Ich mag keine Krabben. Die kleinen Nordseegarnelen, frisch auf dem Kutter gekocht, erzeugen bei mir Ekel. Vielleicht liegt es daran, dass ich als Sechsjähriger bei einem Nordseeurlaub eine Tüte Krabben in die Hand gedrückt bekam. Ich verschlang sie begeistert, hatte mir meine Mutter doch von dem Genuss vorgeschwärmt. Plötzlich wurde mir jedoch übel und kurz darauf ließ ich den ganzen Imbiss wieder auf die Stegplanken platschen.

Fische oder Bartenwale sind da nicht so zimperlich. Denn für sie sind die zahlreichen Kleinkrebse, auch Krill genannt, überlebenswichtig. Krill steht am Anfang der Nahrungskette und hält das gesamte Leben im Meer in Schwung.

Solche Tiere gibt es auch in den Waldböden. Sie haben eine ähnliche ökologische Bedeutung, daher könnte man sie auch als »Bodenkrill« bezeichnen. Hornmilben, Springschwänze, Asseln und Borstenwürmer sind die Ausgangsbasis der Nahrungspyramide unter Buchen oder Eichen und damit Voraussetzung für die Artenvielfalt der Säugetiere, Vögel und Insekten.

In Jahrmillionen haben sich diese Tierchen perfekt auf ihr Leibgericht eingestellt – tote Blätter. Besonders nährstoffreich ist die Kost nicht, denn die Bäume holen sich vor dem Laubfall alles Brauchbare, also Zucker und Mineralstoffe, zurück. Trotzdem reicht der verbleibende Rest, um die Kleinsten unter den Waldtieren zu versorgen. Aber dann kam der Mensch und mit ihm die Bewirtschaftung der Wälder.

In meinem Revier forschen regelmäßig Studenten der Universität Aachen. Einer von ihnen, Rolf Zimmermann, hat Erschreckendes entdeckt. Er untersuchte die Laubstreu, die verrottenden Blätter der letzten Jahre, in Buchenbeständen verschiedenen Alters. Ihn interessierte dabei besonders das sogenannte C/N-Verhältnis, also die Gewichtsanteile von Kohlenstoff (C) und Stickstoff (N) in der organischen Substanz. Für die Bodentiere ist das so interessant wie für uns die Packungsangabe mit Hinweisen zu Fett und Zucker. Ein Wert von 25 besagt, dass 25 Gewichtsanteile Kohlenstoff (C) auf einen Gewichtsanteil Stickstoff (N) kommen. Je kleiner dieser Wert ist, desto weniger Kohlenstoff bzw. mehr Stickstoff ist im Humus vorhanden, und man weiß, dass Hornmilben und Co Blätter mit einem C/N-Verhältnis zwischen 20 und 30 brauchen. Optimal ist ein Wert von 25, den man im Laub unberührter Buchenwälder findet.

Werden nun Bäume gefällt, so sollte sich eigentlich nichts ändern. Denn die verbleibenden Buchen bilden weiterhin Blätter,
die im Herbst zu Boden fallen und von den Bodentierchen gefressen werden können. So kann jeder den Wald auf seine Art
nutzen, wir das Holz und die Milben das Laub. Rolf Zimmermann entdeckte jedoch etwas, mit dem ich nicht gerechnet hatte.
Seine Messungen ergaben, dass sich das C/N-Verhältnis der
Laubstreu in bewirtschafteten Buchenbeständen dramatisch verändert und dort auf über 30 ansteigt.[8] Für die Bodentierchen bedeutet dies Hunger, denn nun können sie die Streu kaum noch
verwerten. Und das traf mich. Denn ich hatte mir mit der Bewirtschaftung viel Mühe gegeben, hatte den Wald durch Pferdeein-
satz geschont, erntete nur hier und da einen Baum, ohne Kahlschlag und ohne Chemie. Und trotzdem verursachte ich Schäden
am Ökosystem. Mein Traum von der friedlichen Koexistenz
schien geplatzt. Nun musste auch ich der Tatsache ins Auge sehen, dass Forstwirtschaft definitiv kein Naturschutz ist. Wer
Bäume absägt, kann sie schließlich nicht schützen, denn dann
sind sie tot. Und die Nahrungskette, die von diesen Pflanzen
abhängt, wird ebenfalls in Mitleidenschaft gezogen. Eigentlich
logisch, aber als Förster war ich so ausgebildet worden, dass ich
Waldbewirtschaftung nicht nur als unschädlich für die Natur,
sondern geradezu als Naturschutz ansah. Für mich waren diese
Ergebnisse daher noch einmal ein starkes Signal für die Einrichtung von Waldreservaten, in denen der Mensch seine Hände aus
dem Spiel lässt.

Zurück zur Laubstreu. Warum verändert sie ihre Zusammensetzung, wenn einzelne Bäume gefällt werden? Eine mögliche Erklärung ist das zusätzliche Licht. Wo der gefällte Baum stand, erwärmt die Sonne das Erdreich. Dadurch steigt die Aktivität der
Bodenlebewesen, die den Humus nun schneller zersetzen. Dabei
wird rasch sehr viel Stickstoff frei, und zwar mehr, als die Bäume

aufnehmen können. Der Überschuss gelangt ins Grundwasser und verschlechtert dessen Qualität.

Ist die Streu abgebaut, kommt dieser Prozess zum Stillstand. Der Humus als unverzichtbarer Wasserspeicher ist auf einen kläglichen Rest zusammengeschmolzen und der wichtige Nährstoff Stickstoff fehlt den Bäumen nun. Sie hungern regelrecht und in der Folge zeigen die Blätter Mangelerscheinungen. Das lässt sich leicht am C/N-Verhältnis des abgeworfenen Laubs ablesen, das sich aufgrund des Stickstoffmangels von 25 auf 35 erhöht hat. Damit kommen die Bodentierchen nicht gut zurecht und deshalb wächst nun das Laubstreupolster auf dem Waldboden wieder an. Weil die toten Blätter aber nur sehr langsam gefressen und zersetzt werden, gelangt der Stickstoff erst recht nicht wieder in den Kreislauf zurück, sondern bleibt großenteils im Laub gebunden. In der Folge weisen die nächsten Blätter, die von den Bäumen fallen, ein noch schlechteres C/N-Verhältnis auf. Dieser Teufelskreis kommt erst dann zum Erliegen, wenn man den Wald langfristig in Ruhe lässt. Kurzfristige Abhilfe schafft ein erneuter Kahlschlag, der leider gängige Praxis ist. Dadurch steigt die Aktivität der Bodentierchen mit den bekannten Folgen erneut an. Allerdings wird das bisschen Humus, das sich im Lauf der vorangegangenen Jahrzehnte ansammeln konnte, dann endgültig abgebaut und somit vernichtet.

Kahlschläge sind mittlerweile eigentlich tabu und die Lage sollte sich dadurch langfristig verbessern. Doch was ist überhaupt ein Kahlschlag? Ich verstehe darunter den Einschlag sämtlicher alter Bäume mit den beschriebenen Folgen für das Ökosystem. Rein juristisch gilt jedoch eine Fläche, die mit kniehohen Jungbäumen bestanden ist, als vollwertiger Wald. Wenn man daher die alten Bäume nicht gleichzeitig, sondern gruppenweise über mehrere Jahre verteilt erntet, so stellt sich in dem durchlöcherten Bestand rasch etwas Nachwuchs ein. Fällt dann später der letzte alte Stamm zu Boden, so gilt die Parzelle durch die zwischenzeitlich erfolgte Begrünung rein amtlich gesehen nicht als Kahlfläche. Ob das Spechte und Bodentierchen auch so sehen?

Künstliche Taiga

Für die Hornmilben und Springschwänze war das noch nicht der Tiefpunkt. Denn auch wenn sich die Zusammensetzung der Blätter verändert, so sind es wenigstens noch Laubblätter. Richtig an den Kragen geht es den Bodentieren, wenn kurzerhand die Baumart gewechselt wird, wie das gang und gäbe ist. So ließ beispielsweise die bayerische Staatsforstverwaltung im Frühjahr 2012 Douglasien unter alte Buchen pflanzen. Die Umweltorganisation Greenpeace hatte sich schon seit Monaten mit den schwindenden, mehr als 160 Jahre alten Laubwäldern beschäftigt und kritisierte das Bundesland heftig. Der Streit eskalierte, als ein Greenteam kurzerhand 2000 Douglasiensetzlinge wieder ausgrub, in Töpfchen pflanzte und der Behörde vor die Tür stellte.[9] Erhitzte Podiumsdiskussionen und Drohungen von Strafanzeigen folgten, bis die Landesregierung ihrer Forstverwaltung ein vorläufiges Ende der Bewirtschaftung der ältesten Buchen- und Eichenwälder verordnete.

Auch in meinem Revier wurden vor 50 Jahren ganze Buchenwälder abgeholzt und anschließend mit Fichten oder Kiefern aufgeforstet. Was zunächst banal klingt, ist jedoch die Zerstörung eines ganzen Ökosystems, denn Nadelbäume sind mit ganz anderen Arten vergesellschaftet. Ihre Nadeln sind sauer, enthalten ätherische Öle und sind für die Kleinstlebewesen der Laubwälder schlicht und ergreifend unverdaulich.

Dieser radikale Austausch hat in den letzten Jahrzehnten auf großer Fläche stattgefunden. Laubgehölze wurden zeitweise quasi als Unkraut betrachtet und von den Förstern entsprechend mit Chemie bekämpft. Die Wunderwaffe hieß Tormona, ein Abkömmling von Agent Orange, dem Entlaubungsmittel, das im Vietnamkrieg eingesetzt wurde und ganze Urwälder zum Absterben brachte. In Europa waren es zunächst Waldarbeiter, die den Stoff auf die Rinde von Buchen und Eichen pinselten. Kurze Zeit später starben die behandelten Exemplare ab und ihre Nachbarn gleich mit. Ganz nebenbei hatten die Förster so die Wurzelbeziehungen zwischen den Bäumen entdeckt, denn diese gaben mit dem Zucker leider auch das Gift an ihre Nachbarn weiter.

Tormona stand rasch im Verdacht, die Gesundheit zu gefährden, und daher wurde das Ausbringungsverfahren geändert. Statt der Waldarbeiter sollten nun Hubschrauber die Laubwälder großflächig einsprühen. Angemischt wurde der Cocktail mit Dieselöl und damit flog man über die Mittelgebirge. Überall dort, wo sich der tödliche Schleier senkte, starben ganze Wälder. Allein in Eifel und Hunsrück waren es in den 1970er-Jahren Tausende Quadratkilometer, die so, meist unbemerkt von der Öffentlichkeit, ihren eigenen Vietnamkrieg erlebten.[10]

Selbst 1984, während meiner praktischen Zeit, wurde uns auf einem Lehrgang noch beigebracht, wie Tormona in kleinem Rahmen anzuwenden sei. Dazu setzte man eine Glasampulle in einen Spezialhammer und schlug diesen fest gegen den Stamm. Das Glas drang ein, splitterte und gab die Flüssigkeit ins Holz ab. Wie viele giftige Abbauprodukte auch heute noch im Waldboden schlummern, weiß niemand. Offensichtlich möchte kein Förster mehr an dieses unrühmliche Kapitel erinnert werden oder noch einmal neuen Staub aufwirbeln. Tormona ist heutzutage in der Mottenkiste gelandet, Insektizide leider noch nicht.

Ob nun mittels Kahlschlägen oder Tormona, Ziel dieser Maßnahmen war es, die Laubwälder in Nadelforste umzuwandeln.

Die Verwaltungen erhoben Fichte und Kiefer zum Sinnbild ertragsstarker Wirtschaft und setzten sie nun auf jede frei werdende Fläche. Damit hielt quasi die Taiga Einzug in Mitteleuropa.

Würde ich als Förster massenhaft Kokospalmen in meinem Revier pflanzen, dann verlöre ich schnell meine Stelle. Schließlich weiß jeder Laie, dass die Tropenbäume schon in milden Wintern erfrieren. Und selbst wenn es die Südländer hier aushalten könnten, liefe vermutlich die Bevölkerung Sturm gegen diesen Pseudowald. Kaum ein Vogel würde darin singen, kaum ein Regenwurm im Laub wühlen – unsere heimatlichen Mitgeschöpfe sind eben keine Kokosspezialisten.

Fichten, Kiefern oder Douglasien sind hier zumeist ähnlich fremd. Sie passen in vielen Gebieten weder zum Klima noch zu Flora und Fauna, aber immerhin erfrieren sie im Winter nicht, ganz im Gegenteil. Denn anders als Kokospalmen sind sie Kältespezialisten, die zwar zumeist ebenfalls von weither zugereist sind, allerdings aus der entgegengesetzten Richtung stammen. Ihre ursprüngliche Heimat ist, von wenigen Ausnahmen abgesehen, der hohe, kalte Norden. Als sich das Klima nach der letzten Eiszeit dann wieder erwärmte, sich die Taiga langsam in höhere Breiten verschob, blieben manche Nadelwälder erhalten. Vor den steigenden Temperaturen wichen sie in die Hochlagen der Mittelgebirge und der Alpen aus, die so zu einer Art Rettungsinsel wurden. Dort ist bis heute ein Spiegelbild der Wälder Skandinaviens oder Sibiriens zu finden. Aus diesen Relikten aber zu schließen, Nadelbäume seien überall in Mitteleuropa heimisch, finde ich genauso verwegen wie zu sagen, Seehunde seien am bayerischen Königssee zu Hause.

Eine Ausnahme gibt es allerdings, und zwar die Weißtanne. Dieser Nadelbaum ist der natürliche Begleiter der ursprünglichen Laubwälder und war in den Mittelgebirgen sowie im Alpenraum immer wieder einzeln oder in kleinen Gruppen zu finden. Ihr

Verbreitungsgebiet überschneidet sich größtenteils mit dem der Buche. Durch ihre tiefen Wurzeln ist die Weißtanne relativ sturmfest und ihre milde Nadelstreu tut dem Bodenleben gut. Aufgrund dieser positiven Eigenschaften wird sie in Fachkreisen auch als Laubbaum unter den Nadelbäumen bezeichnet. Was für Buchen und Eichen zutrifft, gilt jedoch auch für die Weißtanne: Sie wurde in den letzten Jahrzehnten massiv zurückgedrängt und verschwand aus vielen Wäldern ganz. Wenn ich im Folgenden von Nadelbäumen spreche, dann machen Sie es gedanklich wie ich: Rechnen Sie diese Art zu den Laubhölzern.

In Sibirien und dem nördlichen Skandinavien ist die Vegetationsperiode kurz. Kaum ein oder zwei Monate dauert die Wachstumszeit, und unter solchen Bedingungen haben es Laubbäume schwer. Im Frühjahr müssen Blätter gebildet werden, um Zucker und Holz zu produzieren. Rechtzeitig vor den Winterstürmen sollte die ganze Pracht dann wieder von den Zweigen fallen, um das Spiel im folgenden Jahr aufs Neue beginnen zu können. Für wenige Wochen würde sich dieser Aufwand nicht lohnen. Zudem muss ein Baum unter solch extremen Bedingungen rasch reagieren können. Wird es warm, so muss die Fotosynthese sofort starten. Wer da rumtrödelt und erst einmal Laub bilden muss, hat schon verloren. Aus diesem Grund lassen Fichten und Kiefern ihre grüne Pracht einfach an den Zweigen. Für die kalte Jahreszeit wird ein Frostschutz eingelagert, der so schön pufft, wenn Sie die Nadeln in eine Kerze halten, und so überstehen die Bäume unbeschadet Frost und Schnee. Mit den ersten milden Sonnenstrahlen können sie ihr Wachstum beginnen und bis zum letzten warmen Tag im frühen Herbst fortsetzen. Die Wachstumsbedingungen sind dermaßen hart, dass dabei nach 100 Jahren oft nicht mehr als fünf Meter Gesamthöhe herauskommen.

Versetzt man diese Asketen nun nach Mitteleuropa, so wissen sie gar nicht, wie ihnen geschieht. Wachsen können sie hier von

April bis September, also sechs volle Monate. Zudem steht die Sonne hier viel höher, weshalb die Nadeln eine Extraportion Licht erhalten. Wie die Muskeln eines gedopten Kraftsportlers schwellen Stamm und Zweige an. Die Nadelbäume können pro Jahr einen halben Meter in die Höhe schießen, etwa zehnmal so viel wie in ihrer angestammten Heimat. Ob es ihnen dabei gut geht? Das kann ich mir nicht vorstellen. Denn Fichten und Kiefern leiden hier entsetzlichen Durst. Im hohen Norden regnet es mehr, zudem ist es viel kühler. Dadurch verdunstet weniger Wasser und der Boden bleibt länger feucht. Trockenperioden, wie sie bei uns im Sommer regelmäßig auftreten, kennen diese immergrünen Bäume nicht. Dementsprechend sind sie auf heiße, trockene Tage nicht vorbereitet. Und das rächt sich bitter. Im Gepäck der Neuankömmlinge sind verschiedene Borkenkäfer mit eingewandert. Buchdrucker und Kupferstecher sind zwei Namen, die schön klingen und doch so manchen Waldbesitzer erzittern lassen. Diese Bezeichnungen stammen von den ziselierten Fraßgängen unter der Rinde. Eigentlich sind Borkenkäfer Schwächeparasiten, die kranke oder geschwächte Bäume befallen. Jede Art, auch die heimische Buche, kennt derartige Lästlinge. Ist der Baum gesund, so wehrt er sich gegen Attacken, indem er entweder Abwehrstoffe in die Rinde einlagert oder im Fall der Nadelhölzer den Eindringling mit einer Portion Harz ertränkt. Das funktioniert aber nur, solange der Stamm in Saft und Kraft steht. Fichten und Kiefern leiden hier aber ständig unter Durst, sodass ihnen regelrecht die Spucke ausgeht. Frisst sich in den heißen Sommermonaten ein Buchdrucker in die Rinde, so kommt oft kein Tropfen Harz. Und das merkt der Käfer sofort. Er lässt einen chemischen Lockruf los, der allen Artgenossen signalisiert: »Das Buffet ist eröffnet.« Daraufhin macht sich jeder Buchdrucker der Umgebung auf den Weg und landet am gedeckten Tisch. Im Nu ist die Rinde mit Einbohrlöchern übersät und unter jedem wird eine Paarungshöhle angelegt. Hier legen die Weibchen in kleinen Nischen Eier ab, aus denen Larven schlüpfen, die dann die Gänge unter der Borke fressen. Besonders beliebt ist die Wachstumsschicht, das zuckerhaltige Kambium, sodass dem Baum praktisch bei lebendigem Leib die Haut zerstört wird. Ab einer bestimmten Befallsstärke kann er nicht mehr. Seine Rinde blättert ab, die Nadeln verfärben sich rötlich und signalisieren das Ende. Tausende geschlüpfter Käfer suchen dann nach neuen Opfern und befallen die Bäume in der Nachbarschaft. Aus einem geschädigten Exemplar werden im Lauf des Sommers manchmal Hunderte, da etwa alle sechs Wochen eine neue Käfergeneration schlüpft. Die sorgsam herangehegten Nadelbaumplantagen verwandeln sich so rasch zu trostlosen, mit Baumskeletten bestandenen Landschaften.

Monokulturen mit ortsfremden Baumarten sind nun mal unnatürlich und anfällig für Parasiten. Der großflächige Befall mit Borkenkäfern oder Schmetterlingsraupen signalisiert, dass hier eine Störung des Ökosystems vorliegt. Ein aufmerksamer Förster müsste für diesen Fingerzeig dankbar sein, sollte sein bisheriges Tun überdenken und entsprechend ändern. Stattdessen wird die Giftspritze aus dem Schrank geholt.

Ich kann es kaum glauben, doch die Verwaltungen scheinen noch stolz auf ihr Handeln zu sein. So war in der *Märkischen Allgemeinen* im Mai 2012 nachzulesen, dass Brandenburgs Förster per Hubschrauber rund 50 Quadratkilometer Wald einnebeln ließen.[11] Unter den Wirkstoffen war auch einer namens Karate – nomen est omen.[12] Dieses Kontaktinsektizid tötet alle Kerbtiere, ob Käfer oder Schmetterling. Gelangt es ins Wasser, so sterben auch Fische und Krebse. Eine solche Maßnahme in der warmen Jahreszeit durchzuführen, wenn alle Tiere aktiv sind und auch Wanderer durch die Forste ziehen, zeugt von einer beispiellosen Rücksichtslosigkeit. Denn Karate wirkt über Monate fort, wird beim Aussprühen verweht und bleibt an Waldbeeren oder Pilzen kleben. Da kann man Naturfreunden, welche sich eine kleine Mahlzeit sammeln, nur guten Appetit wünschen …

Dennoch haben Borkenkäfer und Co auch etwas Gutes. Denn intakten Wäldern werden sie niemals gefährlich, sondern zeigen auf, wo das Ökosystem gestört ist oder von Grund auf nicht stimmt. Und Nadelwälder in Mitteleuropa stimmen nun mal in den meisten Gebieten nicht, zumindest aus Sicht der Natur.

Ich höre schon den Protest der Kollegen, das entspräche nicht der Wahrheit. Fichten und Kiefern seien sehr wohl heimische Arten, die zunehmenden Borkenkäferplagen nicht hausgemacht, sondern Ausdruck des beginnenden Klimawandels. Es gibt tatsächlich heimische Nadelbäume, etwa im Alpenraum, denn hier sind die verbliebenen, vergleichsweise winzigen Rückzugsgebiete für kälteliebende Arten. Forstliche Hochschulen zählen Fichten und Co jedoch flächendeckend zu unserer ursprünglichen Flora, womit ihr umfassender Anbau keine Tollkühnheit ist, sondern selbstverständlich wird.

Sind die Fichten nach etwa 60 Jahren 25 Meter und höher geworden (Kiefern vertragen etwas mehr), dann macht sich die Physik bemerkbar. Denn der Stamm wirkt wie ein langer Hebel, an dessen oberen Ende die Krone sitzt. Und an diesem Hebel wird gewaltig gedrückt. Jeden Herbst kommt es in Mitteleuropa zum Austausch von heißen Luftmassen aus dem Süden mit den kalten Strömungen des Nordens. Als Folge davon entstehen Stürme.

Unsere heimischen Bäume haben dagegen einen Schutz entwickelt. Sie werfen ihre Blätter ab, reduzieren damit die Windangriffsfläche und ertragen jeden Orkan, ohne das Gleichgewicht zu verlieren. Das ist meiner Meinung nach der wichtigste Grund für den Laubfall.

Die Nadelbäume können dies mit Ausnahme der Lärche, die forstwirtschaftlich allerdings kaum eine Rolle spielt, jedoch nicht. Das war in der alten Heimat auch nicht notwendig, denn 25 Meter

Stammlänge sind dort utopische Werte, die kein Baum je erreicht. Hier jedoch stehen sie im Herbststurm hilflos auf verlorenem Posten. Ab etwa 100 Stundenkilometer Windgeschwindigkeit sind es nicht nur einzelne Exemplare, sondern ganze Baumgruppen oder gar Wälder, die einfach umkippen oder abbrechen. Die Natur zeigt damit ganz deutlich, dass immergrüne Bäume hier völlig fehl am Platz sind. Doch sind Förster in der Mehrzahl offenbar Ignoranten. In den offiziellen Darstellungen[13], aber auch im Selbstverständnis ist die Ursache nicht eine falsche Artenwahl, sondern eine unvorhersehbare Naturkatastrophe. Dabei fällt etwa die Hälfte aller gepflanzten Nadelwälder im Lauf ihres Lebens Stürmen oder Borkenkäfern zum Opfer, das Risiko sollte sich also langsam herumgesprochen haben.

Durch die Schuldzuweisung an eine höhere Macht wird man zum unschuldigen Opfer und damit öffnet sich das Füllhorn staatlicher Subventionen. Gewiss, bei der Wiederaufforstung wird mittlerweile Wert darauf gelegt, wenigstens einige Laubbäume zwischen die Nadelhölzer zu pflanzen. Im Sauerland, das vom Sturm Kyrill 2007 besonders heftig getroffen worden ist, kann man sehen, was das in der Praxis bedeutet: Quadratkilometerweise wurde wieder Fichte gepflanzt, mit der man ja so gute Erfahrungen gemacht hat. Und die wenigen Buchen, Eichen oder Ahorne, die als Alibi für eine Mischpflanzung dienen, fressen kurze Zeit später die Rehe und Hirsche ab. In wenigen Jahrzehnten werden die heutigen Aufforstungen wieder zu monotonen Fichtenwäldern, deren Ende in einem zukünftigen Orkan so gut wie feststeht.

Auch in meinem Revier lässt sich dieser forstliche Starrsinn nachverfolgen. Es gibt hier etliche Bestände, die im Lauf der letzten 120 Jahre schon zweimal vom Sturm zerstört worden sind. Jedes Mal pflanzten meine Vorgänger wieder Fichten. Diese Halsstarrigkeit verschärft das Problem immer weiter. Denn Fichten werden in einem Sturm hin- und hergerissen, wodurch ihre Wurzelteller wie ein überdimensionaler Kartoffelstampfer wirken. Allerdings sind es keine Kartoffeln, sondern der empfindliche Boden, den diese Bewegungen verdichten, bis er hart wie Beton wird. Die nächste Fichtengeneration wird nun noch flacher wurzeln, da sie die Stampfschicht nicht mehr durchdringen kann. So kommt es, dass dann bereits 15 Meter Baumhöhe reichen, bis die ersten Exemplare umgeweht werden.

Den Nadelbäumen ist ein ganzes Ökosystem gefolgt, an das wir uns so gewöhnt haben, dass es uns wie heimischer Wald vorkommt. Vögel wie die Fichtenkreuzschnäbel bleiben dem Wanderer meist verborgen, ganz anders sieht es aber mit Insekten aus. Hier heben sich im Wortsinn die Waldameisen hervor. Ihre Hügel, manchmal bis zu zwei Meter hoch und fünf Meter im Durchmesser, sind für manchen Naturschützer Sinnbild intakter Natur. Förster bezeichnen die emsigen Tierchen gern als Waldpolizei, da sie Tierkadaver beseitigen und auch Borkenkäfer fressen. In Fichtenmonokulturen, in denen Buchdrucker und Kupferstecher wüten, bleiben um die Ameisenhaufen grüne Inseln gesunder Bäume zurück. Damit gewinnen sie die Sympathie der Waldbesitzer. Aber wieso auch die der Naturschützer? Denn zur ursprünglichen Natur kann man die Krabbeltiere, von denen bei uns mittlerweile mehrere Arten heimisch geworden sind, nun wirklich nicht zählen. Haben Sie schon einmal einen Waldameisenhügel aus Laubblättern gesehen? Nein? Das wäre auch ein Wunder. Denn der kleinste Windstoß würde das luftige Gebilde hinwegfegen und das empfindliche Innere samt Königin freilegen. In Laubwäldern können sich diese Arten nicht halten, denn ihre Bauwerke lassen sich nur aus Nadeln errichten.

Aus der Taiga haben die Fichten noch etwas anderes mitgebracht, nämlich eine fadenscheinige Argumentation. Im Norden werden die Wälder alle 200 bis 300 Jahre von Waldbränden hinweggefegt. Wissenschaftler zählen diese Art der Walderneuerung zu den natürlichen Prozessen[14], wobei ich da ein wenig skeptisch bin. Denn Menschen gibt es dort ebenfalls seit Jahrtausenden und wo Jäger und Sammler unterwegs sind, wird auch Feuer gemacht. Da springt in trockenen Sommern schnell mal ein Funke ins dürre Unterholz. Eine Feuerwehr gab es damals noch nicht und die Flammen konnten sich rasch durch ganze Berghänge fressen. Und wenn das alles tatsächlich so ist, wie lassen sich dann mehrere Jahrtausende alte Fichten in Mittelschweden erklären, die offensichtlich nie ein Feuer gesehen haben?

Wie auch immer, natürliche Waldbrände in der Taiga werden in der Forstwissenschaft als Fakt betrachtet. Und einen Brand kann man mit einem Kahlschlag gleichsetzen, schließlich sind so oder so anschließend alle Bäume weg. Die nun einsetzende Wiederbewaldung durch Sämlinge erzeugt monotone, gleich alte Bestände. Und nun kommt die in meinen Augen fadenscheinige Argumentation ins Spiel. Ob ein Kahlschlag durch Brand oder durch die Motorsäge hervorgerufen wird, wo bitte ist da der ökologische Unterschied? Ob anschließend die Natur mit Sämlingen wieder einen Wald erschafft oder die Waldarbeiter mit Pflanzen aus der Baumschule, das kann doch keine große Rolle spielen. Also bildet ein Förster mit dem Kahlschlag lediglich natürliche Prozesse nach und erhält so für sein Tun einen Persilschein, denn das alles findet ja auch ohne den Menschen statt, oder?

In den Laubwäldern Mitteleuropas ist die Situation allerdings eine ganz andere. Hier hat es nie periodisch auftretende Waldbrände gegeben und damit keine Kahlflächen. Probieren Sie das ruhig einmal selber aus: Nehmen Sie ein Feuerzeug und versuchen Sie, einen grünen Buchenzweig anzuzünden. Das wird Ihnen nicht gelingen, ganz anders als bei Nadelgehölzen, bei denen ätherische Öle, ihr Frostschutzmittel, dafür sorgen, dass der Zweig Feuer fängt.

Der natürliche Kahlschlag ist demnach kein stichhaltiges Argument, aber wie sieht es mit der Artenvielfalt aus? Wir Menschen als Augentiere schauen eher auf Schmetterlinge und Vögel als auf die im Verborgenen lebenden Hornmilben und bei den Flattertieren tut sich auf Freiflächen im Wald tatsächlich einiges. Die Zahl der Arten steigt und der Grund hierfür ist banal. Im hellen Sonnenschein wachsen Freilandarten, die sich durch reichen Blütenschmuck auszeichnen. Schließlich wollen sie von Insekten besucht werden und müssen dafür ordentlich Werbung machen. Ein wahres Blütenmeer überzieht die baumlosen Flächen und neben Bienen und Hummeln laben sich Tausende Falter an dem Nektarangebot. Ist das ein Fortschritt im Sinn des Naturschutzes? Blütenbesuchende Insekten gibt es in heimischen Laubwäldern praktisch nicht und das hat einen einfachen Grund. Unsere Waldbäume setzen bei der Bestäubung auf den Wind und bieten den kleinen Fliegern daher keine Belohnung für den Blütenbesuch an.

Mit einem Kahlschlag werden die Bodentiere des Buchenurwalds beseitigt und gegen Freilandarten ausgetauscht. Der Anstieg der Artenvielfalt findet also nur im sichtbaren Bereich statt, nach dem Motto »Hornmilben gegen Schmetterlinge«, und das reicht den Verantwortlichen als Argument völlig aus.

Schlussendlich bereiten die Nadelbaumplantagen also eine Fülle von Problemen. Die Bäume fallen leicht um, werden von Borkenkäfern befallen, bieten nur wenigen Tieren einen Lebensraum und verdrängen die ursprünglichen Laubwälder. Auch wirtschaftlich sind sie im Grunde nicht überzeugend. Aber warum wird trotzdem so verbissen an ihnen festgehalten? Die Gründe hierfür liegen zwar im Wald, aber nicht bei den Bäumen, wie Sie nachfolgend sehen werden.

Jagd

Wald und Jagd gehören zusammen wie Pech und Schwefel, zumindest dann, wenn der Mensch im Spiel ist. Denn die großen Säugetiere, die zwischen den Bäumen leben, zählten immer schon zur begehrten Beute, waren Nahrungsbestandteil und später auch Prestigeobjekt. Bevor ich auf die Folgen dieses Treibens eingehe, möchte ich eine einfache Frage stellen: Ist nicht jede Form von Jagd in modernen Zeiten pervers? Oder gilt sie als eine der letzten archaischen Tätigkeiten, die uns einen intensiven Naturkontakt ermöglichen? So einfach, wie die Frage zu stellen ist, fällt die Antwort nicht. Denn bei genauerem Hinsehen sind wir alle mit im Boot, sofern wir keine Veganer sind.

Wer Fleisch essen will, muss töten. In grauer Vorzeit bedienten sich unsere Vorfahren in den Speisekammern der Natur, zum Teil so ungeniert, dass viele Arten ausstarben. Mammut, Wildpferde und Auerochsen, sie alle existieren nur noch als staubige Knochensammlungen in Museen. Die Jagd war nicht nur gefährlich für die Jäger, sie war auch schwer zu kalkulieren. Mit Glück gab es Essen in Hülle und Fülle; lief es jedoch schlecht, so zog der Hunger in die Siedlungen ein. Was lag da näher, als Wildtiere zu zähmen, auf die man jederzeit zugreifen konnte? Über die Jahrtausende entstanden durch Zucht unsere Haustiere, die sich vor allem in einem Punkt von den Wildformen unterschieden – sie hatten ihre Angst vor den Menschen verloren. Wurde Fleisch gebraucht, so war die »Jagd« fortan äußerst simpel. Keine lange Hatz, kein großes Risiko und schnell hing ein dampfender Braten über dem Feuer.

Prinzipiell handhaben wir es heute noch genauso. »Gejagt« wird in den Schlachthöfen und die Beute wird anschließend industriell so aufbereitet, dass das blutige Geschäft nicht mehr zu erahnen ist. Dennoch unterscheiden sich Chicken Nuggets in einem wesentlichen Punkt von einer Rehkeule: Die Haustiere haben Vertrauen zu uns und wollen den Jägern nicht entfliehen, höchstens auf den letzten Metern der Verladerampe. Was ist nun grausamer, die Schlachtung von zahmen Rindern und Schweinen, die uns vertrauen, oder das Schießen frei lebender Wildtiere?

Als Förster habe ich einen Jagdschein, als Privatperson eine kleine Hobbylandwirtschaft. Somit kenne ich beide Varianten. Gleich nach dem Einzug in das alte Forsthaus 1991 begannen wir, uns einen Traum zu erfüllen: die Haltung von Nutztieren. Hühner für das Frühstücksei, Kaninchen für einen leckeren Braten, Ziegen für Milch und Käse, Bienen für den Honig sowie Pferde für entspannende Ausritte. Ich bin ein Fan alter Handwerkstechniken und möchte gern alles, was man zum täglichen Leben braucht, herstellen können oder es zumindest einmal selbst gemacht haben.

Sollte ich eines Tages emotional nicht mehr in der Lage sein, Tiere zu töten, so möchte ich nicht, dass dies jemand anderes für mich erledigt. Die Konsequenz wäre der völlige Verzicht auf Fleisch. Vielleicht ist dieser Tag auch nicht mehr so fern, denn das Töten ist brutal. Natürlich sind die Kaninchen und Ziegen artgerecht aufgewachsen, dürfen im Freien unter ihresgleichen leben und werden vom Tierarzt behandelt, wenn sie einmal krank sind. Insofern führen sie ein paradiesisches Dasein, das ich dann aber gewaltsam beende.

Das Einfangen geht rasch, denn unsere Haustiere sind ja zahm. Wenn sie dann aber nichts ahnend unter meiner Hand liegen und ich das Bolzenschussgerät ansetze, komme ich mir herzlos vor. Da nützt es wenig, wenn ich mir sage, dass der Mensch nun mal ein Allesfresser und Fleisch Teil seiner natürlichen Nahrung ist. Im Augenblick des Tötens missbrauche ich das Vertrauen einer Kreatur, die keine Chance hat, zu entfliehen. Genau hier liegt der Unterschied zu Raubtieren. Ihre Opfer, sofern nicht überrumpelt, sehen die Gefahr nahen und Wolf oder Luchs lassen nicht den geringsten Zweifel an dem, was sie zu tun gedenken.

Im Vergleich zum Töten von Haustieren ähnelt die Jagd auf Wildtiere mehr der Methode von Wölfen und Luchsen. Von diesem Standpunkt aus ist die Jagd also völlig in Ordnung. Leider ist es aber so, dass die meisten Jäger heutzutage nicht mehr das Fleisch im Sinn haben, sondern eher an Geweihen interessiert sind. Und das hat zu erschreckenden Zuständen in Wald und Flur geführt. Bevor ich auf diese näher eingehe, möchte ich mit Ihnen einen Blick in die Vergangenheit werfen. Denn eigentlich hätte alles ganz anders kommen können.

Ein Blick zurück

Die Bauernkriege des 16. Jahrhunderts und später auch die deutsche Revolution von 1848/1849 haben eine gemeinsame Wurzel, die Privilegien des Adels. Die Blaublüter hatten das Recht, überall zu jagen, auch auf dem Grund und Boden der Landbevölkerung. Für Barone, Grafen und Könige gab es scheinbar nichts Schöneres, als eine beeindruckende Strecke zu machen, also viel Wild zu erlegen. Denn diese Freizeitbeschäftigung war ein wichtiges Zeremoniell und wurde oft zusammen mit geladenen Gästen ausgeübt. Wenig Beute ließ den Gastgeber schlecht aussehen, weshalb dieser danach trachtete, immer einen großen Bestand der begehrten Tiere in den Wäldern zu halten. Damit sich die Bevölkerung nicht einfach an diesen bediente, belegte man ganze Landstriche mit einem Bann. Wer als einfacher Bauer dort ein Reh erlegte, wurde schwer bestraft. Zu der Zeit der Feudaljagden traten auch die ersten Förster auf. Sie kontrollierten die Wälder, manchmal auch die Felder und sogar die Dörfer auf Wilderei.

Aus diesem Grund wuchsen die Bestände von Hirsch, Reh und Wildschwein immer weiter an. Und nachts, wenn die hungernde Landbevölkerung in ihren kargen Hütten schlief, machten sich die Tiere über die kümmerlichen Äcker her, sodass die nächste Ernte kaum etwas hergab. Die Folge waren Bauernaufstände, die aber erfolglos blieben. Erst im 19. Jahrhundert sollte sich die Lage ändern. Im Zuge der Revolution von 1848/1849 wurde das Jagdrecht des Adels abgeschafft. Fortan durfte jeder auf seiner eigenen Scholle jagen und davon wurde fleißig Gebrauch gemacht. Auf diese Weise füllten sich die Kochtöpfe gleich doppelt – mit leckerem Wildfleisch und mit Feldfrüchten, die nun wieder ungefährdet heranwachsen konnten. Auch der Wald atmete auf. Junge Buchen und Eichen konnten wachsen, ohne abgefressen zu werden, und viele alte Laubwälder der heutigen Zeit entstammen jenen Tagen.

Leider änderten sich die Zustände dann erneut. Denn die Landbevölkerung hatte den Wildbestand so sehr dezimiert, dass er annähernd auf dem ursprünglichen natürlichen Niveau lag. Das bedeutete wenige Rehe pro Quadratkilometer Wald, und Rotwild sowie Wildschweine kamen in vielen Regionen gar nicht mehr vor. Damit verloren traditionelle Jäger ihre lieb gewonnene Freizeitbeschäftigung. Gingen sie auf die Pirsch, so konnte es Wochen dauern, bis sie ein Reh, geschweige denn einen Hirsch, zu Gesicht bekamen. Wo blieb da der Spaß?

Die Revolution war eine Sache, alte Seilschaften eine andere. Daher wurden schon wenige Jahre später Gesetze erlassen, die eine Ausübung des Jagdrechts nur noch ab einer zusammenhängenden Flächengröße von knapp einem Quadratkilometer erlaubten. Durch diese vorgeschriebene Mindestgröße schlug man gleich mehrere Fliegen mit einer Klappe. Die armen Bauern hätten, um weiter jagen zu können, fremde Flächen zu ihrem winzigen Besitz hinzupachten müssen. Da ihnen dieses Geld jedoch fehlte, konnten reiche Bürger oder der Adel in die Bresche springen – damit war die Jagd in ihren Augen wieder da, wo sie hingehörte. Zudem schonten die neuen alten Akteure den Wildbestand, wodurch die Zahlen rasch in die Höhe schnellten. Befeuert wurde dieser rückwärts gerichtete Trend durch das Aufkommen der Trophäenjagd um 1900. Nicht das Fleisch und das Jagderlebnis standen fortan im Vordergrund, sondern das Erbeuten prachtvoller Geweihe von Hirsch und Reh oder dicker Eckzähne von Wildschweinen.

Um jedes Jahr wenigstens einen kapitalen Hirsch oder einen Rehbock mit vielfach gegabelten Hörnern schießen zu können, braucht ein Jäger in seinem Revier einen Grundbestand von rund 100 Tieren. Ein durchschnittliches Jagdrevier ist bis heute zwei bis drei Quadratkilometer groß. Unter natürlichen Verhältnissen kämen dort einige Rehe vor, Hirsche und Wildschweine wären die absolute Ausnahme. Da bekäme der Jäger manchmal jahrelang nichts zu Gesicht, geschweige denn einen großen Trophäenträger vor die Büchse. Aber das lässt sich ändern und genau das wurde auch gemacht. So wuchsen die Bestände durch Fütterungen und das Verschonen weiblicher Tiere kontinuierlich an. Als Begründung wurde angeführt, dass das Wild gehegt werden müsse, um es in unserer Kulturlandschaft vor dem Aussterben zu bewahren. Im Klartext bedeutete das, dass nicht nur die Individuenzahl anstieg, sondern dass man auch versuchte, auf stärkere Geweihe hin auszulesen. Dieses Zuchtziel wurde verfolgt, indem besonders prächtige männliche Tiere bis zum mittleren Lebensalter geschont wurden, damit sie sich bis dahin kräftig fortpflanzen und ihre begehrten Eigenschaften vererben konnten.

Zur Hochblüte gelangten diese Programme im Dritten Reich.

Unter Hermann Göring, der auch Reichsjägermeister war, trat ein Gesetz in Kraft, in dem erstmals Hege und Zucht zementiert wurden. Er jagte selbst sehr gern und ließ noch im Hungerwinter 1944 Lebensmittelhafer an seine Hirsche verfüttern. Das Kriegsende wäre eine Chance für einen Neubeginn gewesen. Stattdessen wurde das Reichsjagdgesetz nur geringfügig verändert zum Bundesjagdgesetz.

Haustierhaltung im Wald

Der gesetzlich legitimierte Trophäenkult treibt seltsame Blüten. So gibt es alljährlich Schauen, auf denen die schönsten Geweihe und Wildschweinzähne präsentiert werden. Bewertungskommissionen benoten den Zierrat nach Farbe, Größe, Gewicht und Ausformung und küren die Sieger. Den Gewinnern winken Medaillen und Urkunden, ein Ansporn für die nächste Saison. Wer auch im kommenden Jahr wieder unter den Ersten sein will, muss an seinem Wildbestand arbeiten, also wenig schießen und kräftig füttern, um eine entsprechende Auswahl beim Abschuss zu haben. Dieses Management nach Zahl, Alter und Geschlecht nennt sich Hege. An deren Ende stehen sogenannte Ernteböcke, Erntehirsche und reife Keiler. Letztendlich handelt es sich bei diesem Verfahren um einen Tierhaltungsbetrieb im Wald, der die Wildtiere zu Mast- und Schlachtvieh verkommen lässt.

Wie scheinheilig das Zuchtgeschäft verbrämt wird, können Sie am Beispiel der Wildfütterung erkennen. Haben Sie schon einmal eine Futterraufe im Wald gesehen? Oder vielleicht ein paar Holzkästchen, gefüllt mit Körnermais? Das alles soll den hungernden Rehen, Hirschen und Wildschweinen helfen, über die angeblichen so strengen Winter zu kommen. Ein Akt der Selbstlosigkeit? Wohl kaum, denn tatsächlich gilt diese Versorgung immer nur den Arten, deren Schmuck später über dem Wohn-zimmersofa landen soll. Eichhörnchen, Dachse, Füchse oder Wildkatzen gehen leer aus. Aber keine Sorge, auch ihnen fehlt nichts. Schließlich sind sie seit Jahrtausenden daran gewöhnt, mit den wechselnden Jahreszeiten zurechtzukommen. Die kalten Monate verbringen sie dösend im Unterholz. Wissenschaftler der Universität Wien haben entdeckt, dass Hirsche ihre Unterhaut-temperatur bis auf 15 Grad Celsius absenken können, um Energie zu sparen – für große warmblütige Säugetiere eine Sensation. Nach Aussage von Projektleiter Walter Arnold ist dies ein dem Winterschlaf ähnliches Verhalten.[15] Mit dieser Sparstrategie reichen die im Herbst angefressenen Fettreserven bis zum nächsten Frühjahr und lediglich schwache oder kranke Tiere verhungern: eine natürliche Methode, um die jeweilige Art genetisch gesund zu halten.

Für die Jäger ist es aber schöner, wenn möglichst viele überleben, denn dann gibt es jeden Abend auf dem Hochsitz etwas zu sehen. Überpopulation erzeugt jedoch Stress und der äußert sich bei Wildtieren in geringerem Körpergewicht, speziell bei Rehen auch in kleinen Geweihen. Das ist ein unerwünschter Nebeneffekt, denn das angestrebte Ziel der Jäger lautet: viel Wild mit möglichst großen Trophäen. In Verkennung der wahren Ursachen versuchen sie, die schwachen Exemplare aufzupäppeln. Und das lassen sie sich einiges kosten. Wie viel Futter etwa für Wildschweine jährlich ausgebracht wird, verriet mir ein Kollege mit Kontakt zum Umweltministerium in Rheinland-Pfalz: Pro geschossenem Borstentier sind dies durchschnittlich 130 Kilogramm Kraftfutter.

Die Zeitschrift Ökojagd hat 2009 beispielhaft Angaben von Jagdpächtern zur Fütterungspraxis umgerechnet. Dabei kam sie auf 12,5 Kilogramm Mais pro Kilogramm erlegtem Wildbret[16] – das ist dreimal mehr Futter, als die Fleischindustrie bei ihrer Massentierhaltung verbraucht. Und wie die Natur nun einmal so ist, wird Nahrung sofort in Reproduktion umgesetzt, sodass die Individuenzahl explosionsartig in die Höhe schießt. Wildschweine in Weinbergen, Hausgärten oder sogar auf dem Berliner Alexanderplatz sind die Folge, denn der Wald wird für die Massen langsam zu eng.

Vonseiten der Jäger bemüht man sich, die eigentliche Ursache zu verschleiern. Die Landwirtschaft sei mit ihren großen Maisäckern, wahren Schweineeldorados, schuld. Auch der Klimawandel mit seinen warmen Wintern begünstige das Anschwellen der Population. Draußen im Wald, wo die Öffentlichkeit kaum hinsieht, wird derweil alles hingekippt, was für die Beutetiere schmackhaft sein könnte. So fand ich zu Beginn meiner Dienstzeit ganze Lkw-Ladungen Tulpenzwiebeln auf einer Lichtung. Sie waren offensichtlich nicht für den Handel geeignet und mussten entsorgt werden. Und der Jagdpächter dachte wohl: »Warum nicht das Nützliche mit dem Notwendigen verbinden?«, und ließ die Fracht kurzerhand in den Wald transportieren. Den Wildschweinen scheint es geschmeckt zu haben, denn nach wenigen Wochen waren die Zwiebeln verschwunden.

Bei Wildfütterungen werden auch Äpfel entsorgt, die nach EU-Recht zu klein, zu leicht oder formbedingt nicht der Norm entsprechen. Eine Bekannte erzählte mir, dass der Pächter ihres Heimatdorfs im Hunsrück tonnenweise Pralinen verstreuen würde. Diese seien zumindest optisch so frisch, dass einem das Wasser im Mund zusammenlaufen würde. Jäger verhalten sich im Prinzip wie der Wirt eines großen Restaurants vergangener Jahrzehnte. Damals war es üblich, zur Verwertung der Essensreste einen Stall voller Schweine zu haben, um aus verschmähtem Putengulasch, Herzoginkartoffeln oder Speckbohnen wieder frische Lebensmittel zu erzeugen. Nichts anderes ist die Fütterung im Wald. Sie unterscheidet sich nur durch die Art des Stalls, der viel größer und mit Bäumen bestanden ist.

Mittlerweile sind die ursprünglichen Verhältnisse eines Urwalds völlig auf den Kopf gestellt. Gab es früher ein Reh pro Quadratkilometer Waldfläche, so sind es heute durchschnittlich 50. Hirsche als Steppentiere waren im Wald kaum anzutreffen, ähnlich war es bei Wildschweinen. Aktuell kommen zu den Rehen in etlichen Forsten noch etwa zehn Hirsche und zehn Wildschweine dazu, sodass ein wahres Gedränge herrscht. Ein regelrechter Zoo ist in den Wäldern Mitteleuropas entstanden, der das Jägerherz höherschlagen lässt. Das reicht diesen »Naturschützern« aber noch nicht aus. Daher werden weitere Arten angesiedelt, und zwar solche, die ebenfalls ein attraktives Geweih tragen – zum Beispiel Damhirsche, deren Körpermaße zwischen Reh und Rothirsch liegen. Sie stammen aus Kleinasien und wurden bereits vor Jahrhunderten vom Adel zur Bereicherung des Jagdvergnügens ausgesetzt. Die große Damhirschwelle brach aber erst in den letzten Jahrzehnten über die Waldlandschaften herein. Offiziell ist es verboten, fremde Tierarten auszusetzen. Jäger können aber sehr kreativ werden, wenn es darum geht, Vorschriften aufzuweichen.

Ich hatte einen Fall in meinem Zuständigkeitsbereich, der besonders dreist war. Der Jagdpächter hatte ein Damwildgehege samt Tieren gekauft, woran zunächst nichts auszusetzen ist, denn vieles von dem, was Sie als Wildfleisch in den Supermärkten finden, stammt aus solch kommerziellen Haltungen. Nach Vermarktung stand dem neuen Besitzer allerdings offenbar nicht der Sinn. Ich kam an einem klirrend kalten Wintertag mit einer 20 Zentimeter dicken Schneedecke zufällig an der Anlage vorbei, die leer war. Im Zaun klaffte ein großes Loch und das Gelände außerhalb war von Hufspuren übersät. Von den Hirschen war weit und breit nichts zu sehen. Ein Anruf ergab, dass die Tiere ausgebrochen seien, ein Fremder vermutlich den Draht zerschnitten und somit das Debakel verursacht habe. Das musste ich zunächst so glauben. Also zeigte ich den Vorfall bei der Jagdbehörde an und der Pächter wurde aufgefordert, die Hirsche wieder einzufangen. Dazu war er angeblich auch bereit, und um seinen guten Willen zu demonstrieren, kippte er einen großen Haufen der bei den Tieren besonders beliebten Zuckerrüben an den weit geöffneten Zaun. So hätte man die Ausreißer bequem zurückbekommen, denn dazu brauchte man nur den Draht wieder zu schließen, wenn sie fraßen. Daraus wurde nichts, denn »aus Versehen« hatte der Jäger die Rüben außerhalb des Zauns abgekippt. Wochenlang wurde dort gefressen und viele Spaziergänger beobachteten die halbzahme Herde am Futterhaufen. Einfangen ließen sie sich so allerdings nicht und deshalb gab der Besitzer sie schließlich offiziell auf. Das wäre für sich genommen eine positive Sache, denn wenn das Eigentum aufgegeben wird, dürfen solche Tiere wie Wildtiere nach behördlicher Genehmigung vom Jagdpächter geschossen werden. Doch in diesem Fall ging das Problem jetzt erst richtig los, waren ehemaliger Eigentümer und Pächter doch ein und dieselbe Person. Offiziell durfte er die Hirsche jetzt jagen, und wenn der Pächter nicht schleunigst alle erlegte, konnten sie sich ungehindert ausbreiten. An einem Abschuss hatte er aber zumindest in der ersten Zeit kein Interesse, sollte sich diese neue bejagbare Art so doch erst einmal ungestört ausbreiten. Was sie dann auch tat. Jahrelang vagabundierten die Ausreißer rund um mein Revier und verstärkten die Schäden, die durch Rehe und Rothirsche ohnehin schon sehr hoch waren. Erst in letzter Zeit wurde es um die Damhirsche ruhig.

Lieblingsspeise

Tiere müssen fressen und vertilgen dabei nicht wahllos alles, was sie finden, sondern suchen gezielt ihre Leibspeisen. Bei Rehen und Hirschen sind dies neben schmackhaften Kräutern die Blätter und Knospen von Laubbäumen. Im Sommer hält sich dabei der Schaden für den Wald in Grenzen, denn das Wild zieht in die Wiesen und Felder, die nun das reinste Schlaraffenland sind. Was die Landwirte für den menschlichen Verzehr anbauen, eignet sich in aller Regel auch für Tiere. Hafer, Mais, Rüben oder Kohl, all das schmeckt auch den Geweihträgern. Zum Herbst hin verschwindet aber die ganze Pracht und nach der Ernte sind die Äcker kahl und braun. Auch die Wiesen, kurz gemäht von der letzten Heuernte, trocknen aus und verfärben sich gelb. Die fahlen Hälmchen enthalten kaum Nährstoffe und so zieht das Wild in den Wald zurück. Dort herrscht nun ein regelrechtes Gedränge und ein Wettlauf um die verbliebenen Nahrungsreserven beginnt. Dabei wird das Naturbuffet in der Reihenfolge der Beliebtheit abgeräumt. Ganz oben rangieren jetzt die Knospen der Laubgehölze. Sie enthalten konzentrierte Energie, denn aus ihnen sollen im nächsten Frühjahr die Blätter entstehen. Pulen Sie einmal eine solche Knospe auseinander: Da ist das Laub schon fein säuberlich gefaltet komplett angelegt.

Schnapp und weg ist der Frühlingstraum. Bis zu 1,5 Kilogramm kann ein zartes Reh davon täglich vertilgen. Und weil es zu faul ist, sich herunterzubeugen, wird meist nur die Gipfelknospe verspeist. Für das Bäumchen ist das fatal, denn um nun weiter in die Höhe zu wachsen, muss ein Seitentrieb die Führung übernehmen. Aber dafür ist er im Grunde gar nicht geeignet, weshalb solche Bäume zeitlebens krumm und schief wachsen. Nun wären ein paar gebogene Exemplare kein Beinbruch. Das Millionenheer der Jungbuchen verkraftet den einen oder anderen Ausfall, denn das ist ja der Grund, warum sie so zahlreich sind. Wie viele Bäumchen so ein Reh pro Tag schädigt, wird deutlich, wenn man das Gewicht der Knospen kennt. Es sind zehn Stück, die ein Gramm ergeben. Pro Tag verschwinden demnach bis zu 15 000 Triebspitzen im Magen eines einzigen kleinen Wiederkäuers. Bei natürlichen Wilddichten, also einem Reh pro Quadratkilometer, verkraftet dies der Wald. Wandern aber 50 bis 100 Tiere durchs Gehölz, so hat der Baumnachwuchs keine Chance mehr. Jede Jungbuche wird entdeckt und angefressen, bis schließlich nur noch ein verkrüppelter Kindergarten übrig bleibt.

Die Forstwirtschaft trägt ihren Teil dazu bei, das Dilemma noch zu verschärfen. Von Natur aus herrscht in einem alten Buchenwald ständiges Dämmerlicht, in dem die Sämlinge extrem langsam wachsen. Dadurch sind auch ihre Knospen sehr klein und vergleichsweise nährstoffarm. Aufgrund der geringen Fotosynthese, die die jungen Bäume am Fuß der Elternbäume betreiben können, enthalten die Knospen kaum Zucker. Sie schmecken bitter und sind für Rehe daher nicht so interessant wie die Sträucher am Waldrand. Diese stehen in der prallen Sonne, tanken viel Energie und werden so süß und saftig. Wird ein alter Buchenwald aber ständig durchforstet, gelangt auch hier viel Licht auf den Boden, wodurch die Jungbuchen schneller wachsen. Sie produzieren mehr Zucker, bilden im Herbst dickere Knospen und sind nun als Rehmahlzeit wesentlich attraktiver. Denn die Rehe bleiben als Wildtiere lieber im tiefen Wald, geschützt und gut versorgt durch solche Angebote.

Für die alten Buchen ist das eine Katastrophe. Alle paar Jahre mühen sie sich ab und produzieren überreichlich Eckern, die das Überleben der Familie sicherstellen sollen. Stattdessen enden diese als Futter in den Mägen der Pflanzenfresser. Und das Drama beginnt nicht erst mit den Sämlingen, sondern schon mit dem herbstlichen Fall der Früchte vom Baum. Nun kommen die Wildschweine, die den Boden zerwühlen, um auch ja keinen Samen zu übersehen. Ihren empfindlichen Nasen entgeht kaum etwas und auch hier ist nicht das einzelne Tier, sondern ihre unnatürlich hohe Zahl das Problem. Wo wenige Exemplare noch genügend Eckern für das nächste Frühjahr übrig lassen, bedeutet der mehrfache Besuch großer Rotten verwaiste, umgewühlte Erde. Und

die paar Sämlinge, die das Ganze überleben, werden oft mit Aus-
triebsbeginn im Mai von Rehen und Hirschen vertilgt.

Als Resultat tritt ein Überweidungseffekt auf, ähnlich einer
Viehweide mit zu hohem Besatz. Dort fressen die Kühe so lange
alles schmackhafte Gras und alle saftigen Kräuter, bis nur noch
dorniges oder giftiges Grünzeug übrig bleibt. Brennnesseln, Disteln oder Schlehen überziehen dann im Lauf der Zeit die einst ar-
tenreiche Fläche.

Im Wald ist es nicht anders. Von Natur aus sind Laubbäume,
speziell Buchen, die konkurrenzstärksten Pflanzen Mitteleuropas. Ließen wir unsere Finger aus dem Spiel, würde innerhalb
weniger Jahrzehnte jeder Quadratmeter von ihnen erobert, Gewässer und Moore einmal ausgenommen. Gräser und Kräuter,
Stauden und Sträucher, sie alle hätten keine Chance und wüchsen
lediglich an Flussufern, der Küste oder im Hochgebirge. Diese
Überlegenheit wird durch den Wildfraß zerstört. Die Laubbaum-
jugend bekommt ständig einen Dämpfer und wird wieder und
wieder zurückgebissen, bis sie zu bonsaiartigen Krüppeln mutiert.
Dass diese Büsche, kaum 30 Zentimeter hoch, eigentlich stolze
Urwaldriesen werden sollten, sieht man ihnen auch nach Jahr-
zehnten nicht an. Ihre Konkurrenten, die übrige Pflanzenwelt,
weiß die Chance bestens zu nutzen. Gras, von Natur aus im
Wald sehr selten zu finden, breitet sich teppichartig unter den
verbliebenen Altbäumen aus. Sein Siegeszug wird durch die
Forstwirtschaft stark begünstigt, denn überall dort, wo Bäume
gefällt werden, kommt viel Licht auf den Boden und schafft gute
Wachstumsbedingungen für diese und andere Arten. Ginster,
Fingerhut und Fuchskreuzkraut, das ist ein giftiger Dreiklang der
Flora. Selbst Rehe und Hirsche vergreifen sich nicht an diesen Arten, die sich so quadratkilometerweise ausbreiten können. Schön
anzusehen sind sie allerdings, wenn ihre gelben und roten Blüten den nichts ahnenden Spaziergängern entgegenleuchten. Im

Grunde signalisiert diese Farbenpracht aber, in welch schlechtem Zustand der Wald hier ist.

Laubbäume kann man unter diesen Verhältnissen nur noch mit großen Mühen nachziehen. Kilometerlange Zäune, zwei Meter hoch um jede Anpflanzung gezogen, vermögen wenigstens eine Zeit lang die gierigen Tiere abzuhalten. Bei kleineren Flächen, wo der Aufwand nicht lohnt, wird auf die Gipfelknospen der Setzlinge eine Paste geschmiert. Sie soll den Pflanzenfressern den Appetit verderben.

Die billigste Alternative ist die Pflanzung von Nadelbäumen, denn Fichten, Kiefern oder Lärchen sind für die Leckermäuler uninteressant. Harz, bittere ätherische Öle und stechende Triebe verderben den Genuss, sodass diese Arten nur im allergrößten Notfall angefressen werden.

Die Konsequenz daraus ist, dass überall da, wo einst Laubwald wuchs, mittlerweile nur noch Fichten in Reih und Glied stehen. Zusammen mit den anderen Vertretern der Nadelgehölze bekommt so jeder Förster wenigstens optisch noch so etwas wie Wald zustande. Und hier liegt der eigentliche Grund für die starke Verbreitung von Fichten, Kiefern und Douglasien, den Brotbäumen der Forstwirtschaft. Ohne ihren massiven Anbau gäbe es vielerorts nur noch Buschland. Die grüne Kulisse suggeriert dem Laien, die Wälder der Heimat seien noch intakt.

Unter dem Druck von Naturschutzorganisationen ändern die staatlichen und kommunalen Forstverwaltungen mittlerweile ihren offiziellen Kurs. Jede von ihnen kann ein Laubholzprogramm vorweisen, das die Umwandlung monotoner Plantagen in naturähnliche Wälder beschreibt.[17] Dazu werden die Setzlinge eingezäunt, mit Wuchshüllen ummantelt oder mit Vergällungsmitteln bestrichen. Doch auf ganzer Fläche kann die Rückkehr der Laubwälder trotz aller Bemühungen allein wegen der hohen Wildbestände nicht gelingen. Immer wieder werden große Waldgebiete leer gefressen, wachsen dort nach Jahren doch nur wieder Fichten, deren Samen der Wind herbeigetragen hat. Aus der Not wird dann eine Tugend gemacht und die Forstverwaltungen behaupten einfach, dass das so geplant sei und man einen gewissen Anteil dieser Arten aus wirtschaftlichen Gründen im Wald haben müsse.

Der »schöne« Nebeneffekt: Wenn das Ziel, wieder ursprüngliche Laubwälder entstehen zu lassen, partiell einfach aufgegeben wird, dann gibt es keine Konflikte mehr. Der Förster, zuständig auch für die Einhaltung der jagdlichen Bestimmungen, kann nun großzügig über die Kapriolen der Jäger hinwegsehen. Die halbzahmen Herden von Reh- und Rotwild fressen ja nach dieser Lesart ohnehin nur das, was niemand will.

Tierische Konkurrenz

Im Frühjahr 2012 werden der Bürgermeister und ich in die Staatskanzlei nach Mainz eingeladen. Wir sollen für unser Urwaldprojekt »Wilde Buche« ausgezeichnet werden, welches wir in Hümmel ins Leben gerufen haben. Schon lange wollte ich unsere 200-jährigen Buchenwälder unter Schutz stellen und das ist nun gelungen. Die Gemeinde verpachtet sie an Firmen, die das Holz nicht nutzen und diesen Einsatz für die Natur für ihre Imagepflege verwenden. Daher darf hier kein Baum mehr gefällt werden. Die Preisverleihung im Rahmen des Wettbewerbs »365 Orte im Land der Ideen« kommt uns da sehr gelegen, ist dies doch kostenlose Werbung, die das Projekt noch weiter befeuern kann.

Im Festsaal hängen schwere Kronleuchter von der Decke, denen man die 1950er-Jahre ansieht. Das Publikum klatscht, als der Bürgermeister auf die Bühne gebeten wird. Ich mache ein paar Bilder für die örtliche Zeitung und höre vor lauter Aufregung gar nicht richtig zu, als Ministerpräsident Beck lächelnd ins Publikum spricht: »Der Wolf, den man heute erschossen auffand, wurde natürlich nicht in Hümmel erlegt!« Was als Scherz gedacht war – in Hümmel schreiben wir Naturschutz schließlich besonders groß –, lässt mir das Herz stocken.

Beim Sektempfang diskutieren wir anschließend mit Kurt Beck über die Ursachen. War es das Gefühl, ein wildes Raubtier zu erlegen, das den Jäger eine solche Straftat begehen ließ? Oder hasste er Wölfe, weil sie Konkurrenten um die Hirsche sind? Mir jedenfalls ist nicht nach Lachen zumute, die Feierstimmung ist verflogen. Der einzige Wolf in Rheinland-Pfalz ist nun Geschichte. Wie sehr wünsche ich mir, dieses Raubtier einmal in meinem Revier zu sehen! Einige Meldungen der vergangenen Monate hatten schon Hoffnungen in mir geweckt. Denn als ich im März 2012 mit der Wolfexpertin Elli Radinger über meine Sehnsüchte sprach, erzählte sie mir, dass es vielleicht gar nicht mehr so lange dauern würde, bis die grauen Jäger wieder nach Hümmel kämen. Anfang 2012 gab es einen Zufallsfund in den belgischen Ardennen, kaum 60 Kilometer von mir entfernt. Dort hatten Biologen eine Fotofalle an einem gerissenen Schaf aufgestellt, da sie einen Luchs als Verursacher vermuteten. Zu ihrer Überraschung lichtete der Apparat einen Wolf ab.

Nachdem der Ministerpräsident uns die schlechte Nachricht überbracht hat, google ich rasch mit meinem Handy, wo diese Straftat verübt worden ist. Im Westerwald, also auf der anderen Rheinseite. Es ist zwar nicht »mein« Wolf aus den Ardennen, aber dennoch ein tragischer Verlust. Wie ich später erfahre, meldet sich noch am selben Tag ein 71-jähriger Jäger, dem der öffentliche Druck offensichtlich zu viel geworden ist. Er stellt sich der Polizei und wartet nun den weiteren Verlauf des Strafverfahrens ab.

Leider ist dies kein Einzelfall. Illegale Abschüsse sind der Hauptgrund dafür, dass Europa nicht schon längst wieder flächendeckend mit Raubtieren besiedelt ist. Auch hier ist wieder einmal der Einfluss der Jäger deutlich zu spüren. Dabei ist zum Beispiel der Deutsche Jagdschutzverband eine staatlich anerkannte Naturschutzorganisation. Zusammen mit der Jagdschweiz und der Zentralstelle Österreichischer Landesjagdverbände vertritt er die Interessen von rund 400 000 Jägern. Jäger sind also Naturschützer, zumindest offiziell. Sie kümmern sich um Biotope, legen neue Hecken an, pflanzen Bäume und sorgen sich um das Wohl aller Wildtiere … hauptsächlich jedoch um die, deren Trophäen irgendwann einmal über dem Wohnzimmersofa hängen sollen.

Wenn ein Tier geschossen wird, ist es tot und dann kann man es nicht mehr schützen. Das nun positiv darzustellen, ist nicht ganz einfach. Sinnvoll sind Abschüsse nur bei Arten, deren Bestand ausufert und mangels natürlicher Feinde nicht in den Griff zu bekommen ist. Wildschweine etwa, die bis in die Innenstädte vordringen und sich von Vorgartenbesitzern nicht mehr aus den Blumenbeeten verscheuchen lassen, gehören zu solchen Problemtieren. Ein großer Teil der Jagd wird aber offiziell zum Schutz der Wälder und Felder vor Wildfraß durchgeführt. Jäger würden an die Stelle des nicht mehr vorhandenen Großraubwilds treten und dieses ersetzen, so die Begründung für das blutige Hobby. Bis heute hat das allerdings nirgends richtig funktioniert, wie die leer gefressenen Laubwälder demonstrieren. Ursache ist neben der massiven Fütterung die Abwesenheit von Raubtieren. Wäre es da nicht besser, den Ersatz abzuschaffen und die Originale wieder jagen zu lassen? Zu diesen Spezialisten aus dem Tierreich gehören Luchs, Wolf und Braunbär. Sie alle würden nur zu gern in ihre alte Heimat zurückkehren und überqueren die Alpen und die Oder, um hier neue (alte) Lebensräume zu erschließen. Meiner Überzeugung nach würde es weniger als zehn Jahre dauern, bis in allen ländlichen Gebieten solche Beutegreifer zu Hause wären.

Und doch tun sich die wilden Geschöpfe sehr schwer, unsere dicht besiedelte Landschaft zu erobern.

Lassen Sie mich zunächst die möglichen Folgen der Rückkehr für jede der drei Arten aufzeigen. Der größte und schwerste unter den tierischen Jägern ist der Braunbär. Er kann bis zu 300 Kilogramm auf die Waage bringen und vertilgt als Allesfresser vom Gras bis zum Hirsch jede greifbare Kalorienquelle. Das macht ihn besonders anfällig für die Verlockungen der Zivilisation. Denn wir Menschen sind aus demselben Holz geschnitzt wie Meister Petz, auch wir sind »Allesfresser«. Was uns schmeckt, mögen auch die Bären. Egal ob Kartoffeln, Mais, Hühner oder Bienenhonig – werden solche Leckerbissen ungeschützt in die Landschaft gebracht, bedienen sich die tierischen Konkurrenten nur allzu gern.

Ein Kollege, der in Norwegen zum Thema Bären geforscht hat, berichtete mir von den dortigen Akzeptanzproblemen der Bevölkerung. Im ländlichen Raum, der kaum besiedelt ist, werden die Schafe im Frühjahr in den Wald und die Gebirgsregionen getrieben. Dort bleiben sie den ganzen Sommer ohne jegliche Aufsicht und führen ein freies Leben. Erst im Herbst, vor den großen Schneefällen, sammeln die Besitzer ihr Vieh wieder ein und bringen es in den heimischen Stall. Im gesamten Land leben etwa 150 Braunbären. Das ist sehr wenig, bei dieser Art der Schafhaltung aber dennoch ein Problem. Denn der Kollege berichtete, dass sich die Tiere auf Schafeuter spezialisiert hätten. Dazu würden Schafe mit einem Tatzenhieb betäubt und anschließend die Euter herausgebissen. Zurück blieben schwer verletzte, völlig verstörte Tiere. Die Wut der Bauern ist verständlich und dennoch kann man nur den Kopf über so viel Unverstand schütteln. Wenn die Besitzer schon nicht bereit sind, sich um ihr Vieh zu kümmern, warum setzen sie dann keine Herdenschutzhunde ein? Diese Hunde, etwa der Kuvasz, wachsen mit den Schafen auf und halten sich schließlich selber für eines. Wird nun die Herde von einem Raubtier angegriffen, so verteidigt der Hund seine Familie und schlägt die Angreifer in die Flucht. Einen einzigen Nachteil hat die Methode – sie macht ein wenig Arbeit, denn der Hund muss im Gegensatz zu den Pflanzenfressern gefüttert werden. Ähnliche Schwierigkeiten wie in Norwegen gibt es auch im Alpenraum, weswegen dort auftauchende Braunbären schnell als Problembären angesehen werden.

Wölfe lassen sich in Bezug auf Haustiere ebenfalls gern einladen. Daher wurde den ersten Rückkehrern in Ostdeutschland ein Angebot gemacht, das sie nicht ablehnen konnten. Denn Schafe werden dort häufig schlecht eingezäunt oder sogar getüdert. Dabei wird ein Pflock in die Wiese gerammt, an dem eine Leine befestigt wird. Das angebundene Weidetier kann nun immer schön im Kreis herumlaufen und das Gras fressen. Teure Zäune kann man sich so sparen, aber in Wolfsgebieten ist so eine Haltung grob fahrlässig. Was soll ein Raubtier denn machen, wenn ihm die Beute unentrinnbar festgebunden auf dem Präsentierteller gereicht wird?

Die gerissenen Schafe wurden gleich zur umfassenden Gefahr hochstilisiert. Was wäre, wenn die grauen Jäger eines Tages Kinder töten würden? So kann man in der Bevölkerung Ängste vor Tieren schüren, die nichts mehr als den Menschen fürchten. Auch wenn Sie wochenlang in Wolfsgebieten unterwegs wären, gelänge es Ihnen kaum, wenigstens einen flüchtigen Blick auf eines der Tiere zu erhaschen. Denn wir sind bis heute ihre größten Feinde.

Der Letzte im Bund, der Luchs, wird eher akzeptiert. Er wurde an zahlreichen Stellen in Mitteleuropa wieder eingebürgert, sodass er im Alpenraum und den meisten Mittelgebirgen anzutreffen ist. Der Luchs ist Sympathieträger von Nationalparks, etwa im Harz, und breitet sich nur sehr langsam aus. Dennoch tötet auch er hin und wieder Haustiere. In der Schweiz gibt es hierfür eine

pragmatische Lösung. Luchse, die sich auf Haustiere spezialisie-
ren, dürfen geschossen werden. Das kommt nur in Ausnahmefällen vor, erhöht aber zusammen mit Entschädigungszahlungen
die Akzeptanz unter Landwirten. Trotzdem ereilt die Raubkatze
in vielen Fällen das gleiche Schicksal wie Wolf und Bär. So ist ein
hoffnungsvolles Vorkommen im Süden von Rheinland-Pfalz nahezu erloschen. Und das nicht, weil Jagdkreise Ängste in der Bevölkerung geschürt hätten. Da gibt es viel einfachere Methoden,
die Konkurrenz loszuwerden. Wer kann die Jäger schon kontrollieren, wenn sie nachts auf ihren Hochsitzen einsam im Wald
Ausschau halten? Fällt ein Schuss, so kann er auch Rehen oder
Wildschweinen gegolten haben. Den Kadaver entsorgt man unter
einem Wurzelteller eines umgestürzten Baums, und so erfährt
keine Menschenseele von diesem Frevel. Ich bin fest davon überzeugt, dass eine hohe Dunkelziffer an solch strafbaren Abschüs-
sen für die sehr langsame Ausbreitung von Luchs und Wolf verantwortlich ist. Nur besonders ungeschickte Waidmänner fallen
auf, beispielsweise der Rentner in Rheinland-Pfalz. Vielleicht
fürchten die Jäger, dass sie eines Tages überflüssig werden könnten, wenn die wilden Tiere das Geschäft wieder selber regeln. Ich
persönlich hätte nichts dagegen.

Wir zahlen alle

Nicht nur die Wälder bluten durch den Jagdbetrieb, sondern wir
alle. Ganz wörtlich zu nehmen ist dies bei einigen Autofahrern,
die schwere Unfälle durch Wildkollisionen erleiden. Besonders
gefährlich wird es immer dann, wenn große Säugetiere auf die
Fahrbahn treten – es sind die alten Bekannten Reh, Hirsch und
Wildschwein. Je nach Kombination von Fahrzeuggeschwindig-
keit und Tiermasse führt das zu einem Aufprall mit einer Kraft-

einwirkung von mehreren Tonnen Gewicht. Allein 2011 ereigneten sich laut Angaben der *Motorradzeitung* 2 600 Wildunfälle, bei denen Personen verletzt wurden.[18] Der wirtschaftliche Schaden liegt nach Angaben des Gesamtverbands der Deutschen Versicherungswirtschaft mittlerweile pro Jahr bei einer halben Milliarde Euro.[19] Und der Trend ist ungebrochen. Von den jährlich 240 000 Unfällen mit Wildbeteiligung allein in Deutschland gehen die meisten auf das Konto von Rehen, der Rest ist Wildschweinen, Dam- und Rothirschen zuzuordnen.[20]

Aber was haben die Jäger damit zu tun? Allein in Deutschland gibt es 111 000 Quadratkilometer Wald, in dem ein Reh pro Quadratkilometer ein normaler Bestand wäre. Dass schon fast die doppelte Zahl allein im Straßenverkehr umkommt, hat neben der steigenden Verkehrsdichte mit der Überbevölkerung zu tun. Wo sich die 50-fache Anzahl drängelt, gibt es Ärger. Denn Rehe sind besitzergreifend und verteidigen ihr Territorium erbittert gegen fremde Artgenossen. Und diese Fremdlinge sind meist Jährlinge, deren Mutter sie aufgrund des neuen Nachwuchses verstoßen hat. Auf der Suche nach einer neuen Heimat geraten sie von einem besetzten Revier ins nächste, werden von einem Inhaber zum anderen gejagt und überqueren dabei auch etliche Straßen. Wildunfälle hängen unmittelbar mit dieser Konkurrenzsituation zusammen. Wäre der Bestand im natürlichen Rahmen geblieben, bekäme kaum ein Autofahrer ein Reh zu Gesicht. Der Trophäenkult mit Zucht und Fütterung zeigt sich also direkt in der Unfallstatistik.

Mein persönlicher Tipp: Fahren Sie in der Dämmerung und nachts nicht schneller als mit 60 Stundenkilometern durch Waldgebiete. Das klingt nach Schneckentempo, aber so gelang es mir schon etliche Male, Zusammenstöße zu vermeiden, weil ich rechtzeitig bremsen konnte. Und selbst dann kann noch etwas passieren. Vor vier Jahren fuhr ich im Winter mit meiner Frau von unserer Tanzschule in der Kreisstadt Euskirchen in die stillen Eifelberge zurück, als am Fahrbahnrand eine Hirschkuh auftauchte. Ich bremste und das Tier drehte sich um, als ob es wieder in der Dunkelheit verschwinden wollte. Als ich wieder Gas gab, wendete es jedoch erneut und sprang auf uns zu. Wir hielten die Luft an und warteten auf den Knall. Stattdessen flog die Hirschkuh über das Heck unseres Autos, streifte mit den Füßen kurz den Kofferraum und knickte die Antenne ab. Das war's. Glück gehabt, denn wie ein seitlicher Volltreffer aussieht, zeigte mir ein Dorfbewohner. Er hielt am Weihnachtstag vor dem Forsthaus, um sich eine Schadensbescheinigung für seine Versicherung zu holen. Der Kleinwagen war auf der ganzen rechten Seite völlig eingedrückt und dreckverschmiert – das Resultat eines jungen Hirschs, der den Verkehr offensichtlich noch nicht richtig einschätzen konnte.

Abseits der Straßen geht eine weitere stille Gefahr von Parasiten aus und hier ganz besonders von Zecken. Haben Sie schon einmal von Borreliose gehört? Oder von FSME, der Frühsommer-Hirnhautentzündung? Meine Familie und ich sind schon mehrfach von Borreliose betroffen gewesen.

Borrelioseerreger sind Schraubenbakterien, die durch den Speichel beim Biss der Zecke übertragen werden und zahlreiche schwere Krankheitsbilder hervorrufen können. Hat sich die Zecke länger als 24 Stunden festgesetzt, so ist die Wahrscheinlichkeit einer Infektion recht groß, falls das Tier mit Borrelien infiziert ist. Finden Sie diesen Parasiten daher auf Ihrer Haut, sollten Sie ihn schnellstmöglich entfernen. Von den vielen Tipps, dem Links- oder Rechtsherumdrehen beim Herausziehen, vom Beträufeln mit Öl oder Abflämmen mit einem Feuerzeug, sollten Sie Abstand nehmen. Denn sie können dazu führen, dass die Zecke im Todeskampf noch einmal eine ordentliche Portion infizierten Speichels in Ihre Blutbahn pumpt. Ziehen Sie das Tier einfach mit den Fingernägeln oder einer Pinzette zügig aus der Haut. Bleibt der winzige Rüssel stecken, so spielt das keine Rolle. Er wird nach wenigen Tagen abgestoßen. Um es gar nicht erst so weit kommen zu lassen, sollten Sie bei Wanderungen lange, helle, ungemusterte Hosen anziehen und ab und zu die Vorderseite der Beine kontrollieren. Hier sitzen die frisch abgestreiften Zecken und können abgesammelt werden. Manchmal wird aber doch ein Exemplar übersehen und beißt sich fest.

Kommt es zu einer Borrelieninfektion, so können die Symptome vielseitig sein. Bei etwa 50 Prozent der Betroffenen bildet sich nach Tagen ein großer, kreisförmiger Fleck, die sogenannte Wanderröte. Das ist ein sicherer Hinweis auf eine Infektion, die mit Antibiotika behandelt werden muss. Denn jetzt, im Anfangsstadium, reichen wenige Tabletten für eine erfolgreiche Therapie. In den anderen Fällen können grippeähnliche Erkrankungen auftreten, viele Personen bemerken aber nichts. Und das kann gefährlich werden, denn die Bakterien setzen sich manchmal im Körper fest. Hier können sie viele Organe befallen, einschließlich des Gehirns. Lähmungserscheinungen, Herz-Kreislauf-Erkrankungen, psychische Beeinträchtigungen – die Liste der Folgen ist groß. Möchte man die Borrelien zu diesem späten Zeitpunkt wieder loswerden, so geht das nur mit einem monatelangen massiven Antibiotikaeinsatz. Und der ist oft schädlicher als die Bakterien selbst. Auch in meinem Blut sind die Erreger schon jahrelang nachweisbar, bisher zum Glück noch ohne Beeinträchtigungen. Trotzdem wollte ich gern vorbeugend eine Therapie machen, um die Bakterien aus meinem Körper zu verbannen. Der neurologische Chefarzt unseres Krankenhauses riet mir jedoch deutlich davon ab. Er hätte noch keinen Todesfall durch eine Borrelieninfektion gesehen, sehr wohl aber durch eine Antibiotikatherapie, die die Bakterien beseitigen sollte.

In manchen Gebieten sind mehr als 50 Prozent der erwachsenen Zecken mit Borrelien infiziert. Wenn etwas im Wald wirklich gefährlich ist, dann sind es diese kleinen Biester. Und auch sie sind erst zu einem Problem geworden, seitdem die Jäger ihre intensive Wildzucht betreiben. Denn ihre eigentliche Tankstelle sind die großen Pflanzenfresser. An einem Hirsch können zeitgleich über 100 Zecken saugen, die jeweils bis zu 3 000 Eier legen. Pro Reh oder Hirsch können demnach jährlich Hunderttausende Zecken entstehen. Und da es rund 50-mal mehr Wild gibt als früher, hat sich auch die Zahl der Plagegeister explosionsartig erhöht. Mein persönlicher Rekord an Zeckenbissen liegt 30 Jahre zurück. In meiner Ausbildungszeit streifte ich in kurzer Hose durchs Unterholz meines Lehrreviers. Abends schaute ich zufällig an meinen Beinen herab und erschrak: Die Haut war mit Zecken regelrecht übersät und bei 50 hörte ich zu zählen auf.

Jagd verursacht neben körperlichen und finanziellen Schäden weitere Beeinträchtigungen. Denn dem Naturgenuss, den man beim Wandern erleben kann, fehlt die Würze von zahlreichen Tierbeobachtungen, wie sie etwa in der Serengeti möglich sind. Es gibt einen gravierenden Unterschied zwischen Mitteleuropa und den Nationalparks der Savannen Afrikas. Es ist nicht die Vegetation und es sind nicht die Tierarten, auf die ich hinaus will, sondern das Verhalten der Tiere uns Menschen gegenüber.

1988 reisten meine Frau und ich nach Sambia, damals touristisch bestenfalls marginal erschlossen. Meine Schwester Anne-Kirsten, Beamtin beim Auswärtigen Amt, war für vier Jahre an die Botschaft in Lusaka versetzt worden. Wir besuchten sie für einige Wochen und versuchten, so etwas wie ein Programm aufzustellen, um das Land ein wenig näher kennenzulernen. Das ökologische Highlight war der Südluangwa-Nationalpark. Eine kleine uralte Zweipropellermaschine brachte uns in die menschenleere Region, vom Flugplatz ging es im offenen Jeep zur gebuchten Unterkunft. Unser Stützpunkt war eine primitive Lodge am Ufer des Luangwa-Flusses mit halb offenen, strohgedeckten Hütten, die die Hitze, aber auch die unglaublichen Geräusche der Tierwelt ungehindert bis ans Bett brachten. Die Fahrten hinaus in den Park sind für uns unvergesslich. Elefanten, Gazellen, Gnus und Wildhunde ließen uns sehr nah an sich heran, eine Idylle, die ich so noch nicht erlebt hatte und die ich seither mit Afrika verbinde, sicher verstärkt durch die vielen Reportagen im Fernsehen, die ständig ähnliche Bilder zeigen.

Ich habe mich lange gefragt, warum die Tiere dort so zahm waren. Heute ist mir das völlig klar: Es liegt an den fehlenden Jägern. Überall dort, wo das gefährlichste Raubtier, nämlich der Mensch, offenkundig nichts Böses im Schilde führt, schalten Wildtiere auf Vertrauen um. Dort hingegen, wo scharf geschossen wird, seien es Wilderer oder Trophäenjäger, werden Elefanten, Löwen oder Zebras sehr scheu. Das gleiche Phänomen zeigt sich auch bei uns während der jährlich wiederkehrenden Schonzeit, die etwa für Rehe je nach Bundesland von Februar bis Ende April gilt. Schon diese geringe Zeitspanne reicht aus, damit sich die Tiere auch tagsüber häufiger auf den Wiesen beobachten lassen und die Fluchtdistanz verringern. Sobald Anfang Mai der erste Schuss fällt, verschwinden sie wieder in der Deckung.

In Mitteleuropa wird flächendeckend gejagt, sogar in Schutzgebieten. Somit sind alle jagdbaren Tierarten extrem scheu. Vögel sind dafür ein gutes Beispiel. Auf Krähen, Kormorane, Reiher, manche Greifvögel (was illegal ist), Gänse und Enten wird geballert, was das Zeug hält. Diese Arten halten sich daher von uns fern. Meisen, Amseln oder Rotkehlchen dagegen lassen uns auf wenige Meter heran. Sie stehen nicht auf der Abschussliste, kennen keinen Argwohn und behandeln uns so, als seien wir Kühe oder Pferde. Einzig im städtischen Bereich, in dem sich Jäger nicht betätigen dürfen, können scheue Arten ein wenig zutraulicher werden.

Und dieses Phänomen lässt sich auf alle Arten übertragen. Bei den durchschnittlich 50 Rehen pro Quadratkilometer Wald, zu denen noch je nach Region 10 bis 20 andere große Säugetiere wie Wildschweine oder Hirsche hinzukommen, müssten Sie eigentlich bei jeder Wanderung an wahren Wildtierherden vorbeikommen. Was die Touristen in Afrika begeistert, kann es prinzipiell auch bei uns geben. Gibt es aber nicht. Außer einem einzelnen Reh, welches verschreckt vor Ihnen flüchtet, weil es gedöst hat und unaufmerksam war, werden Tierbeobachtungen eher die Ausnahme bleiben. Grund ist eine völlige Umstellung des Verhaltens der Waldbewohner. Seit über 100 Jahren gibt es so gut wie keine Wölfe, Luchse oder Bären mehr, die Pflanzenfresser bedrohen. Stattdessen sind es Zweibeiner, die Gewehrläufe anlegen und Beute machen. Über viele Tiergenerationen hinweg haben die Jäger einen enormen Druck im Sinn der Evolution ausgeübt. Wer den Waidmännern nicht auswich, landete in der Bratpfanne und konnte sich nicht mehr vermehren. Übrig blieben vorsichtige Rehe und Hirsche, die sich den Gewohnheiten ihrer Feinde mehr und mehr anpassten. Dazu gehört auch die Umstellung der Lebensgewohnheiten. Pflanzenfresser sind fast rund um die Uhr aktiv, nehmen immer wieder Gräser und Kräuter auf, um sie dann in Ruhe wiederzukäuen und zu verdauen. Zwölf Stunden Pause sind da nicht drin, es muss regelmäßig Nachschub geben. Dennoch scheinen Wildtiere nachtaktiv zu sein, denn tagsüber fehlt von ihnen beinahe jede Spur. In der Dunkelheit dagegen herrscht Hochbetrieb. Viele Fahrten über nächtliche Landstraßen bescheren uns Sichtungen der scheuen Gesellen, manchmal leider auch eine Kollision. Diese scheinbare Verschiebung der Aktivitäten hängt mit unserer Orientierungsfähigkeit zusammen. Wird es dunkel, fehlt uns die Sicht, und auf Ohren und Nase können wir uns nicht verlassen. Daher würde niemand in der Dunkelheit einen Marsch durchs Gelände antreten.

Und das hat sich unter den Wildtieren herumgesprochen. Im Dunkeln knallt es nicht, sind die Räuber orientierungslos und nur dann können Reh und Hirsch gefahrlos auf offener Fläche fressen. Tagsüber hingegen, wenn wir voll einsatzfähig sind, verziehen sich die ängstlichen Tiere in den Wald und die Dickichte. Dort schlafen sie keineswegs, sondern äsen immer weiter. Mangels Gras und Kräutern machen sie sich an Blättern, Knospen und Baumrinde zu schaffen. Das schmeckt zwar nicht ganz so gut, füllt aber den Magen. Die Schäden an den jungen Laubbäumen verschärfen sich dadurch erheblich, was hausgemacht ist.

Würden keine Menschen, sondern Raubtiere jagen, dann würde sich das Verhalten rasch ändern. Da die Sicht im dichten Wald nicht so gut ist, bleibt man bei Gefahr durch Beutegreifer auch tagsüber lieber am Waldrand, auf offenem Feld oder im Hochgebirge. An diesen Stellen kann man weit sehen und können sich Wolf und Luchs nicht gut anschleichen.

Buchen- und Eichenkinderstuben sind unübersichtlich und werden gemieden. Tierische Jäger lenken das Wild also dorthin, wo es dem Wald weniger schadet, und reduzieren nebenbei auch den ausgeuferten Bestand noch etwas. Und genau deshalb würde ich die Jagd liebend gern in die Hände der Vierbeiner zurückgeben. Bei gleichzeitigem Verbot der Jagd würde es nur wenige Monate dauern, bis sich Rehe und Hirsche auf die neuen Herren des Walds einstellten. Wie aufregend wäre dann eine Wanderung durch Feld und Flur, bei der Sie sich den großen Säugetieren bis auf 50 Meter nähern könnten. Serengeti in Mitteleuropa, das wäre zu schön, um wahr zu sein. Dabei muss es noch nicht mal zwangsläufig zu einer Verlagerung der Schäden vom Wald ins Feld kommen. Denn wenn Raubtiere das Wild aus dem Wald drängen, dann fällt dieser als Futterquelle zumindest teilweise aus. In der Folge könnte es zu einem Absinken der Wildbestände kommen, denn weniger Futter bedeutet in der Natur immer auch weniger Reproduktion. Solange wir am herkömmlichen Jagdsystem festhalten, solange der illegale Abschuss von Raubtieren als Kavaliersdelikt behandelt wird, werden wir nur sehr eingeschränkt in den Genuss von Tierbeobachtungen kommen. Das ist der Preis für das blutige Hobby einer Minderheit, ein Preis, den wir alle bezahlen.

Verkehrte Verhältnisse

Das Jagdrecht ist seit der Revolution von 1848/1849 an Grund und Boden gebunden. Jeder Besitzer dürfte, einen Jagdschein vorausgesetzt, demnach auf der eigenen Parzelle Wild erlegen. In den wenigsten Fällen sind die Jäger aber selbst Eigentümer der Wälder, in denen sie auf Pirsch gehen. Ein Großteil der Forste ist im Besitz von Staat und Gemeinden oder gehört Privatpersonen. Öffentliche Jagdbezirke werden meist verpachtet, um Geld in die leeren Kassen zu spülen. Bei den Privatwäldern sieht das nicht anders aus. Da die Mehrheit der Besitzer nicht die gesetzlich erforderliche Mindestfläche von rund einem Quadratkilometer erreicht, um selbst jagen zu dürfen, müssen sie sich zwangsweise zu sogenannten Jagdgenossenschaften zusammenschließen. Weitere Zwangsgenossen sind Feld- und Wiesenbesitzer, sodass die gesamte Fläche außerhalb des Siedlungsbereichs jagdlichen Zwecken dient. Wenn Sie eine Wiese oder ein Stück Wald besitzen, so können Sie sich nicht gegen die Jagd auf Ihrem Boden wehren. Oder noch nicht. Denn der Europäische Gerichtshof für Menschenrechte hat in einem Einzelfall entschieden, dass ein Eigentümer kleinerer Parzellen deren jagdliche Nutzung aus Gewissensgründen ablehnen darf.[21] Ob daraus irgendwann allgemeingültige Regelungen werden, ist noch ungewiss.

Die Jagdgenossenschaft kann in ihrem jetzt ausreichend großen Gebiet entweder selbst zur Waffe greifen oder es verpachten. Und da kaum einer aus der bunt zusammengewürfelten Besitzertruppe jagt, geschweige denn weiß, wie man einen Jagdbetrieb organisiert, werden die genossenschaftlichen Bezirke in der Regel zahlungskräftigen Kunden überlassen. Dabei erwerben die Pächter nur das Recht, im Rahmen der gesetzlichen Bestimmungen zu jagen. Die übrige Nutzung, sei es Land- und Forstwirtschaft, sei es Hobbytierhaltung oder einfach nur der Freizeitsport, ist nicht betroffen und kann ungehindert ausgeübt werden.

Staats- und Gemeindewälder und die Millionen privater Parzellen haben eines gemeinsam: Sie sind Eigentum der Bevölkerung. Was zunächst banal klingt, hat eine wichtige Konsequenz: Die Jäger sind in der Mehrheit zahlende Gäste der örtlichen Bevölkerung. Draußen im Wald gewinnt man jedoch oft den Eindruck, es sei genau umgekehrt. Viele Jäger spielen sich gegenüber Waldbesuchern wie die Herren über Leben und Tod auf. Reiter aus dem Nachbardorf haben mir berichtet, dass über ihre Köpfe hinweggeschossen wurde. Sie hatten es gewagt, in der Dämmerung einen Waldweg entlangzutraben, an dessen Rand ein Jäger auf dem Hochsitz auf Beute wartete. Ähnliche Klagen kenne ich von vielen Teilnehmern meiner Waldführungen. Immer wieder werden sie aus einem Jeep heraus angeschnauzt, ihren Hund sofort an die Leine zu nehmen, ansonsten würde er auf der Stelle erschossen. Wenn das Gegenüber cholerisch erscheint und eine Waffe in der Hand hält, nützt die größte Courage nichts, da hält man besser den Mund. Und das ist ganz schön demütigend. Sollte Ihnen so etwas einmal passieren, dann notieren Sie sich wenigstens das Kennzeichen, um diese Nötigung anzuzeigen. Pro Jahr werden etliche Tausend Hunde von Jägern erschossen; genaue Zahlen existieren nicht, da es keine Meldepflicht gibt.

Aber das ist noch nicht alles. So warten jeden Tag zahlreiche Menschen vergeblich auf die Rückkehr ihrer Stubentiger. Während Hundebesitzer in der Regel wissen, wo und weshalb ihr Liebling sein Leben verlor, können Katzenbesitzer nur raten. Denn ihre Tiere streifen weit, teilweise mehrere Kilometer von Zuhause entfernt durch die Feldflur, sodass ihr lebloser Körper nicht gefunden wird. Und ein Jäger hat etwas Besseres zu tun, als sich eine Diskussion mit aufgebrachten Familienmitgliedern aufzuhalsen, und entsorgt das geschossene Tier im nächsten Gebüsch. Nach einem Bericht der Sendung »hundkatzemaus« vom 31. März 2012 werden in Deutschland jährlich rund 400 000 Hunde und Katzen erschossen.[72]

Erlaubt sind diese Tötungen, da der Gesetzgeber von einer Gefahr streunender Haustiere für die Umwelt ausgeht. Das ist sicher nicht völlig abwegig, erbeuten doch gerade Katzen etliche Vögel und Kleinsäuger. Im Verhältnis zu den Umweltschäden durch die Jagd nehmen sich diese Dinge jedoch geradezu niedlich aus.

Nimmt man alle negativen Auswirkungen der Jagd zusammen, dann frage ich mich, warum überhaupt noch eine Jagd verpachtet wird. Schließlich würde doch auch jeder Hotelbesitzer Gäste hinauswerfen, die jede Nacht die Türen eintreten. Da stünde der Mietpreis in keinem Verhältnis zum Schaden. Es liegt vermutlich an der fehlenden Aufklärung der Bevölkerung durch eigene Verwaltungsorgane. Denn Bürgermeister, Stadträte, Förster oder Jagdgenossenschaftsverwaltungen haben oft gar kein Interesse daran, die Zustände zu verändern. Und ob Sie es glauben oder nicht, hinter unserem Rücken geschehen noch ganz andere Dinge, um den Status quo zu zementieren.

Sizilianische Verhältnisse nördlich der Alpen

Kaum hatte ich 1992 die Revierleiterstelle in Hümmel übernommen, bekam ich Jägerbesuch. Es klingelte, und als ich die Haustür öffnete, sah ich in ein strahlendes Gesicht. Ein Blick auf die Kleidung verriet die Zugehörigkeit des älteren Manns. Grüne Kniebundhosen und ein oliv-weiß kariertes Hemd – das konnte nur ein Jäger sein. Er streckte mir die Hand entgegen, die eine Whiskyflasche hielt. »Guten Tag, Herr Förster!«, grüßte er mich. Nur einmal vorstellen wolle er sich, so gehöre sich das ja. Wir säßen doch beide im selben Boot und da könne eine gute Zusammenarbeit nur nützlich sein. Um dies zu unterstreichen, wolle er mir einen Bockabschuss in seinem Revier anbieten. Der Arm wurde ihm allmählich schwer, doch ich machte keine Anstalten, die Flasche zu nehmen. Stattdessen bedankte ich mich höflich und bat um Verständnis, dass mir als Beamtem die Annahme von Geschenken und Begünstigungen verboten sei. Kopfschüttelnd zog der Jäger wieder ab.

Dieses Angebot war keine Kleinigkeit, denn Abschüsse sind eine Menge Geld wert. Rechnet man alle Kosten auf jedes geschossene Tier um, so bezahlt ein Jagdpächter für einen Rehbock bis zu 500 Euro. Leider sind etliche meiner Kollegen sehr anfällig für solche Versuchungen. Denn meiner Meinung nach werden viele nicht Förster, weil sie den Wald lieben, sondern weil sie gern jagen. Wofür andere viel Geld bezahlen, gehört in manchen Revieren zur Dienstaufgabe, sodass der Förster dort quasi offiziell seinem Hobby nachgehen kann. Nach dem Studium stellen diese Kandidaten dann aber fest, dass die meisten Planstellen keine Jagdmöglichkeit einschließen. Und da das schmale Anfangsgehalt nicht für einen eigenen Pachtbezirk reicht, kommen Offerten aus der Jägerschaft wie gerufen. Ganz offen redete neulich ein Förster einer Großstadt bei einer Fortbildung im Kollegenkreis über seine Abschüsse in den verpachteten Jagden seines Reviers. Auf meinen Einwand, dass das doch unzulässig sei, erntete ich nur schiefe Blicke, und zwar von mehreren Teilnehmern.

Wie brisant die Thematik ist, macht eine weitere Aufgabe der Förster deutlich. Sie sind mit polizeilichen Befugnissen ausgestattet und verpflichtet, die Einhaltung der Gesetze im Wald zu kontrollieren und Verstöße anzuzeigen. Hohe Wildbestände, die jeglichen Laubbaumnachwuchs vernichten, illegale Fütterungen, das Aussetzen fremder Arten, all das müsste sofort zur Anzeige gebracht und für Abhilfe gesorgt werden. Wer aber einmal ein Geschenk oder eine Begünstigung angenommen hat, träfe damit seinen Gönner, der häufig ein gewiefter Geschäftsmann ist und genau weiß, was ein Förster darf oder was nicht. Käme eine Vorteilsnahme im Amt ans Tageslicht, so wäre es mit der Beamtenkarriere vorbei. Da reicht ein Wink mit dem kleinen Finger und die Waldhüter verstummen. Manche auch nicht, doch was sie äußern, ist leider nicht im Sinn des Waldes. Sie machen sich vielmehr zum Sprachrohr der Jägerschaft und spielen die Schäden durch die Jagd herunter. Solche Förster lassen sich in ihrer Freizeit als Jagdaufseher bezahlen oder übernehmen den Vorsitz eines Hegerings, einer Vereinigung von Jagdpächtern der Region zur Hege (und Vermehrung) des Wilds. Das wiederum ist ein Glücksfall für die Jäger, denn so bekommen sie für ihr Treiben ein amtliches Gütesiegel.

Auf diese Art und Weise ist der staatliche Kontrolleur schon mal aus dem Rennen. Doch die übrigen Verantwortlichen werden ebenso umsorgt, zum Beispiel die Gemeinden als Waldbesitzer oder die Vorstände der Jagdgenossenschaften. Zu Besprechungen laden die Jäger ins Wirtshaus, Speis und Trank gehen auf ihre Rechnung. Wer mag in solch fröhlicher Runde noch Missstände monieren oder die Stimmung verderben, indem er auf einer anderen Meinung beharrt? Besondere Entscheidungsträger, wie etwa der Bürgermeister, werden mit Extrapräsenten bedacht. Von solchen Fällen habe ich in meiner beruflichen Umgebung regelmäßig erfahren. Und was ist mit Otto Normalverbraucher? Auch er wird nicht vergessen, wie ich vielfach erlebt habe. Da spendet der Pächter für den Kindergarten, das Dorfgemeinschaftshaus oder für die Seniorenfeier oder hilft klammen Sportvereinen und Kirchen. Die Weckmänner am herbstlichen Martinsfeuer, Nikolauspräsente oder Schultüten, Freibier beim Sommerfest: Das Geld ist gut angelegt. Denn gerade auf dem Land gibt es so keinen Widerspruch, wenn Jagdaufseher illegal Futter ausstreuen oder der halbe Wald aufgefressen wird.

Natürlich gibt es auch korrekte Kollegen, die ihren Wald mit viel Herzblut schützen möchten. Doch selbst wenn ein engagierter Förster kriminelle Zustände angehen will, hat er nach solcher Vorarbeit keine Chancen mehr. Denn gegen den geballten Widerstand der Ortsansässigen hat er keinerlei Aussichten, Recht und Gesetz zur Geltung zu verhelfen. Daher gibt es meist nur die Wahl, zu resignieren oder sich auf eine andere Stelle zu bewerben, etwa in den Innendienst.

Zu den Bestechungen, wie man das in aller Deutlichkeit bezeichnen muss, kommt noch ein archaisches Obrigkeitsdenken hinzu. Der Jagdpächter ist der moderne Lokalfürst, ersetzt den früheren Adel und wird oft mit dem gleichen Respekt behandelt. Daher wird er vielerorts tatsächlich auch als Jagdherr tituliert. Wie ungeniert sich diese aufführen, hat mir ein Kollege aus der Eifel erzählt. Dort hatte ein Pächter illegal Muffelschafe ausgesetzt, um seinen Wildbestand aufzustocken. Das ist verboten, aber die waldbesitzende Gemeinde protestierte nicht. Obwohl ihr Wald nun in höchste Gefahr geriet, unterstützte sie ihren Pächter noch bei seinem Treiben. Die Schafe seien eine touristische Attraktion, daher sei der Bestand zu legalisieren. Um diesen Standpunkt zu dokumentieren, installierte der Pächter mit Zustimmung der Gemeinde ein Muffeldenkmal mitten im Ort. Dreister kann man nicht signalisieren, dass man auf Gesetze und Verordnungen pfeift.

Weg mit der Jagd?

Vor diesem Hintergrund stellt sich mir die Frage, ob man die Jagd nicht einfach abschaffen sollte. Da die Lobby beste Beziehungen zur Politik hat, bleibt diese Überlegung rein hypothetisch, aber trotzdem lohnt es sich, einmal über die Konsequenzen nachzudenken. Die wenigen Förster, die wirklich ökologisch wirtschaften, würden sicher Sturm laufen. Denn ohne eine Reduzierung der großen Pflanzenfresser wäre an eine ökologische Waldwirtschaft nicht zu denken. Die innige Mischung von Altbäumen und ihrem Nachwuchs auf kleinster Fläche, die behutsame Entnahme einzelner Exemplare, deren Platz sofort von jungen eingenommen wird, das Wirtschaften mit heimischen Baumarten, chemie- und kahlschlagsfrei: Soll man das alles aufs Spiel setzen? Denn infolge nicht regulierter Wildbestände würde gebietsweise jede kleine Buche, Eiche oder Esche kurz nach ihrem Keimen vertilgt. Aber müssen sie nicht nur deshalb so viel schießen, weil die konventionellen Jäger in der Nachbarschaft die Tiere füttern?

Einer Antwort kann man sich über die Anzahl der Abschüsse am Beispiel der Rehe nähern. Normalerweise müsste jeder Treffer dafür sorgen, dass die Wildbestände sinken. Da aber jedes Jahr neue Jungtiere auf die Welt kommen, reduziert sich die Gesamtzahl nur dann, wenn mehr geschossen als geboren wird. Und genau das bezweifle ich.

In meinem Forstrevier werden pro Quadratkilometer Wald 15 bis 20 Rehe erlegt. Das liegt deutlich über dem Durchschnitt der meisten Jagdreviere und dennoch zeigt sich bei der Waldvegetation keine Entlastung. Immer noch wird so viel wie früher abgefressen, woraus sich schließen lässt, dass die Population nicht zurückgeht.

Ein weibliches Reh bekommt pro Jahr ein bis zwei Kitze. Und da vom Gesamtbestand jedes zweite Tier trächtig wird, liegt die Reproduktionsrate bei über 50 Prozent. Wenn pro Jahr 20 Tiere geschossen werden, zusätzlich etliche Rehe von allein verenden und keinerlei Rückgang der Fraßschäden festzustellen ist, dann kann man von mindestens 40 bis 50 Tieren pro Quadratkilometer ausgehen. Und das in der rauen Eifel, die nicht gerade für üppige Vegetation und damit günstige Nahrungsverhältnisse für Pflanzenfresser bekannt ist.

In den meisten Gegenden Deutschlands, Österreichs und der Schweiz wird viel weniger geschossen, die Wilddichten sind aber mit Sicherheit ähnlich hoch wie in Hümmel. Wenn weniger Tiere erlegt als geboren werden, dann müsste der Bestand explodieren und der Wald irgendwann förmlich überquellen. Das ist jedoch nicht zu beobachten, was bedeutet, dass sich die Zahl von allein auf einem hohen Niveau eingependelt hat. Anders ausgedrückt, die Jäger schießen weniger Tiere, als ohnehin verenden würden. Solange sich das nicht ändert, ist die Jagd absolut unnötig, ganz im Gegenteil: Würde man die Jäger entwaffnen, könnten sich Wolf und Luchs viel rascher ausbreiten, deren Wirken für den Wald sicherlich ein Segen wäre.

Eine Berechtigung hätte Jagd aber weiterhin, nämlich die Abschreckung allzu aufdringlicher Waldbewohner. Bei Konflikten gerade im Randbereich der Städte sollte es erlaubt sein, zahme Wildtiere, die gefährlich werden können, zu schießen. Damit würden die Arten eine gewisse Scheu behalten und auf Abstand zu Siedlungen bleiben. Allerdings würde sich so der »Serengetieffekt« kaum einstellen, blieben Beobachtungen erschwert. Ob solche Maßnahmen notwendig würden, hinge davon ab, wie viel Toleranz jeder von uns Wildtieren entgegenbringen würde.

Eine solche Jagdreform werden wir alle wohl nicht erleben. Aber wenn man die Jagd schon nicht abschafft, sollte man sie dann nicht wenigstens professionalisieren? Denn stellen Sie sich vor, bei Ihnen stünde eine schwere Operation an. Eine Niere muss entfernt werden und Sie liegen bereits fertig hergerichtet auf dem OP-Tisch. Da sehen Sie Ihren operierenden Arzt. Es ist Ihr Nachbar, von dem Sie genau wissen, dass er Chef eines Autohauses ist. Darauf angesprochen, ob er Sie heute operieren würde, antwortet er: »Aber sicher. Und keine Sorge! Ich habe einige Wochenendkurse bei einem Metzger gemacht und zudem schon einem Arzt über die Schulter geschaut.«

Und so ähnlich geht es draußen in Wald und Flur zu. Es sind lauter Hobbyschützen, die da mit Kugeln und Schrot durch die Gegend schießen. Zwar muss vor dem Griff zur Waffe der Jagdschein gemacht werden, doch kann man diesen mittlerweile nach einem dreiwöchigen Kurs erwerben, und der Ausweis gilt danach lebenslang. Selbst Senioren, die kaum noch auf den Hochsitz kommen, legen mit zitternden Fingern auf Hirsche oder Wildschweine an. Wundert es da, wenn es regelmäßig zu tödlichen Jagdunfällen kommt? Je nachdem, ob man den Zahlen der Jagdverbände, der Jagdgegner oder der statistischen Ämter glaubt, sind es im deutschsprachigen Raum jährlich bis zu acht Menschen, die ihr Leben auf diese Weise aushauchen.[23] Eine der gefährlichsten Tätigkeiten überhaupt, das Hantieren mit Schusswaffen in einer der am dichtesten besiedelten Regionen der Welt, wird von einem Heer von Laien ausgeübt. In Deutschland, Österreich und der Schweiz pirschen rund eine halbe Million Freizeitjäger durchs Unterholz. Muss das sein? Wäre es nicht besser, dieses Geschäft Profis zu übertragen? Denn wenn die Wildbestände reguliert werden müssen oder aufdringliche Raubtiere in Schach zu halten sind, würde ich scharfe Gewehre lieber in den Händen von Berufsjägern sehen. Zumindest aber sollten sie es sein, die den Jagdbetrieb regeln und den Laien auf die Finger schauen. Mit der Verstaatlichung dieser Aufgabe würden auch gleich alte Zöpfe abgeschnitten. Wildfütterung, Bestechung, Anpöbeleien – das würde zusammen mit den Hobbyschützen verschwinden.

Eine andere Möglichkeit wäre die Rückkehr zur Bürgerjagd, wie sie 1848 eingeführt wurde. In Hümmel sind wir zumindest auf einer Teilfläche des Gemeindewaldes diesen Weg gegangen. Der Pachtvertrag des bisherigen Jägers wurde nicht verlängert und nun jagen die Einwohner dort selber. »Bricht jetzt der Wilde Westen aus?«, werde ich häufig gefragt und das wundert mich. Denn illegale Zustände sind ja fast schon ein Markenzeichen traditioneller Jagd. Wir dagegen sind bestrebt, gesetzliche Anforderungen umzusetzen. Dazu werden Rehe, Hirsche und Wildschweine im Rahmen der behördlichen Freigaben gejagt, um die Bestände abzusenken, die in den Nachbarjagdrevieren herangezüchtet werden. Unser Ziel ist, dass die Waldbäume wieder ungestört wachsen können – und das machen sie seit inzwischen zehn Jahren zusehends! Es bereitet mir große Freude, wenn ich durch die Buchenkindergärten gehe, die unbeschädigt unter ihren Elternbäumen stehen. Hin und wieder ist sogar eine besonders gefährdete Weißtanne darunter, bestes Zeichen für einen Wildbestand auf vertretbarem Niveau.

Der Jagdbetrieb ist streng geregelt. Jeder Bürger mit Jagdschein darf kostenlos jagen, was im öffentlichen Wald schließlich sein gutes Recht ist. Wer davon Gebrauch macht, meldet sich bei einem Mitarbeiter an, sagt, welchen Hochsitz er benutzen will und wann er draußen im Revier ist. Zudem gilt ein strenger Verhaltenskodex. So ist es unter anderem verboten, eine Waffe auszupacken, solange Waldbesucher in Sichtweite sind. Denn die sind bei uns schließlich gern gesehen. Der Vorteil der Bürgerjagd ist neben gedeihenden Wäldern auch eine neue Verbundenheit mit dem Wald. Wer jagt, kennt schließlich die Problematik überhöhter Wildbestände und ist am Schutz des Gemeindewalds stärker interessiert.

Aber nicht jedem gefällt das. Ganz besonders nicht den Revier-nachbarn, den Pächtern alten Stils. Und so blies mir mit Eröff-nung der Bürgerjagd ein heftiger Gegenwind ins Gesicht. Beson-ders wütend war ein Nachbarjäger aus Nordrhein-Westfalen. Die Landesgrenze ist bei uns gleichzeitig Reviergrenze, sodass wir diesem unmittelbar in die Suppe spuckten. Das Wild, sein Wild, wanderte nämlich auch in unseren Bezirk und da wurde es ge-fährlich. Denn was zu viel ist, wird bei uns geschossen. Da konnte es geschehen, dass der sorgsam herangehegte Rehbock, der erst in drei Jahren mit voll ausgebildetem Gewelh geschossen werden sollte, zu uns herüberkam und starb. Das durfte nicht sein! Und so setzte der Nachbar sein ganzes Gewicht ein, um mich zu brem-sen. Es stellte sich heraus, dass er Landtagsabgeordneter war, und als solcher beschwerte er sich beim Umweltministerium in Rhein-land-Pfalz. Damals war ich noch Landesbeamter und das Ministe-rium mithin meine oberste Dienststelle. Normalerweise wäre das die Katastrophe schlechthin gewesen und darauf setzte der Abge-ordnete. Er schilderte meine Praxis als rechtswidrig und hoffte, dass ich von ganz oben gemaßregelt würde. Doch zusammen mit dem Bürgermeister hatte ich die Änderungen gut vorbereitet und war mir sicher, dass wir sowohl rechtlich als auch moralisch kor-rekt handelten. Eine entsprechende Antwort kam dann auch aus Mainz, sodass wir unseren Kurs unbeirrt fortsetzten. Leider kam es auch zu unschönen Attacken, so etwa zu einem anonymen Drohbrief. Es ist kein schönes Gefühl, abends im Forsthaus zu sitzen, ringsherum der dunkle Wald, und zu wissen, dass einem jemand etwas Böses will. Aber auch diese Zeit ging vorüber und die Jägerschaft hat den Hümmeler Sonderweg mittlerweile wider-willig akzeptiert.

Unter Schutz gestellt

Die tropischen Waldflächen schmelzen wie Schnee in der Sonne und täglich können wir Horrormeldungen über illegale Abholzungen, Brandrodung und die Ausrottung seltener Arten lesen. Doch wie sieht es eigentlich bei uns selber aus? Was macht der Schutz unseres eigenen Naturerbes, unserer heimischen Ökosysteme? Genügt er den hohen Ansprüchen, die wir für fremde Länder formulieren?

Tatsächlich saß die heimische Forstwirtschaft im 20. Jahrhundert auf einem hohen Roß. Nachhaltigkeit? Haben wir erfunden! Naturschutz? Den liefern wir gratis nebenbei! Bis heute gilt die sogenannte Kielwassertheorie, auch wenn den Begriff kaum noch jemand in den Mund nehmen mag. Sie besagt, dass im Zuge ordnungsgemäßer Forstwirtschaft sämtliche anderen Waldfunktionen automatisch mit abgedeckt werden und damit auch der Schutz der Umwelt. Lange hat die Öffentlichkeit den Forstverwaltungen dieses moderne Märchen abgenommen. Nadelholzmonokulturen, Insektizideinsätze, Großmaschinen – das kann dem Ökosystem nicht guttun, und mittlerweile lässt sich der rücksichtslose Umgang nicht mehr verheimlichen. Den Naturschutz, der sich im Kielwasser dieses Treibens von allein einstellen sollte, gibt es nicht. Und daher fordern Umweltverbände und Bürgerinitiativen in den letzten Jahren lautstark mehr Rücksichtnahme ein. Ziel ist eine stärkere Annäherung unserer Kunstwälder an die Natur. Und genau hier taucht ein riesiges Problem auf. Denn niemand scheint so recht zu wissen, in welche Richtung es gehen soll. Schließlich gibt es in Mitteleuropa bis auf zweifelhafte winzige Reste keine Urwälder mehr.

Was ist eigentlich schützenswert …

… und was Naturschutz? Das sind interessante und wichtige Fragen, denn in Mitteleuropa werden vielfach nicht nur vom Menschen unberührte Ökosysteme, sondern auch alte Kulturlandschaften, die einen hohen Artenreichtum aufweisen, als schützenswert betrachtet. Dabei spielt es keine Rolle, ob diese Arten hier ursprünglich heimisch waren. So sind zum Beispiel Weißstorch, Feldhamster oder Heidelerche Spezies, die hier erst durch menschliche Aktivitäten großräumig Fuß fassen konnten. Doch wenn diese Tiere als schützenswerter Naturbestandteil angesehen werden, wo soll man dann eine Grenze ziehen? Was ist etwa mit den ausgesetzten Waschbären, die ganze Siedlungen mit ihrem Schabernack heimsuchen? Ist demnach alles, was in Wald und Feld unterwegs ist, per se zu fördern?

Wie sehr die Grenzen verschwimmen, zeigt regelmäßig der ehrenamtliche Naturschutz. Da werden ursprüngliche Haustierrassen, etwa Konikpferde oder Heckrinder, in Naturschutzgebieten ausgesetzt, um eine Beweidung mit Tarpanen, ausgestorbenen europäischen Wildpferden, und Auerochsen nachzustellen. Das ist zwar idyllisch, aber nichts anderes als extensive Landwirtschaft. Und wenn nun schon Haustiere in die Schutzbemühungen integriert werden, warum dann nicht alle seltenen Rassen oder gleich alle Haustiere? In letzter Konsequenz muss bei dieser Logik dann auch der Mensch als Natur, sein Umfeld als schutzwürdig gelten. Wo soll man also die Grenze zwischen schützenswert und nicht schützenswert ziehen, sollen alle Anstrengungen in diesem Bereich nicht zur Farce werden?

Diese Fragen sind mir sehr wichtig, da meiner Meinung nach mit dem momentan üblichen Gebrauch des Begriffs Naturschutz der Schutz echter, unberührter Natur verwässert wird. Ich finde es viel sinnvoller, die Vielfalt ursprünglicher Lebensräume zu schützen. Denn die Kulturfolger sind im Gegensatz zu unseren alten Urwaldarten in ihrer eigentlichen Heimat, häufig die warmen Steppen des südosteurasischen Raums, in der Regel nicht gefährdet. Eine echte Naturlandschaft kann meiner Meinung nach nur das Gegenteil einer Kulturlandschaft sein. Bei uns wäre das demnach neben Wasser-, Moor- und Hochgebirgsflächen reiner Urwald. Bei einer anderen Auslegung des Naturbegriffs bekommen wir ein Problem. Was ist beispielsweise mit Brasilien? Auf vielen einstigen Regenwaldflächen breiten sich Graslandschaften aus, die von völlig anderen Arten besiedelt werden. Das kann regional durchaus einen Anstieg der Biodiversität bedeuten und dennoch käme niemand auf den Gedanken, dies auch noch zu fördern. Würden die Brasilianer so etwas als Naturschutz bezeichnen, so ernteten sie in Europa nur Kopfschütteln.

Bei der bisher üblichen Verwendung des Begriffs Naturschutz ist es kein Wunder, dass die Wiege der deutschen Naturschutzgebiete in der Lüneburger Heide liegt. Die idyllische Landschaft mit ihren Wacholderbüschen, den Heidekrautpolstern und dem einsamen Schäfer, der seine Herde bewacht – gibt es ein schöneres Sinnbild für unberührte Natur? Das Gelände wurde 1921 als eines der ersten in Deutschland unter Schutz gestellt. Und es ist ein Maßstab für die Art der Fürsorge geworden, die wir der Umwelt zuteilwerden lassen.

Die Lüneburger Heide war, wie jedes trockene Fleckchen Land in Mitteleuropa, einst ein alter Laubwald. Schon vor Jahrtausenden holzten ihn unsere Vorfahren ab, um Ackerfläche zu gewinnen. Immer wieder konnten Buchen und Eichen Fuß fassen, bis damit vor etwa 1 000 Jahren endgültig Schluss war und der Mensch gesiegt hatte. Lange währte die Freude an der Landwirtschaft allerdings nicht, denn mangels künstlichen Düngers waren die Böden schnell ausgelaugt, sodass sie nicht mehr für den Getreideanbau taugten. Daraufhin breitete sich Heide aus, die nur noch als Schafweide taugte. Und da Stroh Mangelware war, rissen die Bauern die kleinen Sträucher aus und nutzten sie als Einstreu in den Viehställen. Dieser Raubbau an Nährstoffen und Humus zerstörte die Flächen endgültig und die kargen, trostlosen Landschaften waren lange Zeit ein Bild des Elends. Viel schlimmer konnte man in vorindustrieller Zeit keine Umweltzerstörung betreiben. Im 20. Jahrhundert änderte sich jedoch die Wahrnehmung und die Bevölkerung der wachsenden Ballungsgebiete empfand die Heide als romantische Natur. Die Sehnsucht nach der heilen Welt gipfelte in *dem* Heimatfilm »Grün ist die Heide«, in welchem vor der Kulisse des Lüneburger Naturschutzgebiets Förster, Wilderer und Gutsbesitzer aufeinandertreffen.

Und was macht die Natur mit diesem Kleinod? Sie will es einfach wieder zu Wald werden lassen, was der natürliche Werdegang der meisten Ökosysteme Mitteleuropas wäre. Am Anfang siedeln sich Bäume an, die mit ihren Samen schnell große Strecken überbrücken können. Birken, Weiden und Zitterpappeln erobern das Terrain. Sie gehen sehr verschwenderisch mit dem Licht um, sodass unter ihren lockeren Kronen in den nächsten Jahrzehnten Eichen, vor allem aber Buchen nachrücken können – beziehungsweise könnten. Denn die Naturschützer halten die Heide für so erhaltenswert, dass sie sie mit allen Mitteln verteidigen, und zwar überall, nicht nur in Lüneburg. Die harmloseste Waffe ist noch der Schäfer mit seinen Schafen. Die hungrigen Tiere fressen mit Vorliebe an den jungen Bäumchen, ähnlich den Rehen und Hirschen im Wald. Birken und Weiden werden so noch als einjährige Bäume beseitigt. Zum Leidwesen der Verantwortlichen findet sich jedoch kaum noch jemand, der bei Wind und Wetter draußen bei seiner Herde ausharren möchte. Selbst saftige Prämien bringen da kaum Abhilfe. Und weil die wenigen Schafe nicht gegen den Lauf der Natur ankommen, wird zu härteren Maßnahmen gegriffen.

Die letzte Stunde der jungen Bäume schlägt, wenn eine Art Feuerwehr anrückt. Doch die will nicht löschen, sondern macht mit ihren treibstoffgefüllten Spritzgeräten genau das Gegenteil. Gleich einem Flammenwerfer wird die Vegetation damit entzündet und der aufkeimende Wald verwandelt sich in Rauch und Asche. In der Dritten Welt würde man so etwas Brandrodung nennen, bei uns geschieht das im Namen des Naturschutzes.

Manchmal gibt sich die Natur auch dann noch nicht geschlagen und möchte noch immer in eine andere Richtung. Denn problematisch für den Erhalt der Heide sind nicht nur die Bäume, sondern auch die Erholung der Böden. Sobald der Raubbau beendet ist, bildet sich wieder eine Humusschicht, die ein besseres Pflanzenwachstum ermöglicht. Die Erikasträucher ertrinken regelrecht in der Konkurrenzvegetation von Kräutern und Büschen. Was liegt da näher, als diese Bodenerholung zu stoppen? Dazu wird der gesamte Oberboden mit einer Planierraupe abgeschoben und beseitigt, sodass die nackte Erde übrig bleibt. Jetzt ist die Heide wieder im Vorteil und die natürliche Entwicklung bleibt außen vor.

Ersetzen Sie Heide durch Weinberge, Magerwiesen oder Streuobstbestände. In all diesen Landschaften wird der Wald gewaltsam an der Rückkehr gehindert. Nicht dass ich das alles kategorisch ablehnen würde. Alte Kulturformen sind schützenswert, genauso wie etwa denkmalgeschützte Häuser in Freilichtmuseen. Auch ich finde es romantisch, alte Zeiten wieder aufleben zu lassen. Was mich stört, ist die in meinen Augen irreführende Benutzung des Begriffs Natur bzw. Naturschutz. Wäre die Lüneburger Heide als Kulturschutzgebiet deklariert, so wüsste jeder Besucher, dass hier eine historische Nutzungsform wiederbelebt wird. Allerdings würde dann auch deutlich, wie wenig Fläche wir tatsächlich ohne jegliche Manipulation belassen.

Fragwürdige Bemühungen

Es ist paradox. Über Jahrtausende haben sich unsere Vorfahren bemüht, die Natur so weit zu zähmen, dass von ihr keine Gefahren mehr ausgehen, sondern nur noch Gutes zu erwarten ist – und jetzt ist es endlich so weit. Es gibt kaum noch Raubtiere, vor denen sich Viehhalter ängstigen, die wilden Wälder sind abgeholzt und durch Äcker, Wiesen und Holzplantagen ersetzt worden. So muss das Paradies aussehen, zumindest in den Augen unserer Vorfahren. Doch scheinbar ist mit der Wildheit auch die Seele des heimischen Lebensraums entschwunden und diese vermissen wir nun schmerzlich. Also soll das Rad der Geschichte zurückgedreht werden. Allerdings nicht zu weit, denn wir fühlen uns in der Kultursteppe sehr wohl. Ausdruck dieser Zwiespältigkeit sind die Schutzgebiete, die im Lauf der letzten 100 Jahre ausgewiesen worden sind. Denn ursprüngliche Natur kommt in den offiziellen Reservaten nicht mehr zurück. Und das soll sie auch nicht, weshalb jedes Naturschutzgebiet einen Pflegeplan erhält, der beschreibt, welches Bild entstehen soll.

Bachtäler leiden ganz besonders unter dieser Freizeitarchitektur. Denn ein romantisch durch bunte Blumenwiesen murmelndes Gewässer wird von Wanderern sehr geschätzt. Gaukeln dann noch farbenfrohe Schmetterlinge über die Blüten, so scheint das Glück perfekt. Das gilt allerdings nur für die Touristen. Die Wasserorganismen hingegen leiden unbeobachtet unter der Oberfläche.

Von Natur aus stehen entlang von Wasserläufen Auwälder. Hier kommen ausnahmsweise nicht die Buchen zum Zug, sondern Erlen, Eschen, Eichen oder Pappeln. Und diese Bäume regulieren die Wassertemperatur. Im März, noch vor dem Laubaustrieb, kann die Sonne den Bach erwärmen. Salamanderlarven, Bachflohkrebse und Fische kommen so schnell auf Betriebstemperatur. Im Mai schlagen Erlen und Pappeln aus und nun wird es dunkel. Dadurch wirkt sich die sommerliche Hitze nicht so stark aus und das Wasser bleibt angenehm kühl. Im Herbst lassen die Bäume nach dem Laubfall dann wieder genügend Wärme durch, um den Bachtieren noch ein wenig Aktivität zu ermöglichen. Ein perfektes Zusammenspiel, nur der Mensch ist nicht zufrieden. Und daher werden Bachtäler selbst in Naturschutzgebieten frei gehalten, denn es ist ja viel schöner, im hellen Sonnenschein spazieren zu gehen …

Entlang der Fließgewässer verbleibt oft nur eine einzige Baumreihe, um wenigstens optisch einen Hauch von Natürlichkeit zu produzieren. Als Begründung wird häufig der Schutz seltener Vogelarten angeführt, die ihrerseits auf Wiesen angewiesen sind.[24] Dabei sind diese Arten oft Kulturfolger, sie haben sich dem Menschen und seiner Kultursteppe im Lauf der letzten Jahrtausende angeschlossen. Und nun müssen sie als Alibi herhalten für eine Form des Naturschutzes, der alles schützt, nur eines nicht: die ursprüngliche Natur.

Streng genommen ist es eine Form von Landschaftsgärtnerei, die in solchen Arealen betrieben wird, eine Art Park, der hübsch hergerichtet wird. Da so etwas, wie schon am Beispiel der Lüneburger Heide beschrieben, sehr aufwendig und teuer ist, gibt es noch andere Kategorien, so etwa das Landschaftsschutzgebiet. Dort gibt es wenige Einschränkungen bei der Nutzung, es soll lediglich der ökologische und optische Charakter einer Region erhalten werden. Diese Kategorie scheint ein regelrechter Schlager zu sein und umfasst mittlerweile fast ein Drittel der bundesdeutschen Fläche. Werden in diesen Gebieten das Landschaftsbild und der Naturhaushalt wirklich geschützt? Leider nein – und wie bei allem, was inflationär betrieben wird, entfaltet diese Schutzform nur eine geringe Wirkung. Bauvorhaben und andere Eingriffe werden lediglich etwas strenger geprüft. Wird etwa Wald gerodet oder ein Bach zerstört, so muss ein Ausgleich erfolgen, indem andernorts neue Bäume gepflanzt werden oder eine befestigte Uferböschung renaturiert wird. So gleicht das Schutzgebiet einer Arbeitsbeschaffungsmaßnahme, die Beamte und Gärtner beschäftigt. Gebaut und gebaggert werden darf trotzdem, aber eben mit entsprechenden Zusatzkosten.

Beispielhaft für die Vielzahl weiterer Schutzkategorien sei das Vogelschutzgebiet genannt. In der Europäischen Union gibt es ein Schutzgebietsnetz, das in den letzten Jahren unter der Bezeichnung »Natura 2000« eingerichtet wurde. Auch mein Revier ist von dieser Regelung betroffen, denn es liegt im Vogelschutzgebiet Ahrgebirge, welches immerhin 305 Quadratkilometer umfasst. Ein Großteil sind Wälder, aber auch Wiesen wurden mit aufgenommen. Das Gebiet soll den Lebensraum seltener Vogelarten wie Schwarzspecht, Schwarzstorch oder Hohltaube erhalten. Nach der offiziellen Verkündung des Schutzstatus wartete ich gespannt, welche Bewirtschaftungsrichtlinien nun erlassen würden. Denn um Vögel wirkungsvoll zu schützen, kann man in der Forstwirtschaft einiges machen. So verbietet es sich zum Beispiel, in der Brutzeit Bäume zu fällen. Als Förster kann ich keine Nester in den dichten Baumkronen erkennen und so ist es unvermeidlich, dass etliche Vögel ihre Brutstätten verlieren. Ich versuche jedes Jahr, dies zu vermeiden. Spätestens im März sollte alles Holz, das zum Verkauf ansteht, gefällt und verkauft sein. Doch leider kann ich oft nicht so, wie ich will. Denn viele Sägewerke und Papierfabriken sind mittlerweile dazu übergegangen, sich nur noch für wenige Wochen zu bevorraten. Senken sie ihr Rohstoffwerkslager von einem Fünfmonatsbedarf auf den von nur zwei Monaten, so sparen sie 60 Prozent Lagerkosten ein. Deshalb wird einfach laufend frisches Holz nachgekauft, das die Forstbetriebe auf Abruf fällen müssen. Das Sägewerkslager befindet sich heute streng genommen im Wald, und zwar in Form lebender Bäume. Der Ausdruck »Just in time« klingt in den Ohren vieler

Betriebswirte wie Musik, denn eine Lieferung auf den Punkt, genau nach dem Bedarf der Industrie, ist rationell und vernünftig. Leider trifft das nicht auf den Rohstoff Holz zu.

Früher wurde Holz nur im Winter geschlagen. Zu dieser Jahreszeit sind die Stämme relativ trocken, da sich die Bäume in einer Ruhephase befinden. Der Frost lässt die Wege zu beinharten Pisten erstarren, auf denen der Abtransport ohne große Schäden erfolgen kann. Zudem hat die Natur Pause und eine Störung der empfindlichen Tier- und Pflanzenwelt hält sich in Grenzen.

Heute wird rund ums Jahr durchforstet. Das nasse Holz des Sommers, die Bäume stehen nun in vollem Saft, wird dann in den Sägewerken mit hohem Energieaufwand getrocknet, um die Qualität von Winterholz zu erreichen. Der gesamte Wald bekommt keine Atempause mehr: In der warmen Jahreszeit, wenn das Leben pulsiert, kreischen die Motorsägen und brummen die Erntemaschinen. Damit die riesigen Aggregate sich auch lohnen, sind sie mit Scheinwerfern bestückt und können selbst nachts arbeiten. Es gibt keine Ruhe, weder für Mensch noch Tier.

Ich wende in meinem Revier zwar schonende Methoden an, muss mich aber ebenfalls dem Diktat der Industrie beugen und im Sommer Holz liefern. Ansonsten würde der Forstbetrieb in eine finanzielle Schieflage kippen, denn wer nicht liefert, wird eben einfach ausgelistet.

Seit einigen Jahren befindet sich mein Arbeitsbereich also in einem Vogelschutzgebiet. Staatlicherseits werden damit die Rahmenbedingungen verändert, und genau dafür liebe ich unser System. Wenn die Wirtschaft bestimmte Aspekte aus den Augen verliert, muss der Staat, muss die Bevölkerung dafür sorgen, dass die Spielregeln angepasst werden. Aber welche Spielregeln? Zu einem Schutzgebiet gehören zwangsläufig Bestimmungen, wie der Schutz zu erreichen ist. Für Vogelschutzgebiete gibt es solche Vorschriften allerdings vielfach bis heute nicht, leider auch nicht für meinen Bereich. Will ich Schwarzstorch und Co wirksam schützen, so müsste ich als erste Maßnahme den Sommereinschlag verbieten. Da ich das aus den genannten Gründen nicht kann, wäre dies eine sinnvolle Beschränkung, die die Schutzgebietsverordnung enthalten sollte. Das wäre einfach zu kontrollieren, denn sobald bei sommerlicher Hitze Motorsägenlärm oder Maschinengebrumm durch Wald und Flur dröhnen würde, wüsste jeder, dass der zuständige Förster vorschriftswidrig handelt.

Warum ich mir solche staatlich verordneten Beschränkungen wünsche? Weil sie für alle gleichermaßen gelten und so keine Benachteiligung Einzelner bedeuten. So weit wird es aber nicht kommen, da bin ich mir ganz sicher. Stattdessen werden schwammige Formulierungen das Bild bestimmen, werden einzelne Bäume mit Nestern in den Kronen von der Nutzung ausgenommen. Doch wer soll das kontrollieren? Wenn der Baum einmal gefällt worden ist, kann kaum noch jemand den Verstoß im Gewirr der abgesägten Zweige entdecken, geschweige denn rückgängig machen. Und bei rund 20 000 Bäumen, die ein Förster im Jahr fällen lässt, können selbst Naturschutzorganisationen mit Hunderttausenden Mitgliedern nicht genug ehrenamtliche Helfer abstellen, um die Einhaltung der Bestimmungen zu überwachen. Aber Förster gelten ja als unverdächtig und somit als Garanten für das Wohl unserer gefiederten Mitgeschöpfe.

Ein besonders bizarres Beispiel liefert der Schwarzstorch. Ich weiß noch, wie aufgeregt ich war, als Ende der 1990er-Jahre die ersten Exemplare in meinem Revier auftauchten. Die Vögel standen für unverfälschte, intakte Ökosysteme, brauchen sie doch stille Wälder und saubere Bäche. Und sofort schrieben sich die Forstverwaltungen die Rückkehr der scheuen Tiere auf ihre Fahnen, nahmen sie als Beweis der gelungenen ökologischen Wirtschaftsweise. Ich glaubte das eine Zeit lang auch, bis ich von einer wissenschaftlichen Theorie erfuhr, welche mir diese Illusion raubte. Sie ging davon aus, dass die Störche nur deswegen zu uns zurückgekehrt sind, weil ihre Lebensräume im Baltikum gestört worden waren. Durch den Fall des Eisernen Vorhangs und den wirtschaftlichen Aufschwung der Ostseeanrainerstaaten wurden auch die dortigen Wälder stark durchforstet und verloren ihre ökologischen Qualitäten. Das klang logisch, da sich die Forstwirtschaft bei uns im gleichen Zeitraum eher verschärft denn verbessert hatte. Bei der Wahl zwischen Pest und Cholera hatte sich ein Teil der Schwarzstörche dann für die Plantagenwirtschaft im Westen entschieden, weil es hier vielleicht doch noch ein wenig beschaulicher zugeht. Wie lange das noch so ist, werden uns die majestätischen Vögel mit ihrer Anwesenheit signalisieren.

Um störungsempfindliche Arten auf Dauer bei uns zu halten, führt kein Weg an echten Schutzgebieten vorbei. Echt, das bedeutet: ohne jegliche Einflussnahme durch uns Menschen. Und echt heißt auch: groß genug.

Die Größe von Schutzgebieten

Hier in Mitteleuropa ist uns jedes Maß für natürliche Verhältnisse abhandengekommen. Ursprünglich hatten unsere steinzeitlichen Vorfahren pro Person mehrere Quadratkilometer Platz um sich herum. Früchte sammeln, Tiere erbeuten, Hütten bauen und Feuer machen, das verlangte der Umwelt einiges ab. Und damit das Füllhorn der Natur nicht versiegte, konnte nur eine begrenzte Anzahl Menschen in den Wäldern existieren. Heute sind es Hunderte unserer Art, die sich mit ihresgleichen einen einzigen Quadratkilometer teilen. Wohnhäuser, Fabriken, Autobahnen, Äcker und Wälder, alles muss auf diese Fläche passen. Uns macht das nicht viel aus, denn wir sind es nicht anders gewohnt. Ländliche Verhältnisse wie bei mir in Hümmel, wo nur 30 Menschen auf den Quadratkilometer kommen, scheinen uns leer und einsam. Und diese Einstellung liegt leider auch der Festlegung der Schutzgebietsgröße zugrunde.

Einer der größeren Nationalparks in Deutschland ist der Bayerische Wald, der rund 250 Quadratkilometer umfasst. Für menschliche Verhältnisse ist das eine riesige Fläche, für die Tiere aber nur ein kleines Gebiet. Denn für sie herrschen quasi immer noch steinzeitliche Verhältnisse, sodass ihre Besiedlungsdichte von den Umweltbedingungen abhängt. Und weil diese im Verlauf der Monate und Jahre stark schwanken und es mal mehr, mal weniger zu fressen gibt, müssen die Reviere sicherheitshalber sehr groß sein. Das wird deutlich, wenn man sich den Flächenbedarf einiger Beispielarten ansieht. Spechte benötigen nur Waldareale von etwa 0,1 bis einen Quadratkilometer, für den Schwarzstorch muss es schon erheblich mehr sein. Die relativ kleine Wildkatze, die sich überwiegend von Mäusen ernährt, beansprucht pro Tier immerhin drei bis sieben Quadratkilometer. Für den Luchs müssen es mehr als 50 sein und ein Wolfsrudel ist unter 200 Quadratkilometern nicht zu haben.

Um eine stabile Population zu erhalten, in der es nicht zur Inzucht kommt, sollten es schon einige Hundert Tiere sein, die sich in einem Lebensraum tummeln. Zwar kommt es unter den Artgenossen zu Überschneidungen der Reviergrenzen, sodass etwas mehr Exemplare in einem Gebiet leben, dennoch kann man die genannten Flächengrößen als groben Anhaltspunkt mindestens mit dem Faktor 100 multiplizieren. Will man beispielsweise den Luchs wieder heimisch machen, so muss man ihm 5 000 Quadratkilometer und mehr zur Verfügung stellen. Und jetzt wird auch klar, warum der so groß scheinende Nationalpark Bayerischer Wald viel zu klein für echten Artenschutz ist. Selbst der größte Nationalpark der Alpen, die österreichischen Hohen Tauern, reichen mit 1 815 Quadratkilometern nicht aus. Denn hier wird noch ein weiteres Phänomen sichtbar: Große Flächen werden nur dort geschützt, wo der Mensch kaum wirtschaften kann. Die Hochlagen der Berge mit ihren schroffen Hängen und Geröllfeldern lassen sich großzügig der Natur schenken. Schade nur, dass der geringe Nutzen auch für die Tiere gilt. Wo kaum etwas wächst, wo die Sommer eiskalt und die Winter endlos lang sind, gibt es für Luchse wenig zu fressen. Pflanzen und mit ihnen die Pflanzenfresser leben eben zumeist lieber in wärmeren Lagen, also weiter talwärts. Dort aber haben schon die Landwirte ihr Terrain abgesteckt. Was wir wirklich bräuchten, wären große Schutzgebiete im Mittelgebirge oder im Flachland. Dort wollen wir aber nicht auf Äcker und Forste verzichten, nur damit ein paar wilde Tiere einen Lebensraum finden.

Es gibt noch einen anderen Ansatz, sich der erforderlichen Größe von Schutzgebieten zu nähern. Was bei uns zu Hause gilt, sollte meiner Meinung nach auch in den Tropen angestrebt werden und umgekehrt. Für Deutschland gibt es beispielsweise das Fünfprozentziel. 2007 beschloss die Bundesregierung, bis 2020 Wälder in dieser Größenordnung stillzulegen, dort also die Forstwirtschaft zu untersagen. Streng genommen müsste es anders formuliert werden, da nur ein knappes Drittel der Bundesrepublik bewaldet ist, wodurch aus den 5 nur 1,6 Prozent der Gesamtfläche werden.

Aber immerhin, das wären 5500 Quadratkilometer. Damit würden wir zwar nur gut die Hälfte der Größe des Yellowstone-Nationalparks in Nordamerika erreichen, aber Deutschland ist ja auch dichter besiedelt, da tut jedes Schutzgebiet entsprechend mehr weh. Es ist ein weltweit zu beobachtendes Phänomen: Je menschenleerer die Landschaft, desto größer die Schutzgebiete und umgekehrt. Das ist auch sinnvoll, denn dünn besiedelte Gebiete sind in der Regel auch ursprünglicher, weisen mehr schutzbedürftige Arten auf und sind vor allem leichter als Nationalpark auszuweisen, da es kaum Widerstände aus der Bevölkerung gibt. Kein Wunder, dass die größten Schutzflächen Deutschlands im Wattenmeer zu finden sind. Wald ist da schon etwas völlig anderes, und so gesehen sind die angepeilten Prozentzahlen ein echter Fortschritt.

Wer nun aber glaubt, diese Flächen würden zügig aus dem Verkehr gezogen und der Natur zurückgegeben, der täuscht sich. Denn die Einrichtung von Reservaten bedeutet ja auch, jemandem Nutzungsrechte wegzunehmen. Auf privatem Land hätte dies Entschädigungsforderungen zur Folge, was die Maßnahme extrem verteuern würde. Billiger wird es, wenn man trickst. Dazu lässt die Regierung ermitteln, wie viele Wälder schon heute nicht genutzt werden, und zwar nicht nur Nationalparks, sondern auch von privaten Eigentümern. Diese wissen oft gar nicht mehr, wo ihre kleinen Grundstücke liegen, da das Interesse an der Waldbewirtschaftung in den vergangenen Jahrzehnten sehr zurückgegangen ist. Diese Parzellen sollen dann einfach hinzugerechnet werden, obwohl an die Bäume im neuerdings aufkommenden Brennholzboom jederzeit wieder die Motorsäge angesetzt werden könnte.

Auf eine Anfrage der Grünen, ob denn Flächen hinzugekauft werden sollten, antwortete die Bundesregierung, dass man auf das Prinzip der Freiwilligkeit setze.[25] Nur: Wer lässt sich schon freiwillig in seinen Rechten beschränken, selbst wenn er sie aktuell nicht nutzt? Angesichts ständig steigender Holzpreise wird die Bereitschaft entsprechend abnehmen, Stämme einfach den Spechten und Pilzen zu überlassen. Und so gelten fünf Prozent geschützte Waldfläche weiterhin als Minimalkonsens, der jedoch noch nicht mal konsequent umgesetzt wird.

Ich bin der Meinung, dass nur das, was bei uns vorgelebt wird und Standard ist, auch anderen Ländern guten Gewissens zur Umsetzung empfohlen werden kann. Lassen Sie uns daher einmal einen Blick nach Brasilien werfen. Der Amazonasregenwald unterliegt den gleichen Begehrlichkeiten wie unsere heimischen Forste. Wertvolles Holz, potenzielles Weideland und Entwicklungsflächen für Straßen und Siedlungen liegen dort brach und »warten« nur darauf, endlich am Wirtschaftskreislauf teilzunehmen. Gewiss, es ist schon viel abgeholzt worden, etliche Arten sind für immer verschwunden. Und doch, es ist kaum zu glauben, stehen noch rund 80 Prozent der ursprünglich vorhandenen Wälder. Ich wünschte, das bliebe so, und ähnlich sehen es viele Menschen der westlichen Industrienationen. Die Umweltverbände mühen sich in großen Kampagnen, die Regierung zum Schutz dieses Menschheitserbes zu bewegen. Und auch unsere Politiker werden nicht müde, den Raubbau im Urwald anzuprangern. Wir alle miteinander sind aber keine ernst zu nehmenden Gesprächspartner mehr, seit die Menschen in Brasilien registriert haben, wie wir es selber mit dem Naturschutz halten.

Bei uns gibt es keine Urwälder mehr, und ihre Rückkehr auf fünf Prozent der heutigen Waldfläche wird noch nicht einmal halbherzig forciert. Pro Kopf liegt das Bruttoinlandsprodukt in Deutschland bei über 30 000 Euro[26], während die Brasilianer pro Kopf nur 10 000 Euro (12 600 US-Dollar)[27] erwirtschaften und sie immerhin noch fünf Millionen Quadratkilometer (fast 60 Prozent des Staatsgebiets) ursprüngliche Wälder haben! Das ist mehr als die zehnfache Fläche Deutschlands, Österreichs und der Schweiz zusammen. Diesen Menschen möchten wir nun vorschreiben, ihre riesigen Flächen nicht zu nutzen. Pro Einwohner Brasiliens wären dies 25 000 Quadratmeter Waldfläche, die nicht mehr angetastet werden dürften. Legt man die von der deutschen Bundesregierung angestrebten fünf Prozent einmal auf die Gesamtbevölkerung um, so müsste jeder von uns auf die Nutzung von 65 Quadratmetern verzichten. Welch ein Unterschied!

Damit Sie mich nicht falsch verstehen, ich plädiere nicht für die Freigabe des Amazonasgebiets, für dessen Abholzung oder gar Bebauung. Nein, vielmehr erwarte ich eine moralisch einwandfreie Position von den Regierungen der reichen Industriestaaten. Und so eine Position kann nur in einem guten Vorbild bestehen. Wer, wenn nicht wir, kann es sich leisten, großzügig zu sein und Fehler der Vergangenheit zu korrigieren? Was wir den ärmeren Staaten mit intakter Naturausstattung empfehlen, sollten wir zuallererst vor der eigenen Haustür vorleben. Aber selbst die lächerlichen 65 Quadratmeter geschützte Waldfläche pro Einwohner sind noch lange nicht in Sicht.

Vielleicht muss man diese Entwicklung langfristiger sehen. Wenn Nationalparks nur ein erster Schritt hin zur Rückkehr der Natur sind, wenn die Gebiete über die Jahre größer werden und wir den wilden Tieren eines Tages genügend Raum zur Verfügung stellen, dann kann ich dem Status quo etwas Positives abgewinnen. Aber selbst dieser erste Schritt, die Errichtung der heutigen viel zu kleinen Parks, ist nur gegen schwerste Widerstände möglich.

Streitfall Nationalpark

Immer wenn ein Schutzgebiet der strengeren Kategorie errichtet werden soll, etwa die Kernzone eines Biosphärenreservats oder ein Nationalpark, gibt es Widerstand. In erster Reihe stehen die Förster, Seite an Seite mit der Holzindustrie und Teilen der örtlichen Bevölkerung. Die Waldnutzung aufzugeben, hat für jede dieser Gruppen eine andere Bedeutung. Als erstes Argument der Einwohner gegen die Schaffung des Schutzgebiets wird die Tradition genannt. Haben nicht Generationen vor ihnen schon den Wald genutzt und dennoch ist er am Ort des geplanten Nationalparks erhalten geblieben? Oder mehr noch, haben ihn nicht erst die Förster zu jenem Naturjuwel gemacht, als das er nun so erhaltenswert ist? Die Förster beklagen dann, für ihre ökologische Wirtschaftsweise auch noch bestraft zu werden. Denn hätten sie ihre Wälder verkommen lassen oder in Fichtenplantagen verwandelt, so wäre kein Umweltverband auf die Idee gekommen, hier etwas schützen zu wollen.

Die Holzindustrie schließlich verweist im Chor mit den Forstverwaltungen auf wegfallende Arbeitsplätze. Kein Holz – nichts zu tun, so einfach sei das. Und darunter hätten alle im ländlichen Raum zu leiden, denn neben dem Einkommen gingen auch Steuereinnahmen verloren. Nun sind Waldarbeiter, Förster und Sägewerker nicht gerade die zahlenmäßig stärksten Berufsgruppen. Nach meiner Schätzung gibt es pro zwei Quadratkilometer Waldfläche einen Mitarbeiter der Forstverwaltung einschließlich des Personals beauftragter Unternehmen. Das wären für Deutschland etwa 55 000 Arbeitsplätze. In den Sägewerken der Bundesrepublik arbeiten immerhin 23 000 Menschen.[28] Das reicht den PR-Strategen argumentativ offensichtlich noch nicht aus, um gegen Schutzgebiete vorzugehen. Die geschätzten ein bis zwei Prozent Holz, die jährlich durch die Stilllegung nicht mehr genutzt werden dürften, werden als untragbarer Verlust dargestellt. Und dazu wird ein neuer Begriff in die Debatte eingeführt, der Cluster. Ich habe dieses Wort zuerst in Zusammenhang mit einem Müsli kennengelernt. In der geöffneten Verpackung entdeckte ich zusammengeklumpte Flocken, die in eine weiße Masse aus Zucker und Milchpulver eingebettet waren. Dieses Bild geht mir nicht mehr aus dem Kopf und vielleicht kann ich Industriecluster deswegen nicht ernst nehmen. So ein Klumpen bedeutet in der Wirtschaft die Zusammenarbeit verschiedener Unternehmen, die denselben Rohstoff bearbeiten oder ähnliche Produkte erzeugen. Da ist es sinnvoll, wenn man gemeinsam Forschung betreibt, sich an einem

Standort ansiedelt und so Fachkräfte binden kann oder auch Spezialeinrichtungen zusammen nutzt. Ein klassisches Beispiel hierfür ist das Silicon Valley in Kalifornien.

Vor einigen Jahren kam die Forst- und Holzwirtschaft auf die Idee, sie seien ebenfalls ein Cluster. Aufgrund der räumlichen Entfernungen, man kann die Wälder schließlich nicht einfach zusammenlegen, ergibt das zumindest für Forstbetriebe wenig Sinn. Für Sägewerke auch nicht, denn wenn mehrere von ihnen an einem Standort nebeneinander arbeiten, machen sie sich gegenseitig Konkurrenz, wie etliche Beispiele zeigen. Ihr Rohstoff, Baumstämme, lässt sich nur unter hohen Transportkosten über größere Strecken anliefern. Und nur wer genug aus den nahen, heimischen Wäldern bekommt, kann auf Dauer bestehen. Darüber hinaus streiten sich die Betreiber aufgrund der überall aufgebauten Überkapazitäten schon heute um die Gunst der Waldbesitzer.

Der Cluster dient in diesem Fall einem ganz anderen Zweck, denn er lässt sich prima für Stimmungskampagnen gebrauchen. Um sein Gewicht und damit seine Wirkung zu vergrößern, wird der Cluster »Forst und Holz« sehr großzügig definiert und umfasst nicht nur Forstverwaltungen und Holzindustrie. Auf den Internetseiten des Waldzentrums der Universität Münster können Sie nachlesen, was die Branche alles unter dem Begriff subsumiert.[29] Da werden nicht nur Transportunternehmen und Zulieferer, sondern auch die Möbel- und Papierindustrie sowie Druckereien und Verlage hinzugerechnet. Als ob das nicht reichte, zählen die Forscher auch noch rund zwei Millionen Waldbesitzer hinzu, von denen viele nicht einmal wissen, wo ihre Parzellen überhaupt liegen.

In der Summe ergibt das eine geballte Wirtschaftsmacht. Das Waldzentrum zählt 185 000 Betriebe auf, die 181 Milliarden Euro Umsatz mit über 1,3 Millionen Beschäftigten erwirtschaften.[30]

Diese Zahlen werden von den staatlichen Forstverwaltungen nur zu gern übernommen, denn Holz und seine Verarbeitung sind so gerechnet wichtiger als alle anderen Industriezweige einschließlich der Automobilindustrie.

Und diesem volkswirtschaftlich entscheidenden Zweig will eine Nationalparkinitiative das Wasser bzw. das Holz abdrehen? Damit jedem bewusst wird, was das genau bedeutet, werden die gerade genannten Zahlen in Beschäftigungsverhältnisse umgerechnet. Das Einschlagpotenzial Deutschlands liegt bei rund 80 Millionen Kubikmetern.[31] Pro 100 Kubikmeter eingeschlagenem Holz ergeben sich dann 1,7 Arbeitsplätze. Diese Menge kann jährlich auf 0,1 Quadratkilometer Waldfläche erzeugt werden. Gehen wir davon aus, dass ein geplanter Nationalpark 100 Quadratkilometer Fläche umfassen soll, so werden durch dessen Ausweisung laut dieser Kalkulation 1 700 Menschen arbeitslos.

Es entstehen natürlich auch neue Beschäftigungsmöglichkeiten. Ranger, Wanderführer oder touristische Mitarbeiter – Arbeit gibt es in Hülle und Fülle. Doch ist sie schwer zu beziffern. Denn gingen nicht auch vor der Unterschutzstellung Urlauber wandern, aßen nicht ebenfalls Touristen in den örtlichen Restaurants? Und diese Umsätze gab es trotz oder wegen der nachhaltigen Forstwirtschaft. Sie sehen, es ist sehr schwer, das argumentative Dickicht zu durchdringen.

Um die klagenden Förster mit ins Boot zu holen, sollen sie beteiligt werden. Dazu werden ihre Waldarbeiter zu Rangern umgeschult und sie selber behalten ihre Reviere im Nationalpark. Damit räumen Politiker zwar Widerstände aus dem Weg, aber ob damit dem Wald ein Gefallen getan wird, möchte ich bezweifeln.

Ein Nationalpark ist die strengste Schutzkategorie unter den großflächigen Reservaten. Hier soll die Natur die Regie übernehmen, während sich der Mensch zurücknimmt und in die Rolle des bloßen Beobachters schlüpft. Das Zauberwort heißt Prozessschutz. Im Gegensatz zum normalen Naturschutzgebiet wird nicht eine bestimmte Landschaftsform, werden nicht bestimmte Arten erhalten und gepflegt, sondern der Erhalt der natürlichen Abläufe steht im Mittelpunkt. In der Praxis bedeutet dies den Verzicht auf jegliche Form der Einflussnahme und, was für amtliche Schützer noch viel schwerer zu ertragen ist, einen offenen Ausgang der Entwicklung. Ob sich das Gebiet tatsächlich in einen Urwald verwandelt, welche Baumarten dort Fuß fassen werden, das weiß keiner so genau. Dies ist das Spannende an Nationalparks und macht sie für Wissenschaftler interessant. Das Konzept wird bestens umgesetzt, etwa in Brasilien, Südafrika oder Kanada. Dortige Wälder und Savannen werden großflächig in Ruhe gelassen und die Tiere und Pflanzen vom Menschen nicht belästigt, mit Ausnahme von gelegentlichen Safaris. Eigentlich eine Selbstverständlichkeit, nur leider nicht bei uns.

Hier legt man die heimischen Parks rigoros an die Kette. Damit trotzdem formal alles seine Richtigkeit hat, nennt man sie kurzerhand Zielnationalparks.[32] Und nun beginnt die Wortklauberei. Ziel bedeutet, dass man noch nicht dort ist, wo man hinwill. Also gibt es einen Weg, den man verfolgen muss, um es eines fernen Tages zu erreichen. Der Fahrplan sieht dafür 30 Jahre vor, in denen die Mitarbeiter noch gestalten dürfen. Und diese Mitarbeiter sind nun leider keine Biologen oder andere ausgebildete Naturschützer, sondern Förster und Waldarbeiter und gehören damit zu der Gruppe, vor denen der Wald zukünftig eigentlich geschützt werden sollte. Das ist in etwa so, als würde man Metzger mit der Zusicherung, ihren Beruf auch weiterhin an den Tieren ausüben zu dürfen, für die Betreuung von Gnadenhöfen einstellen.

Die Auswirkungen für den Wald sind verheerend. Wie ich im benachbarten Nationalpark Eifel feststellen konnte, wurden dort mehrfach Kahlschläge in Nadelwäldern durchgeführt. Das offizielle Ziel lautete, dass die Buche zurückkehren soll. Kleine Buchen

brauchen aber nun einmal Schatten, und wenn es keine Elternbäume gibt, so können ersatzweise auch große Fichten diesen
Dienst übernehmen. Unter ihrem Schirm wachsen die Sämlinge
empor und können eines Tages die benadelten Kollegen ablösen.
Mit den Kahlschlägen erlischt aber diese Option. Und weil das
Holz auch noch mit schwerstem Gerät geerntet wird, ist anschließend der Boden unwiderruflich geschädigt. In der heißen Sonne
verbrennen dann die kleinen Buchen und ihre Wurzeln vertrocknen im verklumpten Erdreich. Das Ziel, einen Buchenurwald zu
bekommen, wird so um 100 Jahre zurückgeworfen. Ersetzen Sie
die Eifel durch den Harz, den Bayerischen Wald oder Rügen, überall bewirkt die helfende Hand der Förster Schäden an den ihnen
anvertrauten Parks. Meine einzige Hoffnung ist, dass langfristig
Biologen die grünen Wirtschafter nach ihrer Pensionierung ablösen. Das wären je nach Parkeröffnung noch bis zu 30 Jahre – für
Bäume nur ein kurzer Augenblick.

Schutz durch Nutzung?

Müssen es denn wirklich so wenige Schutzgebiete sein? Wäre es
nicht viel schöner, wenn die Natur auf der ganzen Waldfläche
völlig ungehindert zu ihrem Recht käme? Das geht bei uns nicht
mehr, denn dazu sind wir einfach zu viele. Bauholz, Papier oder
Brennstoffe müssen irgendwo herkommen, und wenn wir hier
bei uns die Bewirtschaftung einstellten, so wüchse der Druck auf
fremde Waldflächen, auf deren Hölzer wir dann verstärkt zu-
rückgreifen würden.[33, 34] Genauso argumentiert übrigens die
Forstlobby: Für jeden Nationalpark, den wir in Europa ausweisen, wird ein unberührtes Waldgebiet der Tropen erschlossen,
um den Ausfall bei der Rohstoffversorgung zu kompensieren.[35]
Daher können wir es uns nicht leisten, auch nur einen Quadrat-

kilometer zusätzliche Fläche aus der Nutzung zu nehmen. Ich halte das für vorgeschoben. Denn wenn wir ein neues Schutzgebiet einrichten, so könnten wir unseren immensen Verbrauch etwa an Papier gleichzeitig ein wenig reduzieren. Immerhin sind wir selber für den Naturerhalt bzw. die Naturzerstörung hier bei uns verantwortlich. Verzicht ist nicht populär und das Prinzip der Freiwilligkeit wird uns hier nicht schnell genug weiterbringen. Daher sollte meiner Meinung nach der Holzverbrauch über staatliche Maßnahmen gedrosselt werden. Ein möglicher Schritt wäre der Wegfall von Subventionen für Holzfeuerungen. Warum muss man einen Brennstoff, der ohnehin schon erheblich billiger als Öl oder Gas ist, noch finanziell besserstellen? Oder wie wäre es damit, das Ziel, den Holzverbrauch weiter zu steigern, aufzugeben? Denn die stolze Meldung des *Holz-Zentralblatts* vom September 2012, dass der Holzverbrauch nun endlich über die von der Bundesregierung und der Holzwirtschaft angepeilten 1,3 Kubikmeter pro Kopf und Jahr angestiegen sei[36], ließ mir die Haare zu Berge stehen. Umgerechnet bedeutet das nämlich, dass wir schon heute 40 Prozent mehr Holz verbrauchen, als in den heimischen Wäldern nachwächst. Bei einer solchen Politik fällt natürlich jedes neue Schutzgebiet besonders ins Gewicht.

Die Waldbesitzer argumentieren weiter, dass die heimische Forstwirtschaft so vorbildlich sei, dass es gar keiner Stilllegung von Waldgebieten bedarf. Alle Funktionen des Ökosystems seien berücksichtigt und die Rücksichtnahme auf sie würde wegfallen, wenn man Förstern und Sägewerkern Flächen wegnähme. Immer öfter fällt in Fachkreisen der Begriff Segregation. Dieser bezeichnet in diesem Zusammenhang die Trennung von Naturschutz- und Nutzfunktion, also die Aufteilung in Nationalpark hier und Forstwirtschaft da. Sollte das Wirklichkeit werden, so müsse die Allgemeinheit damit rechnen, dass auf den ungeschützten Flächen umso rücksichtsloser gearbeitet wird.[37] Eine freche

Drohung, wie ich meine, denn die Forstgesetze, die einen schonenden Umgang mit dem Wald vorschreiben, gelten selbstverständlich auch dann noch. Und davon abgesehen wird bereits heute auf einem Niveau gearbeitet, das in meinen Augen nicht mehr viel tiefer sein kann.

Die Lobbyisten plädieren stattdessen für Integration. Die Integration von Naturschutz und Forstwirtschaft auf ein und derselben Fläche funktioniert aber in der Praxis leider noch nicht einmal ansatzweise. Am Beispiel Biotopholz lässt sich das besonders gut nachvollziehen. Als Biotopholz werden alle Bäume bezeichnet, die für Waldtiere, Moose, Pilze und Flechten spezielle Lebensräume bieten. Da wären etwa die Horstbäume, in deren Kronen Greifvögel, aber auch Schwarzstörche und andere Arten gewaltige Nester bauen. Diese werden oft viele Jahre hintereinander genutzt. Ähnlich ist es mit Höhlenbäumen. Meist sind es Spechte, die den Anfang machen und ein Zuhause in den Stamm zimmern. Im Lauf der Jahre fault der Bau immer weiter aus und der Wohnraum wird größer. Andere Vogelarten, aber auch Fledermäuse und Käfer ziehen als Nachmieter ein. Allmählich entsteht eine Großhöhle, die Biologen ob ihrer Artenvielfalt begeistert.

Bricht eine Krone ganz ab, so bilden manche Exemplare eine Ersatzkrone. Teilweise blättert die Rinde am Stamm ab, weil die neuen, kleinen Äste mit ihren wenigen Blättern diese Masse nicht versorgen können. Die Mischung aus lebendem und totem Holz am Stamm ruft eine ganz eigene Lebensgemeinschaft von Pilzen und Käfern auf den Plan. Und dann wäre da noch das Totholz, wahres Gold, das Ökologen in Verzückung versetzt. Zu Recht, denn hier treten besonders viele gefährdete Arten auf. Abgestorbene Bäume werden im Wald allerdings selten toleriert. Einerseits stellen sie wunderbares Brennholz dar, das von der Natur bereits ofenfertig vorgetrocknet worden ist. Andererseits beleidigen sie das Auge des Wirtschafters, denn schließlich stehen diese ungenutzten, verfallenden Exemplare für ein Versagen des Försters, der die Bäume rechtzeitig vor ihrem endgültigen Ableben nutzen soll.

Es gibt eine Vielzahl verschiedener Biotopbäume, die alle ein großes Problem eint. Da sie nicht verwertet werden sollen, endet ihr Leben nicht mit der Motorsäge, sondern mit dem natürlichen Zerfall. Und das bedeutet, dass der Stamm irgendwann zu Boden stürzt. Was in der Natur ein millionenfacher selbstverständlicher Vorgang ist, wird für Waldarbeiter zur tödlichen Bedrohung. So kam vor wenigen Jahren im Westerwald ein Arbeiter ums Leben, als er eine Eiche fällte.[38] Diese war kerngesund, der Forstwirt hatte die Säge korrekt angesetzt und der Baum fiel in die angepeilte Richtung. Als der Stamm aufschlug, gab es im Waldboden eine starke Erschütterung, worauf ein zehn Meter entfernt stehender toter Stamm ebenfalls kippte – genau auf den Waldarbeiter. Da nützten kein Helm und keine Sicherheitsausrüstung, der Mann konnte nicht mehr gerettet werden.

In der Folge gingen die Förster wieder vermehrt dazu über, abgestorbene Bäume abzusägen, sicher ist sicher. Doch nun wurden die Rufe der Naturschützer lauter, mehr für die bedrohten Arten zu tun. Und schon erklärten sich die Landesforstverwaltungen vieler Länder bereit, zahlreiche Biotopbäume im Wald zu belassen. Pro Quadratkilometer sollen es zwischen 300 und 1 000 Exemplare sein. Diese dürfen weiterleben, während um sie herum weiter konventionell gewirtschaftet wird. Müssten da nicht alle zufrieden sein? Zumindest offiziell ist die Welt damit in Ordnung, aber ein Blick hinter die Kulissen zeigt den gigantischen Etikettenschwindel. Denn laut Unfallverhütungsvorschrift darf ein Waldarbeiter nur im Abstand einer Baumlänge von umsturzgefährdeten Exemplaren arbeiten. Das ist vernünftig, denn so befindet er sich jederzeit außerhalb der Gefahrenzone. Nun müsste man um jeden Biotopbaum, der langsam sein Leben aushaucht, eine Sperrzone von 30 bis 40 Metern ziehen, um der Vorschrift Genüge zu tun. Bei 1 000 Bäumen pro Quadratkilometer bedeutet das, dass dann niemand mehr den Wald betreten dürfte. Dieses Biotopbaumkonzept kann demnach nicht funktionieren, es sei denn, man riskiert fahrlässig Menschenleben. Als Lösung schlagen die Verantwortlichen vor, Biotopbaumgruppen zu bilden, also jeweils 15 bis 30 Exemplare zusammenzufassen, um dazwischen wieder genug ungefährlichen Arbeitsraum für die Mitarbeiter zu schaffen. Mit diesen Minireservaten müssten dann alle zufrieden sein.[39]

Genau betrachtet ist dies ein erstes Eingeständnis der gescheiterten Integration. Natürliche Prozesse brauchen Platz und den gibt nur eine geschützte Fläche. Der letzte fehlende Schritt wäre, diese Gebiete ausreichend groß zu gestalten. Doch dagegen wehren sich die Förster noch mit Händen und Füßen. Über 3 000 Quadratmeter, also weniger als ein halbes Fußballfeld, ließe sich reden, alles andere gefährde Arbeitsplätze. Lediglich Bestände ohne wertvolle Stämme, ohne Gefahr durch umstürzende Bäume für Straßen und Waldparkplätze, ohne das Risiko von Borkenkäfervermehrungen dürfen etwa in Mecklenburg-Vorpommern ein wenig größer gewählt werden – bei so vielen Einschränkungen fallen aber etliche schützenswerte Bestände durch das Raster.[40]

Die aktuelle Diskussion über Biotopbäume und ihren Platzanspruch offenbart eine weitere Schwachstelle: In Wirtschaftswäldern findet die Altersphase von Bäumen nicht statt. Allein schon aus Sicherheitsgründen dürfen Buchen, Eichen und Fichten nicht alt werden, denn die Forste sollen jederzeit gefahrenarme Arbeitsplätze sein. Daneben würde kaum ein Waldbesitzer dicke Stämme einfach Spechten oder Pilzen überlassen, wenn sie auch Geld bringen könnten. Vom Eigentümer eines großen bekannten Ökobetriebs stammt der Ausspruch: »Wenn der Specht keine Miete zahlt, fliegt er raus!« Die Aussage, die ich selber schon gehört habe, wurde vor Kollegen getätigt, die anlässlich einer Exkursion vor einem dicken Buchenstamm standen. Die auslösende Frage war, was denn passieren würde, wenn sich ein Specht ausgerechnet das wertvolle Holz als Bauplatz aussuchte. Ich war ob dieses unverblümten Statements fassungslos und seither glaube ich nicht mehr daran, dass Schutz durch Nutzung möglich ist.

Ein anderes vielfach missbrauchtes Schlagwort ist das der Artenvielfalt. Sie ist für sich genommen kein sinnvolles Argument für Naturschutz. Wozu wäre es auch gut, möglichst viele Arten auf einer bestimmten Fläche zu haben? Die höchste Vielfalt verschiedener Tiere können Sie im Zoo bewundern. Dort drängen sich pro Quadratkilometer mehr Spezies, als auf jedem anderen Flecken unseres Planeten. Ist der Zoo damit das ideale, überall anzustrebende Biotop? Wohl nicht – und Ähnliches gilt für die freie Landschaft. Schützenswert sind heimische Arten, die in ihrer Population bedroht sind, etwa die Wildkatze oder auch seltene Hornmilben. Um sie zu erhalten, müssen entsprechende Laubwälder geschützt oder neu geschaffen werden. Das steht allerdings im Widerspruch zur Bewirtschaftung der Forste. Und so argumentiert die Forstwirtschaft immer wieder mit der Artenvielfalt. Wenn in einen Buchenwald etwa zusätzlich nordamerikanische Douglasien gepflanzt werden, so existieren dort schlagartig doppelt so viele Baumarten wie zuvor. Das Ganze wird dann als Mischwald bezeichnet, ein Begriff, der in der Bevölkerung mittlerweile ein positives Echo hervorruft. Mit den fremden Bäumen reisen weitere nicht heimische Arten ein. Fichten beispielsweise haben hügelbauende Waldameisen, Fichtenkreuzschnäbel, Spechte oder Auerhühner im Schlepptau. Wird gar im Kahlschlagverfahren gearbeitet, so kommen noch jede Menge Schmetterlinge und andere Offenlandarten hinzu. Der einstige Wald wird dann tatsächlich zu einer Art Freilandzoo, in dem es nur noch das Tüpfelchen auf dem i ist, wenn Jäger Muffelschafe oder Damhirsche aussetzen. Das mögen Förster eigentlich gar nicht, aber letztendlich gelten hier die gleichen Argumente, mit denen sie ihre Plantagenwirtschaft rechtfertigen. Dabei sind es nur die gut sichtbaren Arten, die zunehmen. Im Boden, dort, wo niemand hinschaut, verschwinden Springschwänze, Asseln oder Käfer. Unter dem Strich verarmt die Landschaft, obwohl überirdisch ein buntes Sammelsurium von Tieren eine heile Welt vorgaukelt.

Es kann also nicht um Artenvielfalt um jeden Preis, sondern nur um Arterhaltung gehen. Und wir Mitteleuropäer haben nun mal nicht die Verantwortung für Giraffen, Waldameisen oder Muffelschafe, sondern vor allem für die Tiere der heimischen Buchenurwälder. Denn im Gegensatz zu vielen Kulturfolgern hat dieses Ökosystem ein relativ kleines Verbreitungsgebiet mit Schwerpunkt Mitteleuropa und sollte hier vorrangig geschützt werden. Dafür können wir nur eines tun: Buchenurwälder schaffen und erhalten. Leider gibt es davon bisher bei uns keinen einzigen Quadratmeter. Aber das können wir ändern.

Rettet die Urwaldböden!

Ich möchte Sie noch einmal nach Brasilien entführen. In der letzten Zeit überschlagen sich dort die Negativschlagzeilen. Nachdem die Rodungen einige Jahre zurückgingen, steigt das Tempo der Entwaldung wieder an. Ganz unverfroren greifen Plantagenbesitzer nach den unerschlossenen Regenwäldern, um auch hier Soja und Zuckerrohr anzubauen. Leider werden sie neuerdings von der Regierung geradezu ermuntert, dies zu tun. Umweltverbände fordern ihre Mitglieder auf, Onlinepetitionen zu unterschreiben, um wenigstens einige Gebiete zu retten. Ist es schon fünf vor zwölf?

Während in Indonesien eine Insel nach der anderen brutal entwaldet wird, während etwa auf Borneo der Dschungel weitestgehend Ölpalmplantagen gewichen ist, ist die Welt in Brasilien zurzeit noch mehr oder minder in Ordnung. Bisher fielen »nur« 20 Prozent des Regenwalds der Motorsäge und Brandrodungen zum Opfer, der größte Teil steht noch intakt entlang des Amazonas und seiner Nebenflüsse.

Und bei uns? Bis auf die Hochlagen der Gebirge herrschte einst Buchenurwald vor, von dem nichts mehr übrig geblieben ist. Kein einziger Quadratmeter. Am nächsten kommen ihm alte Laubwälder, die über 160 Jahre alt sind. Hier findet sich noch ein schwacher Abglanz der einstigen Wälder, hier konnten etliche Urwaldarten überleben.

Das Bundesamt für Naturschutz stellte 2007 fest, dass alte Buchen nur noch auf 1,6 Promille der Fläche Deutschlands vorhanden sind – statt auf den ursprünglichen 70 bis 80 Prozent.[41] Und diese winzigen Reste sind vielfach genutzte Wälder, stark aufgelichtet und durch Maschinenbefahrung ramponiert. Nur ein Teil befindet sich in Schutzgebieten, etwa dem Nationalpark Hainich in Thüringen. Der Rest wird ganz normal genutzt, also spätestens mit 180 Jahren gefällt und an die Sägeindustrie verkauft. Ein Teil der Stämme wird exportiert, wobei China der Hauptabnehmer ist. Insofern handeln wir wie ein Entwicklungsland, plündern unsere wertvollsten Ökosysteme und handeln den Rohstoff global.

Während Umweltverbände und Politiker darüber streiten, welcher Wald aus dem Verkehr gezogen werden soll, spielt sich unter den Bäumen ein weiteres Drama ab. Wenn wir an den Boden denken, der durch die Bewirtschaftung unrettbar zerstört wird, so muss unser Augenmerk zuerst den intakten ehemaligen Urwaldflächen gelten. Es gibt noch Wälder, in denen seit Jahrtausenden ununterbrochen Bäume stehen, ohne dass im Mittelalter ein Kahlschlag erfolgt ist oder Maschinen zwischen ihnen herumgefahren sind. Echte Urwälder sind das nicht mehr, denn überall in Europa wurde schon Holz gefällt. Standen aber durchgehend heimische

Buchen und Eichen auf unberührter Erde, so sind hier zumindest große Teile der Bodenarten eines Urwalds erhalten geblieben. Damit bestehen die besten Chancen, auf diesen Flächen wieder natürliche Wälder entstehen zu lassen. In einer Aufstellung der schützenswerten Biotope müssten solche alten Waldböden an erster Stelle stehen. Das ist leider nicht der Fall und die Lage ist noch viel schlimmer. Denn es ist gar nicht bekannt, wo sich diese Wälder befinden. Da eine systematische Untersuchung bisher nicht stattgefunden hat und die einzelnen Befunde Zufallstreffer sind, tappt man noch im Dunkeln. Und was man nicht kennt, kann man auch nicht schützen. In der Folge werden laufend auch die letzten intakten Böden zerstört, da arglose Förster diese von Maschinen überrollen lassen.

Dass es tatsächlich überhaupt noch Urwaldböden gibt, weiß ich aus meinem Revier. Und dass ich sie entdeckt habe, war ein großer Zufall. In Hümmel gibt es noch rund einen Quadratkilometer alte Laubwälder, überwiegend mit Buchen bestanden. Ich liebe die silbergrauen, glatten Stämme, die den Wald in eine Naturkathedrale verwandeln. Nach den staatlichen Plänen hätte ich sie in den letzten 20 Jahren abholzen sollen. Und das hat mir nicht gefallen. Also überlegte ich mir andere Nutzungsmöglichkeiten, um sie vor der Motorsäge zu retten. Eine Überlegung waren Waldbestattungen, weshalb ich ein geologisches Gutachten anfertigen ließ, um festzustellen, ob man überhaupt tief genug graben könnte, um eine Urne zu versenken. Immer wieder besuchte ich die Geologen und fragte nach Besonderheiten. Sie erzählten von ihren Befunden, die mich elektrisierten, denn es handelte sich offensichtlich um unberührtes Erdreich. Kein Hinweis auf Viehtrieb oder Ackerbau. Der mächtige Oberboden ließ auf einen völlig störungsfreien Verlauf der Waldgeschichte schließen, die Buchen standen also vermutlich schon seit Jahrtausenden ohne Unterbrechung an Ort und Stelle. Zwar hatte ein Köhler vor rund

300 Jahren hier den einen oder anderen Baum zu Holzkohle verarbeitet und seine Spuren, vor allem die kreisrunde, ebene Köhlerplatte, auf der einst der Meiler gestanden hatte, waren noch sichtbar. Auch hatten Waldarbeiter in den vergangenen Jahrzehnten immer wieder einzelne Buchen gefällt und sie zu Brennholz verarbeitet. Einen Kahlschlag aber, gar eine Befahrung mit schwerstem Gerät hatte es anscheinend nie gegeben.

Diese Bestände mussten gerettet werden! Eine Teilfläche konnten wir in einen Bestattungswald umwandeln, aber was war mit der Mehrzahl der alten Buchenwälder, die abseits von Straßen und Wegen oft auf steilsten Hängen standen? Diese waren ausweislich jahrhundertealter Karten immer Buchenwald gewesen, dort war mit Sicherheit noch nie eine Maschine hindurchgerollt, da das Gefälle bisher zu groß war, doch neuere Technik stand schon bereit. Ich selbst hatte nie vor, die Stämme anzutasten, aber diese Absicht ist auf Dauer nicht viel wert. Denn selbst wenn ich sie verschonen würde, was würde dereinst mein Nachfolger damit machen? Das Forstamt, als Fachbehörde immer noch zuständig für die Überwachung der ordnungsgemäßen Forstwirtschaft in Hümmel, mahnte immer wieder, nun zur Endnutzung zu schreiten, sprich, die alten Bäume zu fällen. Die Zeit drängte und da spielte uns der Zufall in die Hände.

Ein Finanzdienstleister aus Bonn, der in ökologische Waldnutzung in den Tropen investierte, bat mich um eine Führung für seine Mitarbeiter. Nach dem Waldbegang meinte der begeisterte Geschäftsführer, dass wir unbedingt etwas zusammen unternehmen müssten. Aus dieser Zufallsbekanntschaft wurde das Projekt »Wilde Buche«.[42] Es ermöglicht Firmen, 50-jährige Schutzverträge für die alten Buchenwälder abzuschließen mit dem Vertragszweck, den Wald sich selber zu überlassen. Die Gemeinde Hümmel erhält den Holzwert der Bestände ausgezahlt, die Firma kann etwas für die Imagepflege tun und der Wald bleibt mindestens ein halbes Jahrhundert jeglichem Zugriff entzogen. Die ersten Verträge lassen hoffen. So legte die Firma Edding eine eigene Stifteserie auf, von deren Verkaufserlös ein Teil in unser Reservat investiert wird, und der Büroartikelhersteller Zweckform reservierte sich ein kleines Waldstück hinter unserem Forsthaus.

Bei vielen Förstern ernten meine Ideen nur ein Kopfschütteln, denn für sie ist ein geschützter Wald ein Unding. Wo keine Bäume mehr gefällt werden dürfen, wo Spechte, Hornmilben und Wildkatzen das Zepter in die Hand nehmen, da empfinden sie tiefstes Misstrauen. Bei mir ist das anders, ich fühle mich erst jetzt so richtig wohl in meiner Haut. Ein typischer Vertreter meiner Zunft bin ich so nicht mehr, aber das stört mich nicht: Meine Berufswahl beruhte ja ohnehin von Anfang an auf einem Missverständnis.

Strippenzieher im Wald

Wenn Sie sich fragen, warum Sie von dem Treiben hinter den Kulissen, den tatsächlichen Abläufen in den heimischen Wäldern, bisher so wenig gehört haben, so liegt dies an einer ausgefeilten Strategie der Forstverwaltungen. Und an einem Irrtum, der in den Köpfen der Menschen spätestens seit dem Heimatfilm »Der Förster im Silberwald« festhängt. Es gibt wenige Berufe, die ein positiveres Image haben, und oft höre ich während einer Führung: »Eigentlich wollte ich auch Förster werden.« Umweltschützer, Baumhirte, Wildtierpfleger, all das sollen meine Kollegen und ich verkörpern. Und weil das selbst staatliche Umweltbehörden denken, überlässt man die Verantwortung für die Schöpfung und die Kontrolle der Einhaltung der Umweltgesetze uns Waldbewirtschaftern. Zudem glaubt man Förstern fast alles, was sie im Zusammenhang mit Wald erzählen. Und das ist eine ganze Menge …

Im Vordergrund aller den Wald betreffenden PR steht die Behauptung, er sei ein pflegebedürftiger, schwacher Patient. Nur die helfende Hand des Försters bewahre ihn vor Krankheit und Zerstörung. Die Forstverwaltungen wüssten besser als die Natur, welcher Baum an welchem Ort ideale Bedingungen findet. Zudem würden alte Bäume rechtzeitig entfernt und durch junge, vitale ersetzt, damit das Ökosystem voll funktionsfähig bleibt. Ohne Förster kein Wald – so das einfache Credo.[43] Und das ist schlicht und ergreifend Blödsinn. Wer pflegt denn den brasilianischen Regenwald, wer die endlosen Weiten Sibiriens? Hat die Natur nicht in Jahrmillionen bewiesen, dass sie alles bestens zu regeln versteht? Wir dagegen haben noch nicht einmal ansatzweise erforscht, wie ein Wald in seinen Einzelheiten funktioniert. Und dennoch maßt sich zumindest ein Großteil meiner Kollegen die Behauptung an, Bescheid zu wissen. So erklärte zum Beispiel ein Festredner auf der Bundestagung der Arbeitsgemeinschaft Naturgemäße Waldwirtschaft im April 2012 vor Hunderten ökologisch wirtschaftender Förster, dass man von Waldschutzgebieten nichts mehr lernen könne, da alles bekannt sei. Weitere Schutzflächen seien daher überflüssig, führte er unter großem Beifall aus. Beifall von Ökoförstern? Ja, denn in den letzten Jahren verstärkt sich selbst bei dieser Gruppe der Trend, dass nur mehr wirtschaftliche Argumente zählen. Damit kommt die zweite Lebenshälfte der Bäume jenseits der 200 Jahre, gar die Krankheits- und Todesphase, im beruflichen Denken kaum noch vor. Kritische Stimmen waren neben meiner eigenen nur von wenigen anwesenden Naturschützern zu vernehmen.

Wie sehr diese Denkweise das Handeln bestimmt, erfuhr ich vor zehn Jahren in meinem Revier. Ich hatte der Gemeinde vorgeschlagen, in ihrem Wald einen Laubwald unter Schutz zu stellen. Hier war nämlich etwas Faszinierendes zu beobachten. Die vor rund 120 Jahren gepflanzten Eichen wurden von wild nachwachsenden Buchen in die Zange genommen und allmählich umgebracht. Die jungen Bäume wuchsen in die Krone der alten hinein und nahmen ihnen das Licht. Eine regelrechte feindliche Übernahme war hier zu sehen, allerdings in extremer Zeitlupe. Ich schätze, dass es den Buchen erst in 200 Jahren gelungen sein wird, das Ruder vollständig zu übernehmen. Und dann wird dort wieder das stehen, was vor dem gepflanzten Eichenforst natürlich war, ein Buchenurwald.

So ein Prozess funktioniert aber nur dann, wenn sich der Mensch nicht einmischt. Ansonsten werden durch das Fällen von Bäumen die Spielregeln verändert und Exemplare unterstützt, die anderenfalls vielleicht wegen Lichtmangel eingehen würden. Für mich war klar, dass wir das nicht machen würden und der Wald sich selbst überlassen bleiben sollte. Die Gemeinde erklärte ihr Einverständnis, mein damaliger Chef allerdings nicht. Der Bestand müsse erst einmal gründlich gepflegt, also durchforstet werden, denn so, wie er jetzt sei, könne man ihn nicht schützen. Schade, denn durch eine Durchforstung würde das Projekt in seiner natürlichen Entwicklung um Jahrzehnte zurückgeworfen. Anweisung ist Anweisung und so nickte ich nur, dachte aber im Stillen: »Das mache ich nicht.« Mittlerweile habe ich den Arbeitgeber gewechselt, bin Förster der Gemeinde Hümmel und mein Chef ist der Bürgermeister. Mit ihm bin ich einig: Dieser Wald wird nicht angetastet. Und so tobt der Kampf zwischen Eichen und Buchen bis heute.

Die Einstellung, dass ein Wald Pflege braucht und ungenutzt krank würde, ist auch ursächlich für die Holzernte in Naturschutzgebieten und Nationalparks. Ganz offen wird protestierenden Umweltorganisationen entgegengehalten, man könne von der Natur nichts mehr lernen. Alle Prozesse seien verstanden und eine geregelte Forstwirtschaft sei immer noch das Beste für den Wald.[44, 45] Und diese offizielle Haltung wird aufwendig beworben. Nicht nur in unzähligen Hochglanzbroschüren, sondern mit vielen Veranstaltungen vor Ort, bei denen der jeweilige Förster mit der Bevölkerung auf Tuchfühlung geht. Unter dem Stichwort »Treffpunkt Wald« können Sie im Internet aus einem ganzen Strauß von Angeboten wählen.[46] Fackelwanderungen, Lehrgänge, Nistkastenbau und Ferienfreizeiten – kaum etwas zum Thema Natur fehlt. Die Seite www.treffpunktwald.de wird von den staatlichen Forstverwaltungen Deutschlands betrieben, und wie viel Geld man sich das kosten lässt, möchte ich einmal kurz überschlagen. Durchschnittlich zehn Prozent der Arbeitszeit eines Försters wird für die Imagepflege aufgewendet. Bei geschätzten

3 000 Kollegen im öffentlichen Dienst und Kosten von 60 000 Euro pro Stelle wären dies 18 Millionen Euro allein in Deutschland. Amtlich heißt das Umweltbildung und dient der Aufklärung der Allgemeinheit. Bei kritischen Fragen wird dabei regelmäßig verharmlost. So ist es auch Laien aufgefallen, dass die großen Holzerntemaschinen enorme Schäden verursachen. Doch unter der fachkundigen Erklärung der Verantwortlichen, dies alles diene der Gesunderhaltung des Walds, fällt der Protest schnell in sich zusammen.

Um auch die Jüngsten für sich zu begeistern, werden Waldjugendspiele veranstaltet. Ganze Stufen der benachbarten Schulen laden die Forstämter dazu ein. Da wird gemalt, gebastelt, gespielt und geraten. Würstchen vom Grill, Limo und Cola, alles gratis ausgeteilt und obendrauf noch Preise und Urkunden – da strahlen die Kleinen.

Eine andere Art der Einflussnahme betreibt die Holzindustrie. Neben ihrem Wirken in Sachen Nationalpark versucht sie, die Gestaltung des Walds massiv zu steuern. Um ihre Ziele zu verstehen, ist ein Blick in die Vergangenheit nötig.

Seit über einem Jahrhundert favorisieren die europäischen Forstbetriebe den Nadelholzanbau. Und wie es in einer Marktwirtschaft üblich ist, hat sich die Industrie perfekt auf die Verhältnisse eingestellt. Fichten und Kiefern stellen den Löwenanteil des Holzeinschlags, weshalb die meisten Sägewerke genau diese Baumarten verarbeiten. Wind und Sturm verhindern, dass die Bäume alt und dick werden können. Daher sind die Maschinen auf dünne Stämme ausgerichtet und ein Großteil der Sägeindustrie kann gar nichts anderes mehr verwerten. Die meisten Forstverwaltungen haben mittlerweile eine schonende Wirtschaftsweise versprochen, ein Versprechen, an das ich allerdings nicht mehr glauben kann. Denn ein rücksichtsvollerer Umgang muss auch ein Älterwerden der Wälder beinhalten. Damit gäbe es dann dickere, größere Bäume, mit denen die Sägeindustrie nichts anfangen kann. Diese sollen daher nach dem Willen der Holzverarbeiter weiterhin die Ausnahme bleiben. Angesichts der öffentlichen Pläne kursiert schon das Gerücht eines sogenannten Starkholzproblems. Tatsächlich bezahlen viele Säger bei dicken Stämmen weniger Geld pro Kubikmeter Holz als bei dünnen, weil sie solche Ungetüme gar nicht sägen können.

Wald ist eine langfristige Angelegenheit, ein Sägewerk jedoch nicht. Nach zehn Jahren ist es abgeschrieben, es werden neue Maschinen angeschafft, die dann den geänderten Verhältnissen angepasst werden könnten. Könnten, denn viele Förster machen sich die Argumente der Werke zu eigen und holzen in vorauseilendem Gehorsam die Bäume dann ab, wenn sie den Optimaldurchmesser für die Anlagen aufweisen. Den Rest erledigen in den Nadelforsten die Stürme, die ganze Waldabteilungen umwerfen, sodass die Stämme zwangsweise genutzt werden müssen. Auf diese Weise bleibt das System in sich selbst gefangen: Die Säger stellen nicht auf Starkholz um, weil sie nur dünne Bäume kaufen können, und die Förster holzen frühzeitig ab, um nicht schwer verkäufliches dickeres Holz zu produzieren. Dabei gibt es durchaus Forstbetriebe, die ohne Rücksicht auf die Industrie Bäume ausreifen lassen. Sie möchten Fichten, Kiefern oder Buchen alt werden lassen und sie erst dann ernten, wenn sie kurz vor ihrem natürlichen Tod stehen. Und siehe da, einzelne Säger passen sich dem an. Mittlerweile gibt es einige wenige Werke, die diese Baumsenioren erwerben und gewinnbringend verarbeiten können.

Ein weiteres Märchen ist das zwingende Erfordernis, in Deutschland Nadelholz produzieren zu müssen. Ich habe im Januar 2009 auf Einladung des Bundesamts für Naturschutz einen Vortrag auf der Grünen Woche in Berlin gehalten, in dem ich meine Überzeugungen zum Thema Forstwirtschaft dargestellt habe. Dazu gehört auch die Ansicht, den Buchenwäldern wieder mehr Geltung zu verschaffen. Irgendwann stand ein Beamter des Landwirtschaftsministeriums auf und kam ans Mikrofon. Er wollte wissen, woher wir zukünftig unser Bauholz nehmen sollten und wie die heimische Sägeindustrie mit Rohstoffen versorgt würde, wenn alle so etwas machen würden wie ich. Unterschwellig hing dem »so etwas« dem Tonfall nach zu urteilen noch das Wörtchen »Blödsinn« an. Solche Vertreter der konventionellen Wirtschaft möchten, so denke ich, überhaupt keine Argumente hören, die für Laubholz sprechen. Dabei gibt es einleuchtende Gründe, warum wir nicht stur auf Nadelbäume setzen müssen. Einen wichtigen hielt ich dem Behördenvertreter gleich entgegen: »Im Rahmen des globalisierten Handels müssen wir in Deutschland nicht alles selber produzieren. Nadelholz kann, ebenso wie Bananen, aus den Regionen importiert werden, wo es heimisch ist.«

Den zweiten Grund können Sie bei jedem Rundgang durch ein mittelalterliches Städtchen sehen. Schauen Sie sich einmal die alten Fachwerkhäuser an, speziell die verwitterten Balken. Es sind in den meisten Fällen Laubbäume, aus denen das filigrane Werk errichtet wurde. Damals gab es mit Ausnahme des Alpenraums keine Fichten oder Kiefern und damit standen nur Eichen, Buchen, Eschen, Ulmen oder Ahorne als Baumaterial zur Verfügung. Ab und an kam der Stamm einer Weißtanne hinzu, die in den Urwäldern Mitteleuropas manchmal neben den Buchen vorkam. Und siehe da, die Fachwerkhäuser stehen noch heute und künden von der Tauglichkeit von Laubhölzern für den Hausbau. Doch warum baut man heute nicht mehr mit diesen Arten?

Es ist das Angebot, das die Nachfrage bestimmt. Schön gerade gewachsene Stämme waren vor 200 Jahren kaum noch im Wald zu finden, weil dieser völlig ausgeplündert war. Die wenigen Laubbäume, die groß werden durften, wuchsen zu knorrigen, romantischen, aber als Bauholz völlig unbrauchbaren Geschöpfen heran.

Schlanke Bäume gibt es eben nur in einem dicht bewachsenen, ungestörten Bestand. Denn sobald irgendwo zusätzlich Licht fällt, wächst eine Buche oder Eiche schnurstracks in diese Richtung. Das kann durch Baumfällungen in der Nachbarschaft passieren, weshalb es so schwierig ist, mit Laubbäumen gute Holzqualitäten zu erzielen. Jedes Zuviel an Durchforstung gibt zu viel Licht in den Beständen und lässt ein Tohuwabohu an krummen Stämmen entstehen. Und zu viel Licht entstand auch durch die gnadenlose Übernutzung der Wälder im 19. Jahrhundert.

Nun kamen die Nadelbäume ins Spiel, deren Siegeszug durch die jagdlichen Verhältnisse gefördert wurde. Plötzlich gab es ein reiches Angebot an Bauholz aus Fichte, Kiefer oder Lärche. Dieses war zwar nicht so dauerhaft wie Eiche, aber wesentlich billiger, da reichlich vorhanden. Billiger? Aber möchte ein Waldbesitzer nicht möglichst viel Geld verdienen? Dann müsste er doch Laubbäume produzieren, mit denen sich, wenn man sauber rechnet, wesentlich mehr erwirtschaften lässt, und nicht die Massenware Nadelholz!

Eine besondere Eigenschaft der Nadelbäume beschleunigte ihre Akzeptanz: Sie wachsen fast immer gerade und gieren nicht so sehr nach dem Licht wie Buchen oder Eichen. Sie streben stur nach oben, egal wie viel Platz oder Licht sich nebenan auftut. Das macht es Förstern einfach, in den Forsten abzuholzen. Wird einmal zu viel gefällt, ist das kein Problem, denn die verbleibenden Exemplare biegen nicht ab, sondern wachsen weiterhin gerade nach oben. Nadelbäume verzeihen rein forstwirtschaftlich gesehen mehr Fehler und eignen sich daher besser für eine einfache Waldwirtschaft als die »problematischeren« Laubgehölze. Konflikte mit dem Jagdpächter drohen ebenfalls nicht, wenn man auf Laubholz verzichtet. Buchen und Eichen sind also nicht aus betriebswirtschaftlichen oder gar ökologischen Gründen ins Hintertreffen geraten, sondern nur deswegen, weil das Arbeiten mit diesen Baumarten etwas anspruchsvoller ist. Die Waldumgestaltung der letzten Jahrzehnte ist also der Bequemlichkeit der Bewirtschafter geschuldet. Und wenn die Bevölkerung von all dem nichts merkt, mit der künstlichen Taiga sogar zufrieden zu sein scheint, warum sollte man sie dann aufklären und sich selbst damit nur Ärger und Arbeit einhandeln?

Bewirtschaftungskontrolle

Wir leben in einer Weltregion mit einer sehr hohen Kontroll-
dichte. Für alles und jedes gibt es eine Norm oder Vorschrift,
selbst für Bananen oder Kondome. Tausende Beamte kontrollieren akribisch die Einhaltung aller Bestimmungen und das will ich
auch gar nicht kritisieren. Denn abgesehen von wenigen Aus-
wüchsen funktioniert unser öffentliches Leben nur deshalb so
friedlich und zuverlässig, weil die Spielregeln von allen eingehalten werden müssen.

Wenn uns eine Regelung persönlich betrifft, uns Einschränkungen auferlegt, sehen wir das naturgemäß ein wenig anders.
Wäre es nicht paradiesisch, wenn wir uns selber überwachen
dürften? So etwa bei der jährlichen Steuererklärung. Keine Frage,
die meisten von uns würden angeben, es gäbe bei uns nichts zu
holen. Dieses Paradies gibt es für Otto Normalverbraucher nicht,
wohl aber für Otto Normalförster. Denn die Forstverwaltungen
sind amtliche Planer, Bewirtschafter und Kontrolleure in Perso-
nalunion. Sie bescheinigen sich selbst die Einhaltung der Nachhaltigkeit und die Berücksichtigung von Umweltbelangen. In keinem anderen Wirtschaftszweig wird so wenig ohne Aufsicht
durch Dritte gearbeitet. Getarnt wird diese Praxis mithilfe einer
Reihe von Verfahren, die scheinbar transparent und objektiv sind.

Besitzer größerer Wälder, je nach Region ab einem halben
Quadratkilometer Fläche, müssen vor der Durchführung von
forstlichen Maßnahmen eine Inventur nebst Zehnjahresplan anfertigen lassen. Diese sogenannte Forsteinrichtung kann entweder ein privates Sachverständigenbüro übernehmen oder eine

eigene Abteilung der staatlichen Forstverwaltungen. Die Erhebung soll den Status quo ermitteln und erfasst die Baumarten, das Alter der Waldbestände, Schäden am Boden, Wildfraß sowie die Qualitäten der Stämme. Dabei gibt es zwei Verfahren: die Kontrollstichprobe und die Schätzung. Bei der Kontrollstichprobe werden im 200-mal-200-Meter-Raster Metallbolzen im Erdreich versenkt, um die in einem Radius von zwölf Metern alle Daten ermittelt werden. Die Aufnahmepunkte kennt der Förster nicht; er kann dort also nicht gezielt besser wirtschaften und damit die Erhebung verfälschen. Hat man genügend Punkte ausgewertet, mindestens 150 Stück, so lässt sich sehr genau auf die Verhältnisse im gesamten Waldbesitz schließen. Wird diese Aufnahme nach zehn Jahren wiederholt, so kann eine präzise Aussage über die Nachhaltigkeit der Wirtschaftsweise getroffen werden. Aufgrund der Metallbolzen, die sich mithilfe eines Detektors auch nach langer Zeit wiederfinden lassen, kann die Inventur exakt an denselben Stellen wie beim ersten Durchgang erfolgen. Und so lässt sich ganz genau sehen, was im Wald in der letzten Dekade passiert ist. Wurde gut gearbeitet, ist der Wald wertvoller geworden oder wurde er geplündert? Kein Wunder, dass viele Kollegen die Kontrollstichprobe scheuen wie der Teufel das Weihwasser. Denn wer lässt sich schon gern so genau in die Karten schauen. Jede Schlamperei, jede Rücksichtslosigkeit würde aufgedeckt werden. In Wäldern, die von staatlichen Beamten bewirtschaftet werden, wird daher vielfach auf die Schätzung gesetzt. Dabei wird der Wald nur sehr grob beurteilt, viele wichtige Parameter werden erst gar nicht erfasst. Exakte Aufnahme an Stichprobenpunkten? Überflüssig! Zerfahrene Bestände, beschädigte Bäume, zu starke Nutzung? Das fällt bei einem flüchtigen Waldbegang des Gutachters kaum auf. Diese Schätzmethode gilt offiziell als ebenbürtig zur aufwendigen Kontrollstichprobe, genügt damit den gesetzlichen Vorgaben und wird daher vehement von vielen

Verwaltungen verteidigt. Selbst in meinem eigenen Revier, wo ich die Waldbesitzer von einer gründlichen Aufnahme überzeugen konnte, riet der zuständige Forstamtsleiter ab. Fürchtete er einen Präzedenzfall, der auf seinen Zuständigkeitsbereich abfärben könnte? Das hat es leider nicht getan, die grobe Schätzung ist bis heute in den meisten Wäldern das Mittel der Wahl. Und so findet der Raubbau an unserer Natur weitgehend unbeachtet statt.

Die Konsequenz des Sparens

Forstverwaltungen sind teuer, was jahrzehntelang jedoch keine Rolle spielte, da die Bevölkerung das Märchen, ein Wald müsse gepflegt werden, um ihn zu erhalten, glaubte. Zeitweise kostete diese »Pflege« den Steuerzahler über 10 000 Euro pro Jahr und Quadratkilometer. Denn was nichts kostet, taugt auch nichts. Und nach diesem Motto wurde gepflanzt, gepflegt und gekehrt – die Arbeiten glichen eher denen in einem Park als in einem Wald.

Wenn Kosten kaum eine Rolle spielen, schleicht sich schnell der Schlendrian ein. Im Wald ist das ganz besonders einfach, denn die Arbeit eines Försters lässt sich kaum kontrollieren. Jedes Revier ist ein Unikat. In einem gibt es viele junge Bäume und damit wenig erntefähiges Holz. Ein anderes hat zwar dicke Stämme, liegt aber in den Steillagen der Gebirge. Ein Vergleich ist so nicht möglich. Aus diesem Grund wurde auch vor wenigen Jahren der furchtbar komplizierte Akkordtarif für Waldarbeiter im öffentlichen Dienst abgeschafft. So blieb ein scheunengroßes Schlupfloch für Drückeberger.

Wie so ein Försterleben aussehen kann, verriet mir ein älterer Kollege anlässlich meiner Reviereinführung 1991: »Du gehst um 8:00 Uhr die Treppe herunter aus dem Schlafzimmer in dein Büro, setzt dich an den Schreibtisch und rasierst dich dort – und schon bist du im Dienst. Gegen 12:00 Uhr wird eingepackt und ab geht's zum Essen ins nächste Restaurant.« Auf meine Frage, wie er sich denn den Nachmittag vertreibe, entgegnete er: »Der ist für den Sport reserviert.« Revierleiter, ein Halbtagsjob? Das passte nicht mit meinem damaligen Enthusiasmus zusammen, aber der Mann hatte recht. Nach vier Stunden war im Durchschnitt alles erledigt und ich konnte Däumchen drehen. Im Winter wurde es sogar noch ruhiger. Schon bei der ersten Schneeflocke riefen die Förster beim Forstamt an, um nachzufragen, ob die Waldarbeiter denn überhaupt arbeiten sollten. Es läge schließlich Schnee und die Tätigkeit im Wald sei unzumutbar. Damals spielten die Arbeitsämter noch mit und zahlten für zwei oder drei Monate Arbeitslosengeld, welches sich die Holzfäller durch Nebenjobs aufstockten. Für die Förster gab es dadurch schlagartig bis zum Frühjahr nichts mehr zu tun. Lediglich ein paar liegen gebliebene Formulare waren noch zu bearbeiten.

Diese Praxis führte Ende des 20. Jahrhunderts zum finanziellen Beinahekollaps der Forstbetriebe oder vielmehr der Waldbesitzer, die sie bezahlen mussten. In der Konsequenz wurde kräftig Personal abgebaut. Aber nicht nur Kosten sollten gespart werden, nein, das Ziel hieß nun Gewinn. Freie Stellen wurden nicht wieder besetzt, Reviere neu geordnet und entsprechend vergrößert. Konnte ein Förster früher seinen Dienstbezirk noch zu Fuß durchstreifen, so sitzt er heute im Verlauf eines durchschnittlichen Arbeitstags ein bis zwei Stunden im Auto. So lassen sich Kosten reduzieren, aber verbessert das auch die Gewinnsituation? Stellen Sie sich vor, ein Autohersteller würde seine Autos statt mit vier nur noch mit drei Rädern ausstatten. Die Herstellungskosten sänken, und so gesehen müsste sich die wirtschaftliche Situation verbessern. Aber wer kauft schon einen Pkw mit drei Rädern?

Ähnlich ist es im Wald. Bloß weil weniger Personal vorhanden ist, verbessert sich die Gesamtsituation nicht. Die Reviere, mittlerweile auf die dreifache Größe früherer Einheiten angeschwollen, lassen sich kaum noch kontrollieren. Sind jedoch Holzeinschlagsunternehmen am Werk, die Bäume fällen und mit Maschinen herausziehen, dann ist eine tägliche Kontrolle zwingend notwendig.

Denn die Fremdfirmen arbeiten im Akkord, sind an möglichst einfachen Arbeitsbedingungen interessiert und an einem hohen Holzanfall auf kleiner Fläche. Rücksichtnahme auf stehende Bäume und den Baumnachwuchs am Boden kostet Zeit und damit Geld. Auch die Einhaltung der Maschinenwege zwischen den Bäumen verringert den Durchsatz, denn dann muss das Holz mittels Seilwinde oder per Pferd herangezogen werden, damit es auf das Kranfahrzeug aufgeladen werden kann. Spart man hingegen Winde und Pferd und fährt einfach an jeden Stamm heran, so ist zwar der ganze Boden anschließend platt gefahren, aber das Holz landet schneller am Waldweg.

Nun steht zwar in allen Verträgen, dass die Ökostandards eingehalten werden müssen, aber wenn kaum jemand kontrolliert, so macht jeder Holzfäller, was er will. Gerade hier, beim Thema Maschineneinsatz und Bodenschonung, lohnt sich jede Arbeitsstunde, in der der Förster nach den Arbeitern sieht. Doch heute lassen sich diese oft tagelang nicht blicken, weil sie gerade im entgegengesetzten Winkel ihres riesigen Arbeitsbereichs beschäftigt sind.

Ein weiterer Nachteil des Stellenabbaus zeigt sich in den Nadelwäldern. Hier schlägt jeden Sommer eine Armada von Borkenkäfern gnadenlos zu, um Fichten und Kiefern zu attackieren, die ihnen in Mitteleuropa oft wehrlos ausgeliefert sind. Ich bin ein bekennender Gegner des Anbaus dieser Baumarten, dennoch möchte ich sie nicht schlagartig loswerden. Denn wenn das geschieht, oft genug ausgelöst durch Sturmwürfe oder Borkenkäferepidemien, dann ist der Waldboden der Witterung schutzlos ausgesetzt und leidet genauso wie bei jeder anderen Form des Kahlschlags. Zudem brauchen die jungen Laubbäume den Schatten, den ihnen ersatzweise die Nadelbäume spenden können. Aus diesem Grund kontrolliere ich mit meiner Kollegin alle paar Wochen sämtliche Nadelwälder auf Käferbefall. Attackierte

Exemplare verraten sich durch rötliche Nadeln, harzende Stämme und abfallende Borke. Solche Bäume lasse ich sofort entrinden, um den Käfern die Brutmöglichkeit zu nehmen und ein Übergreifen auf Nachbarbäume zu verhindern. In den meisten Fällen gelingt es uns, die Fichtenbestände zu erhalten und damit die Voraussetzung für ein gesundes Aufwachsen der jungen Buchengeneration zu sichern. Für solche Kontrollen, seien es Holzfäller oder Borkenkäfer, haben wir genügend Zeit. Unser Revier umfasst auch nur zwölf Quadratkilometer Wald, verteilt auf zwei Förster. Die Kollegen der staatlichen, aber auch vieler privaten Forstverwaltungen müssen dagegen knapp 20 Quadratkilometer allein betreuen. Ein Käferbefall an Fichte oder Kiefer wird da schnell einmal übersehen, und da sich diese alle sechs Wochen vermehren, sind in kürzester Zeit ganze Baumbestände tot. Das Holz ist fast wertlos, da anschließend Holzwespen Löcher in die leblosen Riesen bohren. Und da der einst geschlossene Wald nun große Lücken aufweist, findet der nächste Wintersturm ideale Angriffspunkte und wirft gleich einem Dominospiel die angrenzenden Bäume auch noch um. Summiert man die finanziellen Folgen der mangelhaften Kontrolle, so hat sich der Personalabbau nicht gelohnt.

Der Schaden für den Wald geht aber noch weiter. Förster sind streng genommen Architekten. Sie sollen den Wald formen, ihn in die Richtung entwickeln, die Gesellschaft und Gesetzgeber vorgeben. Das ist heute in allen öffentlichen Forstbetrieben gesetzlich vorgeschrieben ein Wald, der sich an natürlichen Verhältnissen orientiert. Das Laubholz soll zurückkommen, Baumkinder zusammen mit ihren Eltern aufwachsen dürfen, das Nadelholz zurückgedrängt werden. Soll dieser Weg zurück zur Natur schonend ablaufen, so ist eine ausgeklügelte fachliche Strategie erforderlich. Jeder Eingriff, jede Baumfällung muss sorgfältig auf ihre Folgen hin durchdacht werden und die Förster sind hier besonders in

Bezug auf ihr Vorstellungsvermögen gefordert. Sie müssen nicht nur wissen, wie der Wald nach der Entnahme der gekennzeichneten Bäume aussieht, sondern auch, wie sich dies über Jahrzehnte auf das Wachstum und die Entwicklung der verbleibenden Exemplare auswirken wird. Das Ziel ökologisch gesunder Laubwälder liegt oft mehr als 100 Jahre in der Zukunft und so wirken mehrere Generationen an der Waldumgestaltung mit.

Für diese Gestaltungsarbeit haben die Förster kaum noch Zeit. Sie sitzen immer öfter im heimischen Büro am PC und bearbeiten den virtuellen Wald auf farbigen Luftbildern und mit allumfassenden Dateien. Forstliche Forschungseinrichtungen und Hochschulen entwickeln Programme, mit denen das Baumwachstum simuliert werden kann. Muss man da als Förster überhaupt noch jeden Baum draußen im Wald beobachten? Man kann ihn schließlich am Bildschirm aufrufen und verplanen, was bei schlechtem Wetter auch wesentlich angenehmer ist. Doch welcher Architekt arbeitet dann weiter an den Plänen, die Monokulturen in natura in ökologische Paradiese zu verwandeln? In vielen Fällen lautet die traurige Antwort: »Keiner«, denn die Architekten haben den Maurern die Bauplanung überlassen. Im Wald sind es nun die Waldarbeiter, die mit Sprühdose die zu fällenden Bäume markieren. Nichts gegen die Holzfäller, die ihr ureigenes Geschäft sehr gut verstehen. Die Behandlung des Walds und seine ökologische Umgestaltung setzen aber nicht umsonst großes Fachwissen voraus. Und da ihnen dieses in aller Regel fehlt, kennzeichnen die Arbeiter einfach das, von dem sie glauben, dass es richtig ist.

Die Folgen für die Baustelle Wald erschließen sich nur dann, wenn wir einen kleinen Exkurs in das Verfahren der Durchforstung machen. Dieser Fachbegriff meint eine Holzernte, bei der nur einzelne schlechte Stämme entnommen werden. Die Bäume mit der besseren Qualität, vor allem mit einem geraden Wuchs, bekommen so mehr Platz und können rascher dick werden. Sie sollen eines fernen Tages auf dem Höhepunkt ihrer Wuchskraft gefällt und gewinnbringend verkauft werden.

Auf dem Weg zum ökologisch bewirtschafteten Wald, der ohne Kahlschläge auskommen soll, ist es wichtig, die halbwüchsigen Bäume bei den Durchforstungen zu erhalten. Denn sie sollen später einmal die Lücke füllen, die ein erntereifer Baum im Wald hinterlässt. Werden einzelne Bäume zu Pflegezwecken entnommen, so muss man von den krummen zwingend die dicksten Exemplare fällen, auch wenn das vielleicht paradox klingen mag. Denn nur sie machen genügend Platz im Kronenraum für ihre gut geformten Nachbarn. Die Halbwüchsigen, oft Zwischenstand genannt, reichen mit ihren Wipfeln noch gar nicht bis oben, ihre Entnahme würde den Großen daher nicht helfen.

Wird diese Strategie konsequent verfolgt, so bildet sich im Lauf der Jahrzehnte ein sogenannter Plenterwald. Er besteht aus Bäumen aller Größen und Altersstadien, jedenfalls bis zum geplanten Zielalter, die auf der ganzen Fläche durchmischt sind. Ältere Bäume stehen über ihrem Nachwuchs, erziehen die Jugendlichen und erzeugen ein feuchtes, gleichmäßig temperiertes Waldklima. Auf gut Deutsch, hier geht es den Bäumen gut. Der Plenterwald ist die Form des Wirtschaftswalds, die einem Urwald am ähnlichsten ist. Nur eines fehlt auch ihm: die Altersphase der Bäume. Denn bevor sie zu faulen anfangen, werden die Dicksten gefällt. Daher überlässt ein ökologisch wirtschaftender Förster zusätzlich noch einige Teilbestände alter Buchen und Eichen sich selbst.

So zu durchforsten, ist sehr anstrengend und erfordert eine ständige Konzentration. Jeder Baum muss von allen Seiten begutachtet werden, ob er beschädigt, krumm oder sonst wie ungeeignet für das spätere Ziel ist. Pro Quadratkilometer sind etwa 50 000 Bäume zu taxieren. Länger als zwei Stunden am Stück mache ich das nicht, weil dann die Wipfel vor den Augen verschwimmen.

Die konventionelle, naturferne Art der Durchforstung ist die Z-Baum-Methode, bei der makellose Zukunftsbäume ausgewählt und markiert werden, die so lange stehen bleiben, bis sie als mächtige Stämme geerntet werden können. Alle fünf Jahre werden ein bis zwei Nachbarbäume pro Z-Baum entfernt, sodass dieser allmählich seine Krone ausdehnen kann. Im Gegensatz zur Plentermethode werden bei den Z-Bäumen nach und nach alle Nachbarn gefällt, große genauso wie kleine und halbwüchsige. Daher stehen irgendwann nur noch Elitekandidaten auf der Fläche, die alle innerhalb kurzer Zeit erntereif sind. Nach der Ernte befindet sich auf dieser Fläche dann erst einmal nichts. Und damit sind wir wieder beim Kahlschlag. Wer mit Zukunftsbäumen arbeitet, bleibt im System des konventionellen Waldbaus gefangen. Da nützen noch so große Beteuerungen nichts, man wolle ökologisch arbeiten.

Achten Sie bei Ihren Waldspaziergängen doch einmal darauf, ob Sie diese Markierungen an den Bäumen finden: Vier farbige Punkte verteilt um den Stamm, ein Farbring rundherum oder ein Kunststoffband kennzeichnen die Auserwählten. Ein schräger Strich, mit Sprühfarbe aufgetragen, ist dagegen das Zeichen für die Holzfäller, dass dieser Baum entfernt werden soll. Falls Sie einmal durch mein Revier laufen, müssen Sie sich umstellen. Denn hier, wo der Plenterwald das Ziel ist, werden nur die Entnahmebäume mit einem Papierband gekennzeichnet.

Das Z-Baum-Modell entfernt den Wald also noch weiter von seinem natürlichen Aufbau, denn dadurch stehen irgendwann nur noch gleich dicke, gleich gute und gleich alte Exemplare auf einer Fläche. So etwas heißt im Fachjargon »Altersklassenwald«, und ähnlich einer Schulklasse ist hier nur noch ein einziger Jahrgang vertreten. Wenn aber alle Forstbetriebe umweltfreundlich wirtschaften wollen, warum wird dann weiterhin auf dem weitaus größten Teil der Waldfläche so gewirtschaftet? Das liegt daran, dass das Plentersystem den meisten Kollegen zu kompliziert ist. Mit den markierten Z-Bäumen lässt es sich viel einfacher wirtschaften. Einmal gekennzeichnet, sind spätere Durchforstungen ein Kinderspiel. Jedes Mal werden ein bis zwei Nachbarbäume mit Sprühfarbe gestrichelt und anschließend von den Waldarbeitern gefällt. So primitiv mutet das Verfahren an, dass die Markierung der zu fällenden Exemplare immer häufiger gleich den Waldarbeitern überlassen wird. Und warum überhaupt Waldarbeitern? Niedersachsen präsentierte schon vor Jahren eine Lösung, die mehr und mehr kopiert wird. Hier überließ man es versuchsweise den Fahrern der Erntemaschinen, welche Bäume sie entnehmen wollten.[47] Passieren konnte wenig, denn die wertvollen Z-Bäume waren mit ihrem Farbring tabu und alle anderen Exemplare sollten im Lauf der Jahre ja ohnehin verschwinden. Nebenbei wird bei solchen Aktionen manchmal auch das werbewirksam gepäppelte Laubholz beseitigt. Denn die jungen Buchen, die einst in die monotonen Nadelholzwüsten gepflanzt worden sind, stören die Sicht der Maschinenfahrer. Sie können aus drei Meter Höhe die Stammfüße der Bäume nicht mehr erkennen, wo sie die Säge des Greifarms ansetzen müssen. Daher sägen die Harvester die belaubten »Störenfriede« einfach ab.

Kommen wir noch einmal auf die Architekten zurück. Braucht man für solch eine einfache Forstwirtschaft überhaupt noch Förster? Genügt es nicht, wenn einmal ein Fachmann die Z-Bäume auswählt und alles andere den Holzfällertrupps überlässt? Genau so denken offensichtlich die staatlichen Forstverwaltungen, die den Zug mit Volldampf in diese Richtung steuern. Dies ist meiner Ansicht nach ein großer Fehler. Selbst wenn man beim einfachen Durchforstungsmodell und damit dem Altersklassenwald bleibt, gibt es doch eine Menge weiterer Dinge neben der reinen Holzernte zu berücksichtigen. Wer erkennt Brut- und Horstbäume und verhindert deren Fällung? Wer bemerkt seltene Quellbiotope, die mit ihren empfindlichen nassen Böden zu schonen sind? Wer entdeckt gefährdete Baum- und Straucharten, die in den Fichtenmeeren unterzugehen drohen und die Hilfe brauchen, indem man die Nadelbaumkonkurrenz entfernt?

Mit der Vereinfachung der Methoden wird der Wald immer uniformer, da die Helfer der Förster diese Feinheiten oft nicht erkennen. Und davon abgesehen soll es doch eigentlich das Ziel sein, den Wald naturnah, also ökologischer, zu bewirtschaften. Das würde aber eine Abkehr von der Z-Baum-Methode und eine Hinwendung zum Plenterwald bedeuten. Förster haben jedoch für solch anstrengende Arbeiten häufig weder Zeit noch Lust. Lust? Ja, die fehlt vielfach. Denn jahrelange Neuorganisationen haben einen enormen Frust unter den Waldhütern entstehen lassen. Ständig wird das Revier vergrößert, bekommt man neue Waldstücke dazu, die unbekannt sind. Um sich dort einzuarbeiten, braucht man zwei bis drei Jahre, und dann steht oft schon die nächste Reform vor der Haustür.

Der Personalabbau hat einen weiteren gravierenden Nachteil. Oft werden frei werdende Reviere einfach aufgelöst und auf die Nachbarn verteilt. Damit entfällt die Chance für junge Hochschulabsolventen, eine Stelle zu bekommen. Die Forstverwaltungen vergreisen und das Durchschnittsalter liegt häufig schon jenseits der 55 Jahre. In der Folge fehlen auch die Energie, die Leidenschaft und die Innovationsfreudigkeit junger Menschen. Die Gedanken der älteren Kollegen kreisen vielfach um Beförderungen oder die Pension, nicht aber um die Verbesserungsmöglichkeiten im Wald. Ich persönlich, Jahrgang 1964, gehöre immer noch zu den Jungspunden und merke dabei selbst, wie meine Leistungsfähigkeit im Vergleich zu früher nachgelassen hat. Die Kämpfe mit der Jägerschaft und den Forstverwaltungen, die ich zu Beginn ausgefochten habe, würde ich heute gar nicht mehr aushalten.

Unter allen Wipfeln ist Ruh'

In meinem Revier gibt es mehrere Buchenbestände, in denen die Bäume schon 190 Jahre alt sind. Sie stehen noch, weil es mir leidgetan hatte, sie einfach zu fällen. Also nahm ich sie von den jährlichen Durchforstungen aus und sie wuchsen weiter munter vor sich hin. Über die Jahre stieg der Druck seitens der staatlichen Aufsichtsbehörde, also dem Forstamt, nun doch endlich Hand anzulegen und das Holz zu verkaufen. Und da man als normaler Förster Buchen nicht älter als 160 werden lässt, war ich offiziell im Verzug – schließlich war ich damals noch Beamter der Landesforstverwaltung. Als solcher betreute ich zwar die Wälder der Gemeinde Hümmel, war aber dem Forstamtsleiter unterstellt. Wenn ich diese letzten Mohikaner retten wollte, musste mir etwas einfallen. Da kam mir der Zufall zu Hilfe.

Die Arbeitsgemeinschaft Naturgemäße Waldwirtschaft veranstaltete 2002 eine Fachtagung im Schwarzwald. Die Kollegen zeigten, wie sie mit den Folgen des Orkans Lothar, der im Dezember 1999 Süddeutschland und den Alpenraum heimgesucht hatte, fertig geworden waren. Wir stiefelten den ganzen Tag durch zerstörte Wälder, deren gebrochenes und zersplittertes Holz schonend geborgen wurde. Abends saßen wir dann bei einem Glas Bier zusammen und tauschten Neuigkeiten aus den Heimatregionen aus. Förster aus Hessen wussten Merkwürdiges zu berichten: Ganz im Norden, im Reinhardswald, würden neuerdings Urnen beigesetzt. Die Bäume würden als Grabsteine verkauft und für 99 Jahre geschützt. Das sei ein gutes Geschäft. Alle lachten herzlich: Förster als Totengräber? Ich hingegen war wie elektrisiert. Das war es! Nicht der geschäftliche Aspekt ließ mein Herz höher schlagen, nein, hier wurde eine Möglichkeit aufgezeigt, Wälder in Schutzgebiete umzuwandeln – meine geliebten alten Buchenwälder.

Kaum zu Hause angekommen, sprach ich mit dem Bürgermeister, der in Sachen Wald das letzte Wort hatte und meinen Vorschlag wenig später in der nächsten Gemeinderatssitzung vorbrachte. Nach intensiven Diskussionen beschlossen die Mitglieder, grünes Licht zu geben, und die Einrichtung eines Bestattungswalds konnte in Angriff genommen werden. Doch mein Eifer wurde von zahlreichen Behörden gebremst. Es dauerte über ein Jahr, bevor wir die Genehmigung in den Händen hielten. Und damit ging die Arbeit erst richtig los.

Zunächst musste ein passendes Waldstück ausgesucht werden. Natürlich fiel die Wahl auf einen alten Buchenbestand. Die majestätischen silbergrauen Stämme wirkten wie die Säulen einer Kathedrale, in der Schwarzspechte, Hohltauben und auch eine scheue Wildkatze zu Hause waren. Mich überkam ein Glücksgefühl: Dieser Wald, in der staatlichen Planung zur sogenannten Endnutzung vorgesehen, wurde nun für die nächsten 100 Jahre jeglichem Zugriff eines Försters entzogen. Das würden wir jedem Grabkäufer schriftlich geben und, sicher ist sicher, auch noch über einen Eintrag im Grundbuch der Gemeinde fixieren.

Die Buchen wurden eingemessen, mit kleinen Nummernplättchen versehen und in Karten übertragen. Außerdem wurde der alte, holprige Holzabfuhrweg geglättet und mit einer neuen Splittschicht bedeckt, sodass auch gehbehinderte Menschen eine Chance bekamen, den Ruheforst zu erkunden. Am Parkplatz, einem ehemaligen Holzlager, errichteten wir eine Informationstafel für Besucher. Im Herbst 2003 wurde der Bestattungswald feierlich eröffnet und wenig später erfolgte die erste Urnenbeisetzung. Auf diese Weise entstand das erste privat finanzierte

Buchenreservat, ein Teil meines Waldgebiets war gerettet. Von meinen Kollegen erntete ich nur Hohn und Spott; zum Totengräber würden sie sich niemals hergeben.

Recht hatten sie insofern, als sich mein beruflicher Alltag drastisch änderte. Die Hälfte meiner Arbeitszeit verbrachte ich nun damit, Interessenten den Ruheforst zu zeigen und bei Gefallen einen Grabbaum zu verpachten. Eigentlich eine angenehme Tätigkeit, denn es handelte sich durchweg um Naturliebhaber, die meine Sichtweise unterstützten. Die Grabgebühr deckte den Holzwert des ausgesuchten Baums ab, der damit seine finanzielle Schuldigkeit getan hatte und deshalb in Ruhe alt werden durfte.

Das Ganze funktioniert recht einfach: Interessenten können sich zu Lebzeiten oder im Todesfall eines Angehörigen einen Baum aussuchen. Um jeden Stamm sind im Umkreis von zwei Metern zehn Gräber eingemessen, die über 99 Jahre von der Familie, dem Freundeskreis oder auch nur einer einzelnen Person genutzt werden. Durch die lange Laufzeit können sich von der Oma bis zum Enkel drei Generationen unter dem Baum einfinden. Auf Wunsch weist eine kleine Namenstafel auf die Beigesetzten hin. Da nur biologisch abbaubare Urnen zulässig sind, wird der Waldboden nicht geschädigt. Und wenn sich die Gefäße auflösen, kann der Baum in der Asche wurzeln und sie als Nährstoffe für sein Wachstum nutzen. Das ist ein schönes Sinnbild für den ewigen Kreislauf. Die Grabpflege übernimmt die Natur, im Wald sind die Gräber daher nicht zu erkennen. Und so ist der alte Buchenwald auch nach über 2 500 Beisetzungen immer noch der alte: Neben vereinzelten Besuchern sind es vor allem die Tiere, die sich zwischen den mächtigen Stämmen wohlfühlen.

Das ist eine runde Sache, wären da nicht die tragischen Lebensgeschichten der Kunden. Naturbedingt gibt es viele darunter, die entweder einen Angehörigen verloren haben oder selbst schwer erkrankt sind. So wie das alte Ehepaar, das an einem heißen Som-

mertag 2004 nach Hümmel kam. Sie hatten sich telefonisch angemeldet, um sich die letzte Ruhestätte auszusuchen, und bei meiner Mitarbeiterin angegeben, sie seien schwer gehbehindert. Als
ihr kleines Auto auf den Schotterparkplatz einbog, stieg ich aus
meinem Geländewagen, um sie in ihrem Wagen zu begrüßen. Die
Frau kurbelte die Scheibe herunter, gab mir lächelnd die Hand
und erklärte bedauernd, dass sie keine zehn Meter laufen könne.
Kurzerhand bot ich an, beide in meinen Jeep zu verfrachten und
dann vom Hauptweg und aus dem Auto heraus eine Waldführung
zu machen. Gesagt, getan, und wenig später rollten wir durch den
alten Buchenwald. Ich erläuterte das Schutzkonzept, und beide
verliebten sich spontan in einen besonders dicken Baum. Er stand
am Weg, sodass das Paar ihn fast aus dem Fenster heraus berüh-
ren konnte. Beide sahen sich lächelnd an, nickten kurz und sag-
ten: »Den nehmen wir!« Ich notierte die Nummer und dann erzählte mir die Frau, dass sie beide krebskrank im Endstadium
seien. Sie hätten nur noch wenige Wochen zu leben und ihre
größte Sorge sei es gewesen, dass sie es nicht mehr schaffen könnten, eine gemeinsame Ruhestätte in der Natur zu finden. Dabei
strahlte sie mich an: »Das ist der schönste Tag seit Langem!« Im
Herbst sind dann die beiden Urnen gekommen und wenig später
fand die Beisetzung unter der alten Buche statt.

Auch die junge Frau, aufgedunsen von Medikamenten, geht
mir nicht mehr aus dem Sinn. Freudestrahlend lief sie auf eine
junge Buche zu, deren Stämmchen nur acht Meter hoch unter den
riesigen Altbäumen stand. »Der ist für mich allein«, entschied sie.
Der Gedanke an die letzte Ruhe unter ihrem Baum ließ ihr den
Abschied leichter werden und auch sie liegt mittlerweile im alten Wald.

Ich habe Jahre gebraucht, um mein seelisches Gleichgewicht
wiederzufinden. Fast jeden Tag höre ich von solchen Dramen
und kann mich nicht daran gewöhnen. Es tut mir immer noch

leid, wenn ich von verstorbenen Säuglingen, verunfallten Motorradfahrern oder dem Tod alter Menschen nach leidensvoller Krankheit erfahre. Neben der Anteilnahme zwingen mich diese Begegnungen immer wieder, mich mit der eigenen Endlichkeit auseinanderzusetzen. Hilfreich ist der Gedanke, dass ich vielen Menschen diesen schweren Gang mit der Vorstellung eines besonders schönen Ortes der Ruhe erleichtern kann. Dass sie sich ihren Traum von einem Grab in der Natur erfüllen können, wo der ewige Wettlauf des Materiellen ein Ende hat. Ob Millionär oder Sozialhilfeempfänger, im Wald verschwinden die Unterschiede.

Im Ruheforst ist es untersagt, Blumen abzulegen, schließlich soll der Wald möglichst natürlich erhalten bleiben. Das wissen die Angehörigen auch, und dennoch kommt bei manchen nach der Beisetzung das Bedürfnis auf, bei einem Besuch etwas mitzubringen. Deshalb haben wir eine kleine Andachtsstelle mit Holzkreuz und zwei Bänken eingerichtet, wo man auch einzelne Blumen ablegen darf. In Ausnahmefällen hält das jedoch manche nicht davon ab, etwas direkt auf das betreffende Grab zu legen. Konsequenterweise sammelt mein Mitarbeiter diese Dinge ein und legt sie unter das Kreuz. Es geht aber auch anders: Eine Zeit lang fand ich im Sommer regelmäßig kleine Wassereisstücke im Wald und fragte mich, wo sie herrührten. Selbst im Winter wäre eine Erklärung nur schwer zu finden gewesen, denn am Boden gab es nirgendwo Pfützen, die frieren könnten. Eines Tages entdeckte ich dann des Rätsels Lösung. Ein älterer Mann, der seine Frau im Ruheforst beigesetzt hatte, legte ein Wassereisherz auf das Grab. Diese Herzen fertigte er zu Hause in einer Form an, die er mit Wasser gefüllt ins Gefrierfach legte. Das Herz schmolz in der Sommersonne und zog so langsam in die Graberde ein. Ich war gerührt. Solche Gaben stören den Wald nicht und sind individueller als ein Strauß Blumen aus dem Geschäft.

Es gibt auch heitere Momente im Bestattungswald. Vor allem bei Baumkäufen, die der Vorsorge dienen, scherzen die Käufer gern und legen sich auch schon einmal zur Probe unter den Baum. Die gelöste Atmosphäre hilft den Menschen, mit diesem schwierigen Thema umzugehen. Vor allem Männer haben damit Probleme, wie der Fall eines alten Ehepaars deutlich macht. Beide gingen auf die 90 zu. Die Frau wollte nun endlich Maßnahmen zur Vorsorge ergreifen, wollte die Beisetzung so festlegen, dass ihre Kinder möglichst wenig Arbeit haben sollten. Ihr Mann ging dagegen nur äußerst widerwillig neben ihr durch den Wald. Er hatte kaum einen Blick für die Schönheit der Baumriesen und murmelte immer wieder: »Das können wir doch auch noch später machen.«

Survival im Wald

In den heimischen Wäldern herrscht eine gewisse Großzügigkeit. Es gilt das freie Betretungsrecht, das heißt, generell ist es jedem erlaubt, abseits der Wege durchs Unterholz zu streifen, egal ob der Wald staatliches, kommunales oder privates Eigentum ist. Lediglich Anpflanzungen und Schutzgebiete sind davon ausgenommen, hier gilt das Gebot, nur die Wege zu benutzen. Um die Bedeutung dieser scheinbaren Selbstverständlichkeit richtig einzuordnen, brauchen wir bloß einen Blick in das Land der unbegrenzten Möglichkeiten zu werfen. In den USA ist sehr viel Wald in Privatbesitz, doch trotz der riesigen Fläche ist man hier viel kleinlicher. Das Betreten fremden Eigentums ist nicht erlaubt und oft sind selbst größte Ländereien komplett eingezäunt. Die Nutzung der Natur ist bei uns zu Hause viel großzügiger geregelt. Selbst das Pilzesammeln für den Hausgebrauch ist zulässig, und das finde ich schon erstaunlich. Stellen Sie sich einmal vor, fremde Leute kämen in Ihren Garten, um Erdbeeren zu pflücken. Da wäre Ärger vorprogrammiert. Gehört Ihnen jedoch eine Waldparzelle, so müssen Sie es dulden, dass Fremde Pfifferlinge oder Steinpilze ernten, ohne zu fragen. Sozialbindung des Eigentums heißt das in der Fachsprache und bedeutet, dass wohlhabende Landbesitzer nicht einfach alles nur für sich behalten können.

In Mitteleuropa kommen Hunderte Einwohner auf einen Quadratkilometer Wald, doch da die meisten Wanderer auf den Wegen bleiben, hält sich das Gedränge zwischen den Bäumen in Grenzen. Allein schon der Gedanke, dass man seine Schritte dorthin lenken darf, wohin man will, erzeugt ein Gefühl der Freiheit. Diese Freiheit endet jedoch abrupt, wenn Sie mehr erleben möchten. Feuer machen, zelten oder gar Bäume fällen ist gesetzlich verboten, es sei denn, der Wald gehört Ihnen oder Sie besuchen einen touristisch ausgerichteten Forstbetrieb wie beispielsweise in Hümmel. Denn hier gibt es spezielle Angebote für Freizeitabenteurer.

Ende der 1990er-Jahre stellte ich den Wald mit der Gemeinde auf ökologische Bewirtschaftung um. Keine Kahlschläge mehr, kein Nadelholzanbau, keine Erntemaschinen. Für die erste Zeit bedeutete dies einen Einnahmerückgang, so dachte ich zumindest. Und damit das Ökoprojekt nicht aus finanziellen Gründen gefährdet würde, mussten andere Einnahmequellen her.

In meinem alten Geländewagen war kein Autoradio eingebaut und so gab es keine Ablenkung während der Fahrten. Meine Gedanken kreisten ständig um den Wald. Und eines Tages, auf einem einsamen Waldweg, kam ich auf die Idee – Survivaltraining. Als Jugendlicher hatte ich die Reiseberichte von Rüdiger Nehberg gelesen und war fasziniert von seinen Abenteuern mit Minimalausrüstung. Der gelernte Bäcker hatte einfach seinen Job an den Nagel gehängt und durchzog die entlegensten Winkel der Erde. Würmer als Hauptspeise, ein Reisiglager unter rauschenden Bäumen, das musste doch auch bei uns möglich sein! Rudi, der Bürgermeister von Hümmel, war einverstanden, und so konzipierte ich ein Wochenendprogramm für den Gemeindewald. Schnell war ein kleiner Flyer fabriziert und die örtliche Presse druckte gern einen Artikel über den verrückten Förster, der ein Überlebenstraining anbot. So waren die fünf Teilnehmerplätze rasch ausgebucht; losgehen sollte es an einem hoffentlich warmen Maiwochenende.

Da ich das alles selbst noch nie gemacht hatte, kamen mir immer mehr Bedenken, je näher der Termin rückte. Um dem Ganzen die Krone aufzusetzen, hatte ich auch noch den WDR informiert, der daraufhin für Samstagnachmittag ein Kamerateam angekündigt hatte. An sich wäre dies schöne kostenlose PR, aber wehe, wenn etwas schiefgehen sollte: Dann würden Hunderttausende von Fernsehzuschauern Zeugen meines Scheiterns.

Daher entschloss ich mich, wenige Tage vorher mit meinem Kollegen Jens einen Probedurchlauf zu machen und wenigstens eine Nacht im Wald zu verbringen. Die Ausrüstung war so spartanisch, wie sie auch für die Teilnehmer werden sollte: Im Rucksack befanden sich ein Schlafsack, eine Blechtasse und ein Jagdmesser. Daneben gab es noch ein paar Küchenutensilien wie eine Emaillekanne, Töpfe und eine schmiedeeiserne Pfanne. Um das Feuer stilecht zu entzünden, hatte ich mir einen Feuerstein sowie speziellen Stahl besorgt, der gut Funken schlug. Und zuletzt kam noch etwas Speiseöl, ein Paket Mehl und ein Glas mit Salz ins Gepäck, um die Wildnisdelikatessen geschmacklich akzeptabel herzurichten.

Gesagt, getan: Wir stapften los in ein einsames Waldgebiet, um dort ungestört unser Lager aufzuschlagen. Unterwegs sammelten wir ein wenig Nahrung, und dies war bereits der erste Reinfall. Jetzt erst merkte ich, wie bescheiden die brauchbaren Informationen in den Ratgebern waren, die es inzwischen zum Thema Survival gab. Da war kapitelweise von Bärenfallen, der Einrichtung von Hubschrauberlandeplätzen sowie vom richtigen Schießen mit Pistolen die Rede. Beim Thema Essen jedoch wurden die Autoren durchweg sehr einsilbig. Immerhin kannte ich noch ein paar heimische Kräuter, die als genießbar galten. Auch Insektenlarven sollten ja gesundes Eiweiß enthalten, und damit hatten wir bereits etwas Auswahl. Unter der Rinde einer umgestürzten Fichte fanden wir einige Bockkäferlarven. Der weiße Körper endete in einem braunen Kopf mit spitzen Zangen. Große Exemplare kamen auf vier Zentimeter Länge, sodass es beim Draufbeißen ordentlich spritzte. Der Geschmack war nussig-erdig, aber mir kam das dennoch ziemlich ekelhaft vor.

Gut, dann sollte es eben Löwenzahn- und Wiesenschaum-
krautblüten geben. Wir warfen die Blumen in eine Pfanne mit hei-
ßem Öl und waren ganz gespannt auf den Geschmack. Mit dem
ersten Bissen im Mund schauten wir uns kauend an. Jens spuckte
aus, ich aß tapfer weiter. »Mann, sind die bitter«, entfuhr es meinem Kollegen. Ich nickte und ergänzte: »Zäh sind sie auch.«

Nach dieser Mahlzeit schlüpften wir mit knurrendem Magen
in unsere Schlafsäcke. Und trotz meiner Müdigkeit lag ich die
ganze Nacht wach. Was sollte ich bei der Veranstaltung in den
kommenden Tagen bloß machen? Wäre es nicht besser, die Ak-
tion abzublasen? Ich könnte ja einfach krank werden!

Das Wochenende kam mit sommerlichen Temperaturen und
blauem Himmel. Für den 8. Mai war das eher untypisch für die
Eifel und ich nahm es als gutes Omen. Thorsten, Heinz, Claudia,
Dieter und Stefan, die zahlenden Gäste, trafen gut gelaunt ein.
Stefan bekundete gleich zu Anfang, dass ihm nicht ganz wohl
sei – keine gute Voraussetzung für eine Grenzerfahrung.

Um das Gefühl der Einsamkeit noch zu steigern, wählte ich den
Anmarschweg zum Lager besonders unbequem. Es ging durch
unwegsames Gelände, durch Gestrüpp und dichte Schonungen,
bis wir einen kleinen Talkessel erreichten. Hier war es besonders
still, sodass auch nachts kaum Geräusche von Straßen oder den
Dörfern zu hören waren. Der winzige Bach lieferte Wasser in
Trinkwasserqualität und ein Fichtenwald das nötige Brennholz.

Die Teilnehmer legten ihr Gepäck unter die Bäume, und dann
kamen die Äxte zum Einsatz. Mit großem Hallo wurden mehrere
Stämme gefällt und entastet, denn wir brauchten eine Menge grüner Zweige, die wir wannenartig in Schlafsacklänge aufschich-
teten. Das ergab eine weiche, federnde und gut isolierende Un-
terlage. Es dauerte etwa eine Stunde, bis für jeden ein solches
Nachtlager errichtet war. Bis dahin lief alles wie geplant. Auch die
nachfolgende Nahrungsbeschaffung für das Abendessen machte

meinen Gästen Spaß. Da wurden, geschützt mit Arbeitshandschuhen, die ich extra dafür eingepackt hatte, Brennnesseln gerupft und in Baumwollbeutel gestopft, Waldweidenröschen gepflückt und vor allem Insektenlarven gesammelt. Ich forderte die Teilnehmer auf, mit Messern unter der Rinde von toten Bäumen zu stochern, um Bockkäferlarven, Asseln und Regenwürmer zu finden. Heinz, Thorsten und Claudia waren sogar so mutig, das Krabbelzeug lebendig zu probieren. Stefan fühlte sich leicht unwohl und Dieter wollte später am Feuer die geröstete Variante probieren. Stimmung kam auf, als Claudia von einer Bockkäferlarve mit deren dicken Zangen in die Zunge gezwickt wurde – ein wehrhafter Snack.

Das Entzünden des Feuers mit Stahl und Feuerstein war ein weiterer Programmpunkt, der eine gewisse Seriosität vermittelte – denn es gelang mir auf Anhieb, eine Flamme zu erzeugen. Die Brennnesseln wurden gekocht, ausgewrungen und zu Frikadellen geformt. Gesalzen und in Öl gebraten schmeckten sie tatsächlich relativ brauchbar, und das wollte nach den Erfahrungen meiner Probeübernachtung schon etwas heißen.

Die Handvoll Insekten in der Bratpfanne verwandelten sich zu einer Art tierischer Chips und wurden zum kulinarischen Höhepunkt. Alle waren einigermaßen satt oder machten zumindest den Anschein, nun konnte also das gemütliche Beisammensein am Lagerfeuer beginnen. Ich selbst hatte, so muss ich gestehen, zu Hause kurz vor dem Abmarsch noch eine ganze Tafel Nussschokolade verdrückt, um eine gewisse Reserve mitzunehmen. Ganz im Gegensatz zu meinen Leidensgenossen, die größtenteils wegen der langen Anreise schon auf das Mittagessen verzichtet hatten.

Es wurde dunkel und alle saßen oder lagen um die Feuerstelle. Nun stand eine kleine Vorstellungsrunde an, die ich auf diesen Zeitpunkt verschoben hatte. Jeder schilderte seine Motivation, ein solches Wochenende zu buchen. Das Schlafen im Wald, das

Feuer, die eigenen Grenzen – die meisten Teilnehmer nannten dieselben Beweggründe. Wir vereinbarten noch eine Feuerwache, zu der die Dienste während der Nacht ausgelost wurden, und dann ging es müde in den Schlafsack.

Ich hatte gehofft, dass im stockfinsteren Wald jede Menge Tiergeräusche zu hören waren, quasi als akustischer Hintergrund für unser uriges Lager. Aber da war nichts, noch nicht einmal das Rascheln des Windes in den Kronen. Das wusste ich bis dato nicht: Die abendliche Brise schläft meistens ein und frischt erst gegen Morgen wieder auf. Waldnächte sind stille Nächte.

Beim Erwachen machte sich der Herdentrieb bemerkbar. Kaum schälte sich Stefan aus dem Schlafsack, so hielt es auch die anderen nicht mehr auf ihrem Lager. Der Morgenkaffee fiel mangels Kaffeepulver aus, stattdessen wurden Fichtentriebe ins heiße Wasser geworfen. Das schmeckte ganz nett nach Zitrone, aber ohne Zucker und vor allem ohne Brötchen war das doch ein wenig dünn. »Was gibt's denn zum Frühstück?«, fragte Heinz. »Entweder die restlichen Brennnesselfrikadellen oder das, was ihr sonst noch findet«, war meine Antwort. Also nichts, denn die kalten Frikadellen hatten ihren Reiz verloren.

Zum Zähneputzen nahmen wir Haselnusszweige, schnitten sie gerade ab und zerkauten ein Ende, bis es faserig wurde. Das ergab eine Art Bürstchen, mit dem sich die Zähne prima abschrubben ließen. Gegen den faden Geschmack im Mund half das aber nicht. Als allen klar wurde, dass das Frühstück ausfiel, machten wir uns auf, Wurzeln und Kräuter für das Mittagessen zu sammeln.

Auf einer Waldwiese, die vor lauter Löwenzahnblüten mehr gelb als grün war, kippte plötzlich die Stimmung. Claudia übergab sich, und als Stefan das sah, musste auch er brechen. Thorsten, Heinz und Dieter klagten über Kopfschmerzen. Alle ließen sich ins Gras fallen und zeigten kein Interesse, noch ein paar essbare Pflanzen und Insekten gezeigt zu bekommen.

Ich fühlte mich wie ein in die Enge getriebenes Tier. Was sollte ich nun machen? Gegen 14:00 Uhr war das Kamerateam angekündigt und offensichtlich löste sich gerade das Survivalwochenende auf, hatten die Teilnehmer einfach keine Lust mehr.

Völlig ausgelaugt ging die Truppe zum Lager zurück. Ich versuchte, zumindest den Kopfschmerzpatienten mit einem Tee aus Mädesüß zu helfen. Diese krautige Pflanze wuchs am kleinen Bach und enthielt Acetylsalicylsäure, also einen Bestandteil von Aspirin. Tatsächlich besserten sich die Beschwerden und damit auch die Laune. Pünktlich mit dem Eintreffen der Fernsehleute war die Stimmung wieder da, wo ich sie haben wollte. Vor der Kamera blühten die Teilnehmer regelrecht auf und zeigten, was sie gelernt hatten. Nun konnte ich auch endlich meine restlichen Programmpunkte einbauen. Heinz kaute genüsslich einen Kaugummi aus Fichtenharz und hielt das Ergebnis lächelnd in die Linse. Dieter und Claudia rösteten und zerrieben Löwenzahnwurzeln, um eine Art Kaffee daraus zu brauen. Auch Thorsten wollte seinen Beitrag leisten und schnappte sich das Mehl, das ich eigentlich nur zum Panieren unserer Funde mitgenommen hatte. Er knetete einen Teig und backte in der Pfanne große schwarze Fladen. Einzig Stefan verkündete vor laufender Kamera, er würde nun abbrechen. Schließlich vertrage nicht jeder so eine Tortur. Sprach's und stapfte aus dem Lager Richtung Dorf.

Das Kamerateam war begeistert, hatte die Geschichte doch alles, was für einen knackigen Bericht erforderlich war. Und später bei der Ausstrahlung wurden mir meine Sorgen genommen: Der Beitrag war insgesamt gut und als Werbung in Ordnung.

In den kommenden Jahren drehten alle großen TV-Sender über dieses skurrile Freizeitangebot. Auch Spiegel und FAZ berichteten, sodass sich die Anmeldungen häuften. Allein im ersten Jahr führte ich zwölf Survivaltrainings durch, was eindeutig zu viel war, und zwar für mich. Denn jetzt wurde mir klar, wie sehr die Gesellschaft schon durch das Fernsehen geprägt war. Viele sind es gewöhnt, abends mit der Fernbedienung in der Hand durch die Welt zu zappen und dabei genüsslich Chips zu essen. Diese Fernbedienung nahm ich den Teilnehmern gewissermaßen aus der Hand. Sie erwarteten trotzdem auch im Wald ein Programm, das ohne ihre Beteiligung vor ihren Augen ablief. Die häufigste Frage lautete: »Und was machen wir jetzt?« War kein Wasser im Lager, so ging kaum jemand ohne Aufforderung zum Bach. Drohte das Feuer zu erlöschen, so musste ich erst zum Holzhacken mahnen. Eine Gruppe hat das besonders übertrieben und das ausgerechnet im Winter. Durch die früh hereinbrechende Dunkelheit hätte doppelt so schnell gearbeitet werden mussen, um das Feuerholz für die lange Nacht herbeizuschaffen. Doch trotz aller Warnungen blieben die Teilnehmer lieber um das Feuer herum stehen und erzählten sich Geschichten aus ihrem Leben. Die Folge war, dass die Flammen weit vor Mitternacht erloschen. Im Schneeregen begannen die Ersten rasch zu frieren. Ich hingegen lag in einem kuschelwarmen Schlafsack, der für Temperaturen bis minus 20 Grad Celsius ausgelegt war. Am kommenden Morgen brach dann auch ein Teilnehmer wegen der Kälte ab.

Meine wichtigste Lektion aus diesen Trainings war aber eine andere: Nur mit vollem Magen ist man bereit, Experimente in Bezug auf die Nahrung einzugehen. Viele Menschen glauben, dass sie in Krisensituationen auch Würmer essen könnten, um nicht zu verhungern. Ob das wirklich klappt, können Sie ganz einfach testen, indem Sie das heute schon einmal probieren.

Bei den Survivalwochenenden war es regelmäßig so, dass nur freitags, also am ersten Nachmittag, Bockkäferlarven und Asseln verspeist wurden. Am zweiten Tag, an dem jede Gruppe einen dramatischen Einbruch erlebte, wollten alle nur noch von Zuhause träumen. Egal was ich anbot, die Gäste zog es zurück ins Lager, wo sich die müden Abenteurer sofort auf die Reisigmatratzen legten, um zu dösen. Mit sinkender Stimmung war die Lust aufs Exotische verflogen und der bohrende Hunger wurde von der Erschöpfung überdeckt. Zudem lockte das absehbare Ende: Nur noch einmal schlafen, dann ging es zurück nach Hause zum gefüllten Kühlschrank. Und genau diese Hoffnung auf ein besseres Morgen lässt die Menschen im Ernstfall lethargisch werden und schließlich verhungern.

Aber der Wald lehrte die Teilnehmer und mich noch weitere Dinge, nämlich die Geschmacklosigkeit unserer alltäglichen Nahrung. Das heutige Essen ist sehr vielfältig geworden. Schauen Sie beim nächsten Gang durch den Supermarkt einmal, wie viele Sorten es von einem Lebensmittel, beispielsweise Brot, gibt. Egal worauf Sie Appetit haben, ob Lachs oder Schweinefilet, ob Erdbeeren oder Bananen, ob Chips oder Schokolade, alles ist bei uns immer und überall verfügbar. Diese Vielfalt der Auswahlmöglichkeiten suggeriert eine Vielfalt des Geschmacks – doch erstaunlicherweise ist genau das Gegenteil der Fall. Im Wald mit seinen zähen, sauren oder bitteren Gaumenerlebnissen, die von den meisten einfach als ungenießbar angesehen werden, wird klar, dass unser Essen eine merkwürdige Art von Evolution durchlaufen hat. Verkauft wird nur, was schmeckt. Und da das Unterbewusstsein nach Fett, Salz und Zucker giert, sind diese Komponenten bestimmende Elemente aller Lebensmittel geworden. Was soll die Industrie auch machen: Sie will schließlich verkaufen. Saure Äpfel und bitteres Gemüse würden von den Kunden gnadenlos liegen gelassen, Chips ohne Geschmacksverstärker oder ungezuckerte, fettarme Schokolade bis zum Ablaufdatum unberührt bleiben.

Im Wald ist es für unsere verwöhnten Gaumen schon ein Highlight, wenn etwas einfach nur neutral schmeckt. Süßes oder Fettiges ist kaum zu finden und so ist es kein Wunder, dass die Natur unser Unterbewusstsein auf die Jagd genau danach programmiert hat. Im Alltag ist es leider so, dass wir fast nichts anderes mehr kaufen können.

Eine weitere Erkenntnis war die, dass Mitteleuropa doch sehr dicht bevölkert ist. Wenn man sich nur von den natürlichen Dingen des Waldes ernähren möchte, dann ist eine Gruppe von sechs Personen schon fast zu groß. Auf kilometerlangen Märschen ist das Gebiet um das Lager rasch abgegrast, sind die meisten Käferlarven schnell aufgespürt und das wenige Wildgemüse im Nu geerntet. Danach müsste die Gruppe weiterziehen, um nicht zu verhungern. Je Einwohner muss vor der Einführung von Ackerbau und Viehzucht eine Fläche von mehreren Quadratkilometern vorhanden gewesen sein oder umgekehrt ausgedrückt: Mitteleuropa würde wohl kaum mehr als 100 000 Menschen ernährt haben. Die derzeitige Anzahl von 229 Einwohnern pro Quadratkilometer Landfläche in Deutschland bzw. 100 in Österreich und 184 in der Schweiz ist also nur deshalb möglich[48], weil fossile Rohstoffe indirekt in Nahrungsmittel umgewandelt werden. Kunstdünger, Pestizide und der Einsatz von Maschinen mit Diesel als Treibstoff sorgen für gefüllte Vorratsschränke und wiegen uns in dem Irrglauben, wir könnten uns nach wie vor von den ohne unser Zutun vorhandenen Gaben der Natur ernähren.

Neben all diesen Erkenntnissen war es für mich immer wieder spannend, die Veränderungen der Menschen während der Tage im Wald zu erleben. Denn hier wird jeder auf sich selbst zurückgeworfen. In der Natur zählt weder die Bildung, noch die Herkunft, sondern nur der Umgang mit dem Ich und der Gruppe in einer Ausnahmesituation. Da war zum Beispiel einmal ein Vater-Sohn-Gespann. Der Junge war erst 14, was mir etwas Kopfschmerzen bereitete. Die Untergrenze war bisher immer der 15. Geburtstag gewesen, und das aus gutem Grund. Denn Kinder können mit Hunger sehr viel schlechter umgehen als Erwachsene. Aber der Vater, Andreas, hatte versichert, dass sein Junior ein wahrer Naturbursche sei und er selbst aufpassen werde, dass ihm nichts passieren würde. Daher akzeptierte ich die Buchung. Im Verlauf der Tour entpuppte sich dann Andreas schnell als Problem. Während der Junge Käferlarven verspeiste, dass es nur so eine Freude war, sprach der Vater schon zwei Stunden nach Beginn nur noch von seinen Lieblingsspeisen. Ein ganz schlechtes Zeichen. Denn wenn die Gedanken nur noch ums Essen kreisen, gar um wahre Gaumenfreuden, kann so ein Waldcamp schnell zur Hölle werden. Am zweiten Tag murmelte Andreas ab und zu etwas von »nach Hause« oder »kein Bock mehr«. Wollte er aufgeben? Letztlich hielt ihn nur sein Sohn davon ab, der sich prächtig amüsierte.

Ein anderer Fall war Josef. Er war sehr sympathisch, allerdings etwas lustlos. Vieles hielt er für überflüssig, auch die Nachtwachen am Lagerfeuer. Ich hatte diesen Dienst eingerichtet, damit wir immer Beleuchtung im Camp hatten, und sei es nur für den Toilettengang. Um alle entsprechend zu motivieren, erzählte ich von wilden Tieren, die ohne Feuer nachts über die Schlafsäcke stolpern könnten. Josef war das herzlich egal, er wollte einfach nur durchschlafen. Mir sollte es recht sein, denn eine echte Gefahr sah auch ich nicht.

Gegen 2:00 Uhr wurden wir plötzlich alle wach. Ein Quieken und Grunzen, nur wenige Schritte neben Josefs Reisiglager. So schnell habe ich noch nie jemanden aus dem Schlafsack schlüpfen sehen. Josef warf eine Handvoll Holz auf die Glutreste der Feuerstelle und fing voller Panik zu blasen an. Einige Minuten später erhellten Flammen die Szenerie und alle kamen zusammen. Ich konnte sie beruhigen: Die Schweine waren längst weg. Sie hatten sich genauso erschreckt wie wir. Am folgenden Abend gab es keine Diskussion mehr zum Thema Feuerwache, wir alle hatten unsere Lektion gelernt.

Von allen Survivalkursen gab es nur einen mit einer wirklich unangenehmen Begegnung mit Tieren, und die betraf ausgerechnet mich. Eines Morgens erwachte ich in meinem Schlafsack und hörte ein kratzendes Geräusch, das aus meinem Ohr kam. Da musste sich wohl eine Mücke verflogen haben. Ich bat einen Teilnehmer, doch einmal hineinzuschauen und das lästige Vieh zu entfernen. Doch er sah nichts, das Insekt schien sehr tief darin festzustecken. Den ganzen Tag über hörte ich immer wieder dieses Geräusch, und in der kommenden Nacht konnte ich kaum ein Auge zumachen. Wieder zu Hause angekommen, suchte ich einen Facharzt auf. Der konstatierte nach einem kurzen Blick in den Gehörgang: »Da sitzt eine Zecke auf Ihrem Trommelfell!« Er nahm eine Pinzette und zog das festgebissene Tier heraus. Wie das schmerzte! Naturerlebnisse sind eben nicht immer gesund.

Der Wald ist in der Lage, das Beste aus den Menschen herauszukehren. Diese Erkenntnis verdanke ich einigen Teenagern aus dem Ruhrgebiet, die ein sogenanntes Berufsvorbereitungsjahr absolvierten. Das ist eine einjährige Schulausbildung für Schulabbrecher und Jugendliche, die keinen Schulabschluss bzw. Ausbildungsvertrag haben. Nach Aussagen der begleitenden Lehrer waren alle Teilnehmer Härtefälle, die nur durch strenge Regeln im Zaum zu halten waren. Sie hatten sich für ihre Schüler eine Art Bootcamp vorgestellt, in dem sie das Leben abseits von Handy und Alkohol kennenlernen sollten. Untergebracht waren sie in einer alten Hütte, in der sie auch mit normalem Essen versorgt wurden.

Als ich mit den Jungen und Mädchen durch den Wald streifte, dachte ich mehrfach: »Warum hast du dir das überhaupt angetan?« Denn die Truppe schlurfte lustlos hinter mir her, spielte trotz des Verbots der Lehrer ununterbrochen mit ihren Handys und beschimpfte sich gegenseitig wüst. Dass sie auf mich keinen Bock hatten, verstand sich von selbst. Das übliche Programm mit Insektenlarven und Kräutern konnte ich mir ihrer Ansicht nach sparen, so einen Fraß würden sie nicht anrühren. Warum auch? In der Hütte gab es ja Brot und Wurst – ein Fehler, wie ich zuerst

dachte. Innerhalb von drei Tagen änderte sich dann unerklär-
licherweise die Stimmung. Während die erwachsenen Begleiter
mir von anstehenden Schulverweisen erzählten und über einige
Vorfälle daheim berichteten, blühten die Jugendlichen auf. Mehr
und mehr ließen sie sich auf Wald und Natur ein. Am letzten Tag
wuchsen sie über sich hinaus. Zwei Rehe, die ich komplett mit
Fell anliefern ließ, wurden von ihnen unter Anleitung abgezogen
und für das Abendessen fertig gemacht. Auch die Survivalsnacks
im Wald verschmähten die Teenies nicht mehr. Zum Schluss
wurden sogar lebende Spinnen um die Wette verspeist.

Am Lagerfeuer unterhielten wir uns noch lange und mir wurde
klar, dass es sich um intelligente junge Menschen handelte, die leider in einem ungünstigen sozialen Umfeld aufgewachsen waren.
Wochen später erhielt ich von jedem einzelnen Schüler einen
Dankesbrief und bei dem Gedanken, dass sie nun wieder in ihrem
normalen, eher trostlosen Alltag versinken würden, wurde es mir
schwer ums Herz.

Juniorförster

Im Sommer 1997 bereisten meine Familie und ich den Südwesten der USA. Meine Schwester Anne-Kirsten, Beamtin beim Auswärtigen Amt, war zu dieser Zeit am Generalkonsulat Los Angeles tätig, und so verknüpften wir den Besuch bei ihr mit einem Urlaub. Ich hatte als Kind die Bücher von Karl May verschlungen, habe mit Winnetou und Old Shatterhand gelitten und den Untergang der Indianer betrauert. Etwas muss davon hängen geblieben sein, denn ich wollte unbedingt die Reservate im Wilden Westen besuchen. Wir mieteten ein riesiges Wohnmobil, und nach einer Übernachtung bei meiner Schwester machten wir uns zusammen mit ihr auf in die unendlichen Weiten von Nevada, Colorado, Arizona und New Mexico. Die Landschaften waren atemberaubend und vor allem menschenleer. Kaum einmal begegnete uns ein Auto und die Wirklichkeit übertraf all die schönen Bildbände und Dokumentarfilme, die ich vorher verschlungen hatte. Eines fiel mir jedoch negativ auf: Im Gegensatz zu Europa war hier selbst der entlegenste Winkel mit Maschen- und Stacheldraht eingezäunt sowie mit Warnhinweisen zugepappt: »Privateigentum! Betreten verboten!« So frei war also dieses Land meiner Sehnsüchte.

Die Indianerreservate enttäuschten mich nicht, im Gegenteil. Ich war überrascht, wie viel von diesen Kulturen bis heute überlebt hatte. Auch unsere Kinder hatten ihren Spaß. Meine Schwester hatte uns Monate zuvor eine CD mit Indianergesängen geschenkt, um unser Reisefieber noch ein wenig anzuheizen. Die Lieder spielten wir wieder und wieder ab, und irgendwann konnten wir sie alle mitsingen. Auf einer Jeeptour durch ein Navajo-Reservat fingen Tobias und Carina, damals drei und fünf Jahre alt, plötzlich mit diesen Gesängen an. Die indianischen Guides stießen sich mit den Ellenbogen in die Rippen und freuten sich sichtlich, erkannten sie doch den Gesang als Navajo-Lied.

Tage später bereisten wir den Grand Canyon. Und hier hatte ich mein Schlüsselerlebnis in Sachen Umweltbildung, denn die Parkverwaltung veranstaltete für Kinder ein Juniorrangerprogramm. Zwei Tage lang galt es, Müll einzusammeln, Tiere und deren Spuren zu entdecken sowie einen Parkranger in ein Gespräch zu verwickeln. Es war rührend zu sehen, mit welchem Feuereifer unsere Kinder die Aufgaben erledigten. Selbst die Unterhaltung mit dem Ranger, die natürlich auf Englisch geführt werden musste, brachten sie trotz der Sprachbarriere und ihrer Aufregung hinter sich. Zur Belohnung gab es im Besucherzentrum eine Urkunde, einen Anstecker sowie einen Ärmelaufnäher, und beide wurden zum Raven-Ranger ernannt.

Bei mir machte es klick. So sollte man Kindern die Natur näherbringen! Wieder zurück in Hümmel rief ich bei der KOMMA an, einer Stabsstelle, die die PR der staatlichen Forstverwaltung in Rheinland-Pfalz koordiniert. Ich schilderte meine Eindrücke und regte an, ein solches Programm für Deutschland aufzulegen. Doch der Sachbearbeiter winkte ab. Man sei bereits dabei, Aktionen für Kinder vorzubereiten, und sehe keinen weiteren Bedarf. Schade.

Das war aber kein Grund für mich, diese Idee zu verwerfen. Carina stand kurz vor der Einschulung in der winzigen Grundschule des Nachbarorts Wershofen. Dort gab es nur vier Lehrer, von denen zwei der Direktor und seine Frau waren. Ich schilderte dem Schulleiter meine Idee und der engagierte Pädagoge war sofort Feuer und Flamme. Daher arbeiteten wir zusammen mit dem Kollegium einen Plan für Unterrichtsstunden im Wald aus.

Im Gegensatz zum nordamerikanischen Pendant wollten wir mit jeder Klasse zweimal im Jahr in die Natur hinausgehen und dort die Themen behandeln, die laut Lehrplan ansonsten im Klassenzimmer besprochen worden wären. Am Ende des vierten Schuljahres sollte dann eine Prüfung den Zyklus abschließen. Logisch, dass dabei eine Urkunde und ein Ärmelaufnäher nicht fehlen sollen. Wenige Wochen nach der Kontaktaufnahme war das Juniorförsterprogramm geboren.

Meine Tochter Carina gehörte mit ihrer Klasse zu den ersten Schülern, die in den Genuss dieses Programms kamen. Und ein Genuss war es für uns alle. Da wurde experimentiert und auf der Suche nach Käfern und Spinnen durch das nasse Laub gerobbt. Da wurden Spiele wie »Fledermaus und Motte« oder »Eichhörnchen im Winter« gespielt, um das Leben der Wildtiere nachzuempfinden. Und jedes Mal, daran ging kein Weg vorbei, gab es auf einer Lichtung ein großes Lagerfeuer, auf dem die mitgebrachten Würstchen gegrillt wurden. Es war für mich eine Freude zu sehen, dass das Konzept hier offensichtlich genauso gut funktionierte wie im Grand Canyon. Und nebenbei lernte ich die gesamte Jugend aller Dörfer meines Reviers kennen.

Ich hasse es, wenn ich etwas auswendig lernen muss. Viel wichtiger ist mir, die Dinge mit dem Herzen zu begreifen. Warum sollte es den Kindern anders gehen? Also standen bei der Juniorförsterausbildung keine klassischen Waldführungsinhalte im Fokus. Artenkenntnisse? Halb so wichtig! Wie welche Blume heißt, wie jenes Gras genannt wird – was spielt das für eine Rolle für das Verständnis unserer Umwelt? Ich erzählte der munteren Schar viel lieber von der Sprache der Bäume, von den Eltern und Kindern unter ihnen und ihrem Sozialleben. Viel wichtiger als botanische Bezeichnungen war uns, dass die Schüler die Zusammenhänge begriffen und ein Gespür dafür bekamen, wenn etwas nicht in Ordnung war. Von uns ausgebildete Juniorförster waren nach den vier Schuljahren in der Lage, einen natürlichen Wald von einer Plantage zu unterscheiden oder anhand der Optik junger Bäume zu erkennen, ob das Wild sie abgefressen hatte. Vor allem aber gaben wir ihnen das Gefühl von Waldbesitzern. Meinten im ersten Schuljahr noch alle, der Wald gehöre dem Förster, also mir, so verstanden die Viertklässler genau, dass sie selbst und ihre Familien Hausherren waren. Und falls ihnen nicht gefallen sollte, was ihr Waldhüter dort draußen so trieb, so wussten sie, bei wem sie sich beschweren konnten.

Ein wenig Artenkenntnis ist natürlich nicht schlecht, aber warum soll das immer nur über die Augen laufen? Unsere Schüler probierten die Bäume und bissen herzhaft in Fichtentriebe und Buchenblätter. Bei den Waldjugendspielen, einer Art Tageswettkampf für Schulen in ganz Rheinland-Pfalz[49], fiel eine Gruppe des dritten Schuljahres auch prompt dadurch auf, dass sie auf eine Frage nach der Baumart anfing, an den gezeigten Zweigen herumzuknabbern. »Das ist bestimmt eine Klasse von Herrn Wohlleben«, rief der die Kinder begleitende Forstamtsleiter aus.

Die Zukunft des Waldes

Seit dem Siegeszug von Kohle, Öl und Gas konnten sich die europäischen Wälder flächenmäßig erholen. Konnten, denn in den letzten zehn Jahren sind neue Gewitterwolken am Horizont aufgezogen. Luftverschmutzung, der Klimawandel und eine sich abzeichnende Übernutzung sind akute Gefährdungen für diese Ökosysteme.

Waldsterben

Als ich 1983 in die Forstverwaltung eintrat, sah es für den Wald düster aus: Saurer Regen, verursacht durch Industrie- und Verkehrsabgase, schädigte die Bäume massiv. Erst war es nur die Tanne, für die Alarm geschlagen wurde, dann traf es auch alle anderen Arten. Kahle Zweige, absterbende Wurzeln und auf den Höhenzügen erste tote Baumgruppen – es ging bergab. Experten rechneten damit, dass im Jahr 2000 ein Großteil der einst grünen Mittelgebirge kahl und öde daliegen würde. Dokumentationen der TV-Sender zeigten düstere Zukunftsvisionen von fahlen Landschaften, von erodierten Böden und einer lebensfeindlichen Umwelt. Fast schien es so, als sei das Ende der Zivilisation nahe. Für mich als angehenden Förster waren das keine guten Aussichten und ich überlegte, ob denn der Wald nach Abschluss meines Studiums überhaupt noch existieren würde.

Der Schock, den diese Meldungen in der Öffentlichkeit erzeugten, sorgte für einen tief greifenden Wandel: Industrielle

Abgase mussten entschwefelt werden und für Fahrzeuge wurden Katalysatoren Pflicht. Auch die Heizungen der Haushalte mussten schrittweise auf den neuesten Stand gebracht werden und heute hat der Säuregehalt der Niederschläge fast schon wieder vorindustrielle Werte erreicht. Ein echter Erfolg für die Umwelt! Dennoch geht das Waldsterben weiter, doch mittlerweile ist das Interesse der Öffentlichkeit zurückgegangen. Und ich persönlich habe den Verdacht, dass das heutige Siechtum der Bäume ganz andere Ursachen hat. Doch lassen Sie uns zunächst einen Blick auf die Abläufe der Krankheit und vor allem auf ihre Diagnose werfen.

Waldsterben ist der Begriff für ein Geschehen, das diverse komplexe Ursachen hat. Die Säuren, die in Abgasen enthalten sind, werden von Regengüssen aus der Luft ausgewaschen und landen im Boden. Dort reichern sie sich an und entfalten ihre Wirkung. Sie verschieben den pH-Wert so, dass sich die Nährstoffverfügbarkeit drastisch verändert. Manche Nährstoffe werden mit den Regengüssen in tiefere Schichten gespült, andere fester eingebaut, sodass sie für die Bäume nicht mehr nutzbar sind. Auch für uns Menschen ist das nicht ohne, denn im Trinkwasser finden sich durch diesen Prozess auch vermehrt andere Stoffe, die ausgewaschen werden, zum Beispiel Aluminium.

Der Nährstoffmangel ist aber noch nicht alles: Viele Feinwurzeln vertragen den aggressiven Niederschlag nicht und sterben ab und die für die Bäume wichtigen Bodenpilze, die Mykorrhiza, verabschieden sich gleich mit. Wenn von unten weniger Nachschub geliefert wird, können die oberirdischen Teile nicht mehr vollständig versorgt werden, und die Bäume versuchen, das Verhältnis von Krone zu Wurzel wieder ins Lot zu bringen, indem sie etliche Äste absterben lassen. Das lässt sie ziemlich zerrupft aussehen. Zudem werden die Blätter auch direkt geschädigt. Kleine gelbe Pünktchen verraten die Säureattacken. Fichten und Kiefern, die ihre Nadeln normalerweise mehrere Jahre lang tragen, werfen diese früher ab, sodass die einst dunklen Kronen auf einmal durchsichtig werden.

Als wäre dies nicht genug, wirken noch zwei andere Stoffe auf die Wälder. Der eine ist das Ozon, eine sehr aggressive Sauerstoffvariante. Es entsteht überwiegend durch Schadstoffe des Straßenverkehrs und reichert sich in Hitzeperioden in bedrohlichen Konzentrationen in der Luft an. Hier schädigt das Ozon nicht nur die Blätter, sondern auch Ihre Lunge. Daher geben die Wetterdienste bei entsprechenden Wetterlagen Ozonwarnungen heraus – dann sollten Sie draußen keinen Sport treiben, damit Sie die ungesunde Mischung nicht zu tief einatmen. Dieses bodennahe Ozon kann übrigens nicht den Ozonschwund der oberen Atmosphärenschichten ausgleichen, welcher als Ozonloch regelmäßig Schlagzeilen macht.

Der zweite Schadstoff ist Ammoniak, das hauptsächlich aus der industriellen Landwirtschaft, speziell der Massentierhaltung, stammt. Die Landwirte müssen jährlich Millionen Tonnen Gülle, ein Gemisch aus Harn und Kot, entsorgen. Besonders preiswert geht dies auf den Feldern, die dabei auch noch gedüngt werden. Dass das Bodenleben in einem Fäkaliensumpf erstickt, ist ein anderes Thema.

Beim Ausbringen der Gülle werden gewaltige Ammoniakmengen freigesetzt. Das stinkt nicht nur bestialisch, sondern das Gas wird mit dem Wind auch in die Wälder geweht. Dort versauert es die Böden zusätzlich und wirkt darüber hinaus als Dünger, der die Bäume zum schnelleren Wachstum anregt. Es ist tatsächlich so, dass unsere Wälder in den letzten 20 Jahren deutlich mehr Holz liefern als früher. Doch was positiv klingt, ist in Wahrheit ein kräftezehrender Akt der ohnehin schon angeschlagenen Kandidaten. Die Energie, die ins Wachstum gesteckt wird, fehlt bei der Krankheitsabwehr. Zudem sind die schnell gewachsenen Zellen im Holz sehr groß und enthalten viel Luft, was die Lebensbedingungen von holzzerstörenden Pilzen verbessert, die sich bevorzugt in solchen Bäumen ansiedeln. Schon nach wenigen Jahrzehnten sind viele Stämme ausgefault und hohl wie ein Ofenrohr. Die negativen Auswirkungen der Gülleausbringung dauern bis heute an. Die Luftverschmutzung insgesamt ist jedoch stark zurückgegangen, sodass zumindest der Säuregehalt des Regens wieder in verträglichen Bahnen verläuft.

Das Verständnis der natürlichen Kreisläufe muss in forstlichen Kreisen sehr beschränkt sein. Anders ist es nicht zu erklären, dass das Waldsterben bis auf den heutigen Tag äußerst merkwürdig bekämpft wird. Wie schon im Chemieunterricht gelehrt wird, neutralisiert Kalk Säuren. Was liegt also näher, als Kalk über die Waldböden zu streuen, um die Auswirkungen der Versauerung rückgängig zu machen? Folgerichtig wird seit 20 Jahren auf Tausenden von Quadratkilometern Kalk ausgebracht. Wegen der Unzugänglichkeit vieler Gebiete geschieht dies mit Hubschraubern, die mit angehängten Behältern über die Bäume fliegen und das vermeintliche Heilmittel zerstäuben. Auch ich habe dies zu Beginn meiner Tätigkeit als Revierleiter machen lassen. Leider. Denn inzwischen weiß ich, dass ich damit den Boden geschädigt habe.

Bauern kennen den alten Spruch: »Kalk macht reiche Väter und arme Söhne.« Das bedeutet, dass man bei so einer Düngung heute große Erträge erzielt, die aber auf Kosten der künftigen Bodenfruchtbarkeit gehen. Denn der weiße Stoff hat es in sich. Er kurbelt das Bodenleben derart an, dass Bakterien und Pilze den Humus in Windeseile verzehren. Dabei setzen sie jede Menge Nährstoffe frei, sodass die Pflanzen auf solchen Flächen prächtig gedeihen. Allerdings ist das Ganze nur ein Strohfeuerwerk. Denn kaum ist der Humus zersetzt, verkehrt sich der Effekt ins Gegenteil. Die Nährstoffe sind verbraucht und nun zeigt sich, dass eine andere wichtige Eigenschaft des Humus, nämlich Wasser speichern zu können, fehlt. Die Böden trocknen schneller aus und den Pflanzen geht es schlechter als zuvor. Im Wald passiert das Gleiche, sodass dieses Mittel gegen das Waldsterben das Siechtum langfristig nur weiter beschleunigt. Kurzfristig wachsen die Bäume aber schneller, denn die Kalkung verstärkt den ungesunden Schub, der durch die Gülleausbringung und den damit verbundenen Ammoniakeintrag ausgelöst wird.

Bezahlt werden die Hubschraubereinsätze teilweise aus staatlichen Klimaschutzmitteln. Für die Kohlenstoffspeicherfunktion der Wälder bekommen die Staaten Gelder aus dem Emissionsrechtehandel der Industrie. Denn Holz und Boden speichern CO_2, welches durch das Baumwachstum zuvor der Atmosphäre entzogen worden ist. Beginnt dann aber der Humusabbau, werden seine Bestandteile von Mikroorganismen zersetzt, die dabei Kohlendioxid produzieren. Ist der Humus durch die Kalkung schließlich verschwunden, so sind pro Quadratkilometer bis zu 20 000 Tonnen CO_2 in die Luft gelangt – schlechter kann man Klimaschutzgelder nicht einsetzen.

Damit enden die negativen Auswirkungen leider noch nicht. Denn es gibt auch von Natur aus besonders saure Böden, auf denen sich spezielle Ökosysteme entwickelt haben. Entlässt nun der Hubschrauber seine staubige Fracht auch über diesen, so sterben die Pflanzen und Tiere dort und das gesamte Ökosystem wird zerstört.

Verwaltungen gleichen Supertankern, die einen enorm langen Bremsweg aufweisen. Im Dickicht der Behörden haben es neue wissenschaftliche Erkenntnisse sehr schwer, an die Basis vorzudringen, die für die Ausführung verantwortlich ist. Und so wird bis zum heutigen Tag munter weiter gekalkt.

Aber ich sprach in diesem Zusammenhang von einem Verdacht. Ich glaube, wir sitzen alle einer gewaltigen PR-Kampagne auf. Meine Vermutung stützt sich auf Beobachtungen, die ich landauf, landab machen konnte und die alle in dieselbe Richtung weisen. Zu Beginn des Waldsterbens war sicher die Säurebelastung der Hauptfaktor für das Siechtum der Bäume. Doch heute, angesichts einer erheblich verbesserten Luftqualität, wird ein weiterer Grund deutlich, an dem ältere Buchen, Eichen oder Fichten kranken – die Forstwirtschaft.

Die Waldbäume sind vielfältigen Beeinträchtigungen ausgesetzt. Zerstörte Böden, durch Anzucht und Pflanzung deformierte Wurzeln, genetische Ausdünnung und der Chemieeinsatz schwächen das Ökosystem deutlich. Der Hauptgrund für dürre Zweige und schlappe Blätter ist meiner Meinung nach aber die Auflösung der Sozialgemeinschaft. Denn wird mit der Motorsäge über die Jahre ein Baum nach dem anderen entfernt, so werden Kameraden getrennt, Kindern ihre Eltern weggenommen und das Kleinklima auf den Kopf gestellt. Der Wind pfeift zwischen den verbliebenen Bäumen hindurch und trocknet die Böden aus. Warme Sonnenstrahlen heizen die Luft auf und verdorren das Laub. Das vertragen ältere Bäume nicht mehr, denn sie sind nicht mehr so flexibel wie die jungen. Kleine Äste sterben ab, Blätter bleiben winzig und werden kränklich gelb, und bei den Fichten rieseln mehr Nadeln herunter, als wieder nachwachsen können. Wie gerupfte Hühner stehen einst majestätische Exemplare in der Landschaft. Dass das nicht normal ist, kann ich jeden Tag in unseren alten Buchenwäldern beobachten. Sie gelten in Forstkreisen als überaltert, weil sie mit rund 200 Jahren bereits 40 Jahre über dem regulären Nutzungsalter liegen. Diese Bestände werden seit Langem nicht mehr angetastet und wachsen wie durch ein Wunder auf nahezu unbeeinflussten, völlig intakten Böden. Und siehe da, trotz ihres hohen Alters sind sie gesund. Keine toten Äste, kein kümmerliches Laub, nein, hier stehen kraftstrotzende Prachtstücke dicht an dicht. Es ist nicht nur eine Parzelle, auf der dieses Phänomen zu beobachten ist, sondern es sind viele verschiedene, die über das ganze Revier verteilt sind. Was sie alle eint, ist, dass hier keinerlei Forstwirtschaft mehr stattfindet.

Es ist nicht so, dass ich noch nie alte Buchen habe fällen lassen. In einigen Waldabteilungen habe ich als junger Förster Hand an die mächtigen Stämme gelegt und sie als teuer bezahltes Holz nach China verkauft. Das ist Vergangenheit und dennoch kann man die Folgen bis heute sehen. All diese genutzten Parzellen weisen bei den verbliebenen Buchen die typischen Schäden auf, die dem Waldsterben zugerechnet werden.

Die zuständigen Ministerien haben offensichtlich kein Interesse daran, die Ursachen für das Baumsiechtum zu ergründen. Denn die Auswirkungen der Forstwirtschaft werden nicht näher untersucht. Stattdessen beschränkt man sich im Wesentlichen auf die Begutachtung der Baumkronen, um dann das Fazit im jährlichen Waldzustandsbericht zu veröffentlichen. Je nachdem, wie viele Laubblätter oder Nadeln sie tragen, ob Äste absterben oder Verfärbungen von Grün nach Gelb auftreten, ordnet man die Bäume fünf Schadstufen zu. Schon leichte Blattverluste werden dabei als Schaden betrachtet, und wie irreführend das Ergebnis sein kann, mögen zwei Beispiele verdeutlichen. 2011 verkündete das Bundesministerium für Ernährung, Landwirtschaft und Verbraucherschutz, dass speziell die Buche stark von Schädigungen betroffen sei. Tatsächlich hatte diese Baumart landauf, landab im Sommer besonders wenig Laub an den Zweigen. Ursache war die starke Blüte und die darauf folgende massive Fruchtbildung. Die Zweige waren einfach schon besetzt, sodass vielfach kaum noch Platz für Blätter vorhanden war. Daraus eine Verschlechterung des Gesundheitszustands abzuleiten, halte ich für abenteuerlich. Auch in Trockenjahren wie 2003 und 2011 verlieren viele Bäume Nadeln und Laubblätter, um die Verdunstungsfläche zu reduzieren. Sind sie deshalb krank? Das wäre so, als würden Sie jedes Mal zum Arzt geschickt, wenn Sie Durst haben.

Wirklich alarmierend ist es, wenn oben in der Krone Zweige absterben. Denn diese Triebe sind stets die jüngsten und besonders vital. Verliert der Baum hier an Masse, dann geht es mit ihm bergab. Im Lauf der Jahre wird er immer kleiner, denn die toten Äste brechen im nächsten Sturm herunter. Irgendwann ist der kümmerliche Kronenrest zu klein, um den mächtigen Stamm zu ernähren, und der Baum stirbt.

Um zu diagnostizieren, woran das liegt, müsste die Gesamtsituation analysiert werden. Ist der Boden durch Maschinenbefahrung verdichtet worden oder fällte man kürzlich seine Nachbarn? Diese Faktoren sind einfach zu ermitteln und könnten von den Aufnahmeteams des Ministeriums gleich mit in die Erhebungsbögen eingetragen werden. Ich bin sicher, dass der größte Teil der geschädigten Bäume darunter leidet. Beachtet man die Begleitumstände allerdings nicht, so kann gar keine Beurteilung der Ursachen stattfinden. Das ist schon praktisch, denn nun kann ungeniert die Schuld auf die Landwirtschaft oder die Industrie geschoben werden.

Klimawandel

Während meiner Schulzeit im Gymnasium in Sinzig waren die Umweltzerstörungen durch den Menschen ein häufiges Thema im Erdkundeunterricht. Wie sah die Zukunft der Menschheit aus? Gab es überhaupt eine? Heiß diskutiert wurde die Studie Global 2000, die 1977 vom US-Präsidenten Jimmy Carter in Auftrag gegeben worden war. Darin wurden die Veränderungen bis zum Jahr 2000 skizziert und schenkte man den Experten Glauben, so sah es für die nächsten 20 Jahre pechschwarz aus. Leer gefischte Meere, abgeholzte Regenwälder, verhungernde Menschen, steigende Temperaturen und eine Ausbreitung der Wüsten – das reinste Horrorszenario. Diese Prognosen haben meine Einstellung zur Natur und mein Handeln stark geprägt. Nicht alles ist wie vorhergesagt eingetroffen, aber in der Tendenz hatten die Autoren recht. Nach dem Waldsterben, der Regenwaldvernichtung und den leer gefischten Meeren ist seit einigen Jahren der Klimawandel in den Fokus geraten. Und das finde ich sehr schade. Denn durch den Blick auf dieses Thema schauen wir in eine völlig verkehrte Richtung.

Das muss ich erklären: Auch ich halte den Temperaturanstieg für eine Bedrohung, gegen die etwas unternommen werden sollte. Wenn es tatsächlich durchschnittlich um zwei bis vier Grad wärmer wird, werden wir und unsere Nachkommen diesen Planeten nicht mehr wiedererkennen. Aber alle Maßnahmen, die bisher ergriffen worden sind, heizen das Klima noch weiter auf. Sämtlichen Strategien liegt meiner Meinung nach nämlich ein gewaltiger Denkfehler zugrunde.

Energie wird grundsätzlich gebraucht, um unsere natürlichen Kräfte, unsere Muskelleistung, zu vervielfachen. Pflügten Bauern früher mit Kühen oder Pferden, so konnten sie an einem Vormittag einen Morgen (2 500 Quadratmeter) bearbeiten, dann waren sie und die Zugtiere ermüdet. Moderne Traktoren mit bis zu 350 PS schaffen das Hundertfache. Das »Zaubermittel«, das diesen Leistungsschub ermöglicht, heißt Erdöl. Und egal, wohin Sie schauen, überall werden wir von diesem beflügelt. Bagger und Raupen, Pkw und Lkw, Flugzeuge und Schiffe, wir werden stärker, schneller und erzeugen immer mehr Produkte. Nebenbei wird allein in Deutschland jedes Jahr eine Fläche von der Größe Münchens zugebaut und unter Asphalt begraben.

Der Energieverbrauch führt daher letztendlich stets zu einer Umgestaltung der Umwelt. Wäre es da nicht am besten, diesen Verbrauch zu drosseln? Damit schlügen wir zwei Fliegen mit einer Klappe: Der Ausstoß von Treibhausgasen ginge zurück und die

Zerstörung unserer Natur würde ebenfalls gebremst. Eine solche Politik gilt jedoch leider nicht als zeitgemäß. In Zeiten schwankender Börsen und angeschlagener Währungen muss die Wirtschaft stabilisiert werden und möglichst immer weiter wachsen. Daher schauen alle, selbst die Partei der Grünen, auf erneuerbare Energien.

Grundsätzlich ist Strom aus Sonne, Wind und Wasser sinnvoll. Unter dem Strich ist die Ökobilanz dieser Art der Energieerzeugung positiv; lediglich bei Bau und Wartung der Anlagen fallen Klimagase an.[50] Was ist also schlecht daran, den Ausbau zu forcieren, damit wir alle irgendwann nur noch »grüne« Energie verbrauchen? Gar nichts, wenn die Sache zu Ende gedacht würde. Denn das hieße auch, dass wir für eine saubere Klimabilanz Öl, Kohle und Gas wirklich ersetzen müssten. Für jedes von einem Windrad erzeugte Kilowatt Strom müsste auch ein Kilowatt fossiler Brennstoffe in den Lagerstätten bleiben, dürfte nicht mehr gefördert werden. Doch das ist nicht der Fall. Unser Ökostrom kommt zusätzlich auf den globalen Energiemarkt und bewirkt lediglich, dass nun andere mehr Öl, Kohle und Gas nutzen. Mit jeder Solarzelle, jedem Wasserkraftwerk steigern wir die am Markt verfügbare Energiemenge. Und da Energie nun einmal zur Umgestaltung der Natur eingesetzt wird, bedeutet auch jedes Kilowatt Ökostrom zusätzliche Umweltzerstörung.

Mir ist nur ein größeres Projekt bekannt, mit dem tatsächlich eine Erdöllagerstätte nicht genutzt werden soll. Der Yasuni-Nationalpark in Ecuador birgt im Untergrund drei große Ölvorkommen. Um den tropischen Regenwald im Park nicht zu gefährden und einen Beitrag zum Klimaschutz zu leisten, hat das Land angeboten, die Quellen nicht auszubeuten, wenn die internationale Gemeinschaft die Hälfte des geschätzten Werts bezahlt.[51] Genau so muss Klimaschutz funktionieren. Ökostrom produzieren, Öl- und Gasfelder stilllegen und die Eigentümer finanziell in die Lage versetzen, selbst ebenfalls in Solar- und Windenergie einzusteigen. Obwohl der Deutsche Bundestag das Vorhaben begrüßte, lehnte es der zuständige Bundesminister für wirtschaftliche Zusammenarbeit und Entwicklung, Dirk Niebel, ab.[52] Und so sorgt der Kampf gegen den Klimawandel lediglich für ein Zusatzangebot an Energie und verursacht darüber hinaus noch neue Wunden im Wald, und zwar in Form von Windrädern.

Windparks

Ich habe nichts gegen Windenergie, genauso wenig wie gegen Fabriken oder Straßen. Mich interessiert jedoch bei allen Eingriffen in den Naturhaushalt, ob sie vermeidbar sind oder zumindest so schonend wie möglich durchgeführt werden. Seit der Reaktorkatastrophe von Fukushima ist in der Branche allerdings scheinbar der Wilde Westen ausgebrochen. Denn erneuerbare Energien sollen im Eilschritt ausgebaut werden. Hast ist immer ein schlechter Ratgeber, und wer schnell rennt, schießt leicht über das Ziel hinaus. Im Fall der Windenergie landete man dabei im Wald. Und der hat für die Windmüller mehrere unschlagbare Vorteile. Da sind zunächst die Besitzverhältnisse. Ein Windpark lohnt sich nur ab einer gewissen Größe, da zur Stromabnahme eine teure Infrastruktur aufgebaut werden muss. Acht bis zwölf Räder müssen sich schon gemeinsam drehen, um Leitungen, Trassen und Umspannwerke zu rechtfertigen. Der Abstand der einzelnen Windräder zueinander muss dabei mindestens 500 Meter betragen, da sie sich mit den erzeugten Luftverwirbelungen sonst gegenseitig stören. Die Gesamtgröße eines Windparks erstreckt sich daher über mehrere Kilometer. Die Betreibergesellschaft müsste nun eigentlich mit Hunderten von Privatpersonen Verhandlungen über Kauf oder Pacht von Grundstücken führen. Das kann sich über Jahre hinziehen, und so lange will niemand warten. Wald aber, zumindest der in öffentlicher Hand, ist in der Regel großflächig im Besitz einer Gemeinde oder des Staats. Dadurch gibt es nur wenige Ansprechpartner und die Verträge sind schnell geschlossen. Zudem steht Wald meist auf Kuppen oder Bergrücken, da sich solche Formationen für die Landwirtschaft oder eine Besiedlung nicht eignen. Und dort oben weht der kräftigste Wind. Schließlich ist auch der Baumbestand vorteilhaft, der zumindest für Waldspaziergänger den Anblick der gigantischen Anlagen verdeckt und die optische Verschandlung der Landschaft abmildert.

Nun ist der Großteil der Wälder in eine der zahlreichen Schutzkategorien eingestuft, die einschneidende Veränderungen verhindern sollen. Aber sogar die Grünen möchten sich davon nicht bremsen lassen. Daher lautet die klare Parole etwa in Rheinland-Pfalz und Baden-Württemberg, wo die Grünen in der Regierungsverantwortung sind, dass selbst Vogelschutzgebiete, deren fliegende Bewohner naturgemäß durch die Rotoren besonders gefährdet sind, kein Hindernis darstellen. Das weiß ich aus einer der Dienstbesprechungen, zu denen mich das Forstamt nach wie vor einladen muss. Energie aus Wind soll um jeden Preis verfünffacht werden.[53] Auch Bayern mit seinen schönen Bergen und Wäldern möchte nicht hintenanstehen. Die CSU hat Ausbaupläne für Windenergie aufgelegt, neben denen die der Grünen blass erscheinen.[54] Bedenken von Bürgern werden als notorische Quengelei gegen den Fortschritt abgetan. So ein Vorgehen hatte ich bisher immer mit instabilen Entwicklungsländern in Verbindung gebracht. Dort zählen Schutzgebiete nichts, wird Natur rücksichtslos ausgeplündert. Aber hier bei uns, in Mitteleuropa?

Vielerorts regt sich der Widerstand der örtlichen Bevölkerung, denn wer bekommt schon gern einen Riesenturm vor die Nase gesetzt. Und die Beeinträchtigungen können einem im wahrsten Sinn des Wortes auf die Nerven gehen. Da ist zum Beispiel der Schattenwurf. Steht die Anlage im Westen oder Osten, so scheint die aufgehende Sonne durch die sich drehenden Rotorblätter hindurch. Ein sekündlicher Wechsel von Licht und Schatten flackert dann ins Schlaf- oder Wohnzimmer und stört dort. Auch das Rauschen trübt den Naturgenuss im Garten. Zudem kann sich im Winter Eis an den Blättern bilden, das durch die Drehbewegung Hunderte von Metern weggeschleudert wird. So ein Geschosshagel kann lebensgefährlich sein und verleidet Spaziergänge in freier Feldflur. Naturfreunde beklagen getötete Fledermäuse und Vögel, die zerfetzt am Fuß der Masten zu finden sind. Natürlich verursacht jede Art der Energieerzeugung Beeinträchtigungen bis Schäden. Aber wäre es nicht besser, den Energieverbrauch drastisch zu senken, anstatt ihn mit anderen Mitteln aufrechtzuerhalten?

Aufgrund der Ausdehnung des Walds kann man die Windräder weit entfernt von Siedlungen aufstellen. Die störenden Effekte fallen dann kaum noch jemandem auf. Einzig der Fernblick wird getrübt. Denn solange es keine Flächennutzungspläne für Windenergie gibt, könnte demnächst überall ein Mast neben dem anderen aus dem Blätterdach emporragen. Aber daran kann man sich vielleicht gewöhnen. Die lokale Bevölkerung möchte sich dennoch nicht den heimischen Wald zubauen lassen. Die Methoden der Investoren, trotzdem Fuß zu fassen, erinnern mich stark an die der Jagdpächter. Denn ich konnte neulich miterleben, wie die vermeintlich einfache Landbevölkerung über den Tisch gezogen wird. Der Bürgermeister einer Nachbargemeinde hatte mich eingeladen, an einer eigentlich nur für Ratsmitglieder vorgesehenen Veranstaltung teilzunehmen, zu der ein Windkraftanlagenbauer geladen hatte. Redebeiträge waren mir daher nicht erlaubt, aber ich durfte zuhören – und bei dem, was ich da hörte, fiel es mir sehr schwer, mich nicht zu äußern.

Vor Vertretern der örtlichen Gemeinderäte traten zwei Herren mittleren Alters auf. Der eine von ihnen, optisch genau das Gegenteil eines knallharten Geschäftsmanns, begrüßte die Runde. Er sei einer von ihnen, stamme aus der Gegend und sei von daher schon vertrauenswürdig. Seine Firma habe Erfahrung mit der Planung und dem Bau von Windkraftanlagen. Ganz wichtig sei es ihm und seinem Kompagnon, dass die Bevölkerung an den Gewinnen beteiligt werde. Aus diesem Grund sei geplant, Beteiligungsgesellschaften zu gründen, in die Einwohner einzahlen könnten und zu Miteigentümern würden.

Ich muss zugeben, das klang sehr gut. Denn der Ärger über die Verschandelung der Landschaft würde sich so in pure Freude über jede Umdrehung der Rotoren wandeln.

Die anwesenden Gemeinderäte wurden mit hohen Prämien geködert. Pro Windrad und Jahr werde ein Betrag von 30 000 Euro gezahlt, da musste so mancher der Anwesenden schlucken. Die meisten Kommunen sind praktisch pleite und können sich noch nicht einmal 400 Euro für die Bepflanzung ihrer Blumenbeete leisten. Wenn man nun mehrere Windräder auf Gemeindegrund errichten ließ, wären die Finanzen saniert.

Der Köder war gelegt und von einigen sogar schon geschluckt. Mir als unbeteiligtem Beobachter drehte sich allerdings der Magen um. 30 000 Euro? Ich wusste von anderen Standorten, bei denen mehr als das Doppelte gezahlt wurde. Muss man so etwas nicht ausschreiben, um Höchstgebote zu erzielen? Egal, es herrschte eine Stimmung wie bei einer Rheumadeckenveranstaltung. Die Vergütung sei nicht verhandelbar, denn es handele sich um den Betrag, den jede Firma zahle.

Ein Finger hob sich. Ob man die Windräder vom Dorf aus sehen könne, ob sie den Blick verstellten, wollte eine Rothaarige wissen. »Nein, natürlich nicht!«, beeilte sich der sympathische Geschäftsmann zu versichern. Die geplante Anlage erstrecke sich über einen Höhenkamm, der zwar im Gemeindewald liege, sich jedoch an der Grenze zum Nachbardorf befinde. Spätestens jetzt hätten eigentlich die Alarmglocken schrillen müssen. Denn diese Methode ist nichts weiter als ein Taschenspielertrick. Die Antwort war keine Lüge, hätte aber korrekterweise lauten müssen: »Die eigenen Anlagen können Sie nicht sehen. Die der anderen Gemeinden aber sehr wohl.« Denn diese planen natürlich dasselbe, also einen Windpark, der Geld abwirft, aber möglichst weit weg von den Häusern stehen soll. Wenn jeder auf die Grenze baut, dann schaut niemand auf die eigenen, sondern nur auf fremde Räder. Die Landschaft ist anschließend völlig verbaut, weil man sich untereinander nicht abgesprochen hat. Ganz dumm aus der Wäsche werden all die Kommunen schauen, die Windkraft ablehnen und an den Grenzen dennoch eine Anlage nach der anderen sehen.

Damit ist der Ärger vorprogrammiert, aber es gibt bereits Ansätze, das zu verhindern. So könnten die Verwaltungen Gebiete für Windparks ausweisen, von denen jede Gemeinde, die optisch oder durch Bebauung betroffen ist, Zahlungen erhält. Diese könnten im Verhältnis zur Entfernung der Orte von den Windrädern gestaffelt sein – je näher dran, desto mehr »Schmerzensgeld« fließt in die öffentlichen Kassen.

Durch das aggressive Vorgehen der Planer läuft für solche Lösungen jedoch die Zeit ab, denn wenn das erste Dorf eine Anlage errichtet hat, von der es nichts an andere abzugeben braucht, denkt jeder nur noch an sich selbst. Und mit dem ersten Präzedenzfall müssen die Behörden dann jeden weiteren Einzelfall genehmigen, eine Gemeinschaftslösung wäre damit hinfällig. Verlierer dieses Wettlaufs ist der Wald, der völlig unkoordiniert zugebaut wird. Aber gibt es überhaupt größere Schäden zwischen den Bäumen? Auch hier wussten die beiden Herren zu beschwichtigen. Lediglich rund 5 000 Quadratmeter Fläche gingen dauerhaft verloren, das sei doch wirklich nicht viel. Sie verschwiegen, dass zum Aufbau der 200-Meter-Ungetüme die doppelte bis dreifache Fläche abgeholzt werden muss, damit große Kräne die Türme aufstellen können. Und das ist noch nicht alles. Normale, etwa fünf Meter breite Waldstraßen reichen nicht aus, damit die

Transportfahrzeuge die Anlage zum Standort bringen können. Ein einziges Rotorblatt ist länger als 50 Meter, hinzu kommen Fahrerkabine und Aufbauten. Dieser Lindwurm will um die engen Windungen schmaler Wege gebracht werden, deren Radius viel zu klein ist. Soll es richtig vorwärtsgehen, so müssen Planierraupen die Trasse auf zehn Meter verbreitern und die Kurven entsprechend ausbauen. Da kommen schnell noch einmal einige Hektar an Fläche zusammen, auf denen Bäume für immer weichen müssen. In den seltensten Fällen sind Forststraßen bereits breit genug und die Kurven ausladend und weit. Baumaßnahmen sind trotzdem auch hier erforderlich, weil schon die normalen Lkw der Holzabfuhr schwere Schäden verursachen.

Die meisten Waldwege gehen noch auf Zeiten zurück, in denen Pferde das Holz hinaustransportiert haben. Gerade bei nassem Wetter wird die gesamte Fahrbahn bei der Überfahrt zerdrückt und sorgt für Unmut bei Wanderfreunden und Radfahrern. Mit dem Antransport der Windräder steigt die Belastung um das Zweieinhalbfache. Die Turmbauteile sind wahre Schwergewichte und lassen das Gewicht der Transportfahrzeuge auf über 100 Tonnen ansteigen, wie ich im Verlauf einer Dienstbesprechung erfuhr. Da müssen dann regelrechte Waldautobahnen gebaut werden, um alles termingerecht an Ort und Stelle zu bekommen. Viele abgelegene Forste wachen so abrupt aus ihrem Dornröschenschlaf auf und mit ihnen ihre Bewohner.

Die Sorgen der Ratsmitglieder waren also zerstreut worden: Hohe Einnahmen, kaum Eingriffe in die Landschaft, da musste man doch zugreifen! Und das Risiko? Welches Risiko? Darüber sprachen die beiden Herren nicht, und es wurde auch nicht nachgefragt. Nur wer genau hinhörte, erfuhr quasi zwischen den Zeilen, wie das Projekt abgewickelt werden sollte. Planen und bauen, das würden sie erledigen. Den Betrieb könne dann eine Betreibergesellschaft übernehmen, schließlich solle die Bevölkerung profitieren und ein Bürgerwindpark entstehen. Sie selber wollten sich um die Wartung der Anlagen kümmern, denn dafür seien sie die Fachleute und, wie erwähnt, der Heimat besonders verbunden. Sie würden so als Ansprechpartner weiter vor Ort verfügbar sein.

Ein Rechtsanwalt, der sich mit dieser Materie intensiv beschäftigt, hat mir auf einer Tagung verraten, dass viele Projektierer ihr Geld mit dem bloßen Bau der Windräder verdienen. Der Betrieb hingegen sei ihnen relativ egal. Ihre Gewinnspanne realisierten sie aus Preisnachlässen beim Kauf der Windräder vom Hersteller, denn der Betreibergesellschaft würden die vollen Kosten in Rechnung gestellt. Mit dem Betriebsrisiko hätten sie nichts zu tun und die Wartung ließen sie sich gut entlohnen.

Für die neuen Eigentümer der Anlagen sieht die Sache anders aus. Bläst der Wind nicht so, wie vorhergesagt, was in den letzten Jahren häufiger der Fall war, gibt es weniger Strom und damit geringere Einnahmen. Da kann die Kalkulation schnell aus dem Ruder laufen, worüber schon etliche Gesellschaften gestolpert sind. Mit der Insolvenz versiegen auch die stolzen Gewinne der Kommunen und am Ende lachen nur die Initiatoren. Gleiches gilt übrigens für den Staatswald. Denn die Forstverwaltungen greifen dankbar jede Gelegenheit auf, ihre Finanzsituation zu verbessern. Wo jeder Waldbesucher, der unbefugt einen Weg mit einem Moped befährt, kostenpflichtig verwarnt wird, spielen Großeingriffe mit dauerhafter Störung des Lebensraums scheinbar keine Rolle – Hauptsache, die Kasse klingelt.

Ich bin nicht gegen Windenergie. Sie kann sicher einen Beitrag zur Stromproduktion liefern. Aber warum stellt man die Räder nicht an Autobahnen, entlang der Schienenwege, in Industriegebieten oder neben Stromtrassen auf? Überall dort, wo es fern von Siedlungen bereits erhebliche landschaftliche Beeinträchtigungen gibt, würden die Rotoren wenig stören. Denn eines wird über die Schönfärberei, diese Bauwerke seien ein Zeichen für den

Umweltschutz, gern vergessen: Es handelt sich um große Industrieanlagen mit all ihren Auswirkungen auf die Umgebung. Wer möchte schon ein Gewerbegebiet neben seinem Einfamilienhaus haben, wer eine Schnellstraße oder eine Müllverbrennungsanlage? Ich finde die schnellen, unbürokratischen Genehmigungsverfahren befremdlich und wünschte mir, diese Energieparks würden genauso sorgfältig geprüft wie jedes andere Bauvorhaben.

Noch lieber wäre es mir allerdings, wir würden einer Beispielrechnung des Umweltbundesamts folgen. Dieses rechnete 2009 aus, dass wir bis 2015 110 Milliarden Kilowattstunden Strom eingespart hätten, wenn wir alle wirtschaftlich sinnvollen Sparpotenziale ausschöpfen würden. Das entspricht einer installierten Kraftwerksleistung von 21 Gigawatt oder 7 000 modernen Windkraftanlagen, die dann überflüssig wären.[55]

Für mich ist all das neben den Sorgen um den Wald ein faszinierendes Schauspiel. Sobald mit Geldbündeln gewedelt wird, verhalten sich Behörden und Politiker wie Einwohner einer Bananenrepublik. Naturschutz, Einwände der Bevölkerung, Nachhaltigkeit? Egal, Hauptsache, die öffentlichen Kassen können davon profitieren und das eine oder andere Haushaltsloch kann gestopft werden. Würden alle ihre Wälder ökologisch bewirtschaften und wiesen ihre Jagdpächter in die Schranken, so könnten sie aus der Forstwirtschaft ähnlich hohe Gewinne einstreichen wie mit der Windenergie. Aber dieser Weg ist viel anstrengender und mit mehr Ärger verbunden. Schade.

Energie aus Holz

Die weitaus größere Gefahr für den Wald geht von der Holznutzung selber aus. Im Zug des Ausbaus der Bioenergie gerät Holz mehr und mehr in den Fokus. Denn die Klimaziele der Politik sind nur durch den Ersatz von Kohle und Öl durch Biomasse zu erreichen. Ihre Verbrennung gilt als CO_2-neutral, ihre Produktion per se als problemlos. Folgerichtig stellten wir schon vor 20 Jahren unsere Ölheizung ab und feuern seitdem nur noch mit Holz. Den Strom beziehen wir von Greenpeace und damit müsste unser Haushalt eigentlich klimaneutral versorgt werden.

Der gute Ruf des Holzes beruht auf einer einfachen Annahme. Jeder Baum nimmt beim Wachstum CO_2 auf, welches er mithilfe von Sonnenenergie und Wasser in Zucker, Zellulose und Lignin umwandelt. Daraus baut er das Holz auf. Stirbt der Baum, so zersetzen ihn Insekten, Bakterien und Pilze, wobei sie CO_2 freisetzen, und zwar exakt die Menge, die der Baum beim Wachsen aufgenommen hat. Wenn nun der Mensch anstelle der Natur den Baum erntet und in Stücke hackt, so geben die Scheite beim Verbrennen im Ofen nicht mehr CO_2 ab, als das im Wald beim Verrotten der Fall ist. Für die Atmosphäre ist die Belastung daher gleich null, zumal bei geregelter Forstwirtschaft an derselben Stelle im Wald sofort ein neuer Schössling gepflanzt wird, der nun seinerseits wieder CO_2 aufnimmt – ein ewiger Kreislauf. Gibt es ein schöneres Sinnbild für erneuerbare Energien? Wäre es nicht erstrebenswert, wenn möglichst viele Menschen so heizen würden?

Es gibt einen Spruch über diesen rustikalen Brennstoff: Holz macht zweimal warm. Einmal beim Hacken und dann beim Verheizen. Bei mir spielte irgendwann der Rücken nicht mehr mit, eine Bandscheibe musste sogar entfernt werden. Um dennoch weiter klimaneutral zu bleiben, ließen wir eine Pelletheizung in unser Forsthaus einbauen. Pellets sind kleine Holzröllchen, die aus Sägespänen gepresst werden. Diese Röllchen können in Tanklastern transportiert werden, lassen sich im Keller in großen Bunkern lagern und können vollautomatisch verheizt werden. Dazu transportiert eine computergesteuerte Förderschnecke gleichmäßig eine kleine Menge in den Brenner, der sie verfeuert und damit das Wasser im Heizkreislauf erwärmt. Im Prinzip ist solch eine Anlage so bequem wie eine Öl- oder Gasheizung, zumindest wirbt die Branche mit diesen Vorteilen. Mit Holz heizen, ohne einen Finger krumm zu machen? Genau das Richtige für meinen Rücken, und so arbeitet seit Frühjahr 2009 eine Pelletzentralheizung in unserem Keller. Die Bequemlichkeit ist nicht ganz so hoch wie versprochen, denn der Aschekasten muss regelmäßig entleert und die Wärmetauscher mit einer Drahtbürste gereinigt werden – eine staubige Angelegenheit. Das würde mich nicht weiter stören, wenn ich nicht bei Recherchen über ganz andere Dinge gestolpert wäre.

Aufgrund meiner Bücher stehe ich in Kontakt zu einer Reihe von Umweltschützern und Forschern. Einer davon, ein leitender Mitarbeiter des Max-Planck-Instituts in Jena, ließ mir einen Bericht über Kohlenstoffkreisläufe zukommen: die Studie Carbo-Europe-IP, veröffentlicht Anfang 2009.[56] Rund 400 Wissenschaftler aus Europa und Übersee hatten jahrelang ermittelt, welche Landnutzungsformen sich wie auf das Klima auswirken. In dem Bericht war auch ein Kapitel zum Thema Wald enthalten. Was ich da las, ließ meine heile Welt der Klimaneutralität zusammenbrechen. Denn laut dieser Studie sind Wälder keine Kohlenstoffkreisläufe von ewigem Werden und Vergehen. In Urwäldern sterben immer wieder Bäume und diese werden von Organismen zersetzt, allerdings nicht vollständig. Ein Anteil organischer Masse reichert sich im Boden an, gleichsam weggeschlossen wie in einem Tresor. Denn unter dem Laub ist es kalt und dunkel, sodass jedes Leben erlahmt. Aus diesen Resten bilden sich im Lauf der Jahrtausende Vorstufen von Kohle. Rund die Hälfte der Biomasse eines Walds wird so im Keller des Ökosystems gespeichert, aber nur dann, wenn der Mensch nicht dazwischenpfuscht. Sobald Bäume gefällt werden, gelangen Licht und Wärme auf den Boden. Das lässt Bakterien und Pilze zu Höchstform auflaufen, die auch den Bodenkohlenstoff wieder abbauen. Der Tresor wird geplündert und das gespeicherte CO_2 entweicht in die Atmosphäre. Und damit nicht genug: In bewirtschafteten Wäldern gibt es im Vergleich zu Urwäldern gleicher Größe nur etwa ein Drittel oberirdischer Biomasse (vor allem Bäume). Kein Wunder, werden die Bäume in unseren Forsten doch schon in jungen Jahren gefällt, bevor sie zu mächtigen Stämmen heranreifen. Die ständigen Durchforstungen hinterlassen offene, lichtdurchflutete Bestände, die analog zur Biomasse auch nur noch ein Drittel des Kohlenstoffs speichern.

Hier im Revier Hümmel bieten wir jedes Jahr Praktikumsplätze für Forststudenten an. Zu ihrer Aufgabe gehört es unter anderem, Bilanzen für diese Kreisläufe aufzustellen und das Ganze laienverständlich zu präsentieren. Das erschreckende Ergebnis lautet: Holz schneidet in Sachen Klima keinesfalls besser ab als Erdgas oder Öl. Zwar wächst es laufend nach, ist also ein erneuerbarer Rohstoff. Da genutzte Wälder aber wesentlich weniger Kohlenstoff speichern, muss dieser Ausfall jedem Stück Nutzholz in Rechnung gestellt werden. Umgerechnet auf eine Kilowattstunde Energie aus Brennholz steht fossiles Erdgas in Bezug auf die CO_2-Emissionen sogar besser da als der vermeintliche Ökorohstoff.

Da war die schöne Rechtfertigung für meine Pelletheizung dahin. Aus der Traum vom klimaneutralen Haus. Aber nicht nur für mein Haus. Was auf den Brenner in meinem Keller zutrifft, setzt sich bei der Verfeuerung von Biomasse in Kraftwerken fort. Für jedes Stück Nutzholz, egal ob zu Papier, Möbeln oder Brennholz verarbeitet, gilt: Draußen im Wald, wo der Stamm einst geschlagen wurde, wächst zwar ein neuer nach, der in den Folgejahren wieder CO_2 bindet. Gleichzeitig strömt jedoch auf Dauer bei durchforsteten, sonnendurchfluteten Wäldern mindestens noch einmal die gleiche Menge CO_2 aus den Böden.[57] Schade, dass das CO_2 nicht zu hören ist. Würde es zischen und pfeifen, uns gingen sämtliche Argumente für diesen angepriesenen Rohstoff Holz aus. Pro Quadratkilometer entweichen nach meinen Berechnungen unter mitteleuropäischen Verhältnissen bei einem Kahlschlag, der härtesten Form der Holzernte, bis zu 100 000 Tonnen CO_2 in die Atmosphäre.

Biomasse aus Holz hat einen wichtigen Platz im Kampf gegen den Klimawandel. Würde es nicht mehr als neutral angerechnet, so verfehlten sämtliche Regierungen ihre für die nächsten Jahrzehnte verkündeten Ziele. Da wundert es nicht, dass die Erkenntnisse der Wissenschaftler, von denen einige Regierungsberater sind, nicht berücksichtigt werden. Denn unsere Waldnutzung würde dann als das entlarvt, was sie ist: eine grüne Form der Landausbeutung.

Der positive Effekt des Wechsels von fossilen zu nachwachsenden Rohstoffen ist also ein modernes Umweltmärchen. In Wahrheit belastet die Forstwirtschaft die Natur teilweise stärker als der Verbrauch von Öl oder Kohle. Umweltschutz beschränkt sich aber nicht nur auf den Gashaushalt der Atmosphäre, sondern betrifft vor allem den Erhalt ganzer Ökosysteme. Und ich möchte hier einmal ganz überspitzt fragen: Entlasten fossile Rohstoffe da nicht gleich doppelt? Wird Öl anstelle von Holz eingesetzt, können die Bäume im Wald stehen bleiben. Zudem lassen sich Äcker intensiver bewirtschaften, nach dem Motto »Traktoren statt Pferde, Kunstdünger statt Mist«. Damit kann pro Hektar mehr produziert werden, was die benötigte landwirtschaftliche Fläche reduziert – vorausgesetzt, wir steigern nicht gleichzeitig den Verbrauch. Auch das entlastet die Landschaft. Dreht man das Rad der Entwicklung hingegen zurück und versucht, fossile Energieträger durch Pflanzen zu ersetzen, leiden unsere Mitgeschöpfe. Denn ein Mitarbeiter des Umweltbundesamts erklärte mir anlässlich der Grünen Woche in Berlin 2009, im vorherigen Jahr seien allein in Deutschland über 3 000 Quadratkilometer Ackerrandstreifen und andere Stilllegungsflächen verschwunden. Grund sei die steigende Flächennachfrage für Mais, Raps und andere Produkte zur Gewinnung von Bioenergie.

Ich plädiere nicht für den gesteigerten Verbrauch von Kohle, Öl und Gas. Im Gegenteil, ich bin für Verzicht. Holz gegen Öl, Mais gegen Gas, das verschleiert nur das Erfordernis, unseren Lebensstandard endlich den Möglichkeiten der Erde anzupassen. Warum sollte es so schlimm sein, unser Wirtschaftsniveau auf das der 1960er-Jahre zu senken? Die Natur könnte aufatmen und wir flögen nicht dreimal im Jahr in den Urlaub, sondern führen einmal nach Italien. Genügend zu essen, ausreichend Kleidung und auch ärztliche Versorgung, all das wäre immer noch gesichert, für uns und vor allem unsere Kinder. Aber nein, die Wirtschaft muss wachsen. Obwohl jeder Schüler per Zinseszinsrechnung nachweisen kann, dass dies nicht unbegrenzt so weitergehen kann, mögen wir uns einfach nicht bremsen. Wachstum und Umweltschutz schließen sich auf dem heutigen Niveau der Industrie aber aus. Wer beides will, muss einen Aspekt opfern. Und welcher das ist, wissen wir alle. Damit zumindest unser Gewissen beruhigt wird und wir weiter ohne Albträume schlafen können, bietet uns die Politik das Gutenachtmärchen von der sauberen grünen Energie aus Pflanzen an.

Warmzeit

Apropos Klimawandel. Welche Auswirkungen hat es überhaupt für Bäume, wenn es wärmer wird? Das möchte ich gern am Beispiel meiner Lieblingsbaumart erklären. Buchen können sich genetisch sehr stark voneinander unterscheiden und damit ganz verschiedene Eigenschaften aufweisen. In der Vergangenheit, als das Klima während der Kleinen Eiszeit (Anfang des 15. Jahrhunderts bis etwa 1900) stark abkühlte, war das Überleben der Art nur gesichert, weil es genügend Individuen gab, die damit zurechtkamen. Und ähnlich wird es in der Zukunft sein: Nicht alle Buchen kommen damit zurecht, aber es wird etliche Kandidaten geben, denen die Wärme wenig anhaben kann. Es dürfen nach neuesten Forschungsergebnissen aus Bayern wohl ein paar Grad mehr sein, bevor diese Baumart die Segel streicht.[58] Bei welchen Temperaturen das genau sein wird, kann niemand sagen. Denn es hängt von vielen Faktoren ab, wie viel die Buchen aushalten.

Die schlimmste Folge der steigenden Temperaturen wird vermutlich ein sommerlicher Wassermangel sein. Denn wenn es wärmer wird, verdunstet Wasser zum einen schneller. Zum anderen verbrauchen die Bäume dann auch mehr, außerdem soll es grundsätzlich weniger regnen. Und nun kommt die Befahrung der Böden mit schwerem Gerät ins Spiel. Wenn diese dadurch bis zu 95 Prozent ihrer Wasserspeicherkapazität verlieren, können sie während des Winters weniger speichern, sodass die Winterniederschläge kein Reservoir für den Sommer mehr sind.[59] Der Klimawandel wird Wälder auf solchen Böden daher nicht erst bei einer Temperaturerhöhung von zwei Grad treffen, sondern er trifft sie schon heute. Sie verdursten in der Hitze und die sichtbaren Schäden werden dem sogenannten Treibhauseffekt zugeschrieben.

Umgekehrt kann ein Wald mit intaktem Untergrund viel mehr aushalten. Dazu zwei Beispiele: Ich habe während meines Studiums an einer Exkursion in einen Kiefernwald in Franken teilgenommen. Dieser Forst lag in einer sehr niederschlagsarmen Gegend. In Kombination mit dem Sandboden und dem warmen Weinbauklima war es ein regelrechter Hungerstandort für einen Wald. Nun wollte man dort ökologisch wirtschaften und hatte vor langer Zeit unter die Kiefern kleine Buchen gepflanzt. Sie sollten mit ihrem Laub für eine Abmilderung der sauren Nadelstreu sorgen, damit Regenwürmer und Co wenigstens etwas brauchbare Nahrung fanden und guten Humus produzierten. Eigentlich ein zum Scheitern verurteiltes Unterfangen, gilt die Buche auf solch trockenen Böden doch normalerweise als unbrauchbar. An diese Prognose haben sich die Bäume aber nicht gehalten. Sie wuchsen und wuchsen über die Jahrzehnte immer höher, der Boden unter ihnen blühte regelrecht auf und irgendwann hatten sie die Kiefern überwachsen. Und so war aus dem Nadelforst ein Laubwald geworden.

Dieser Wald wurde uns als Beispiel dafür gezeigt, dass sich ein Wald sein Klima selber macht. Durch die neue Humusschicht konnte der Boden viel mehr Wasser speichern als früher und die Bäume überstanden die warme Jahreszeit ohne Wassermangel.

Das zweite Beispiel stammt aus meinem eigenen Revier und hier wieder aus den alten Buchenwäldern. Im Rekordsommer 2003 wurde es für viele Bäume eng, da es ein halbes Jahr lang nicht nennenswert regnete. In den durchforsteten Beständen verloren etliche Laubbäume schon im August einen großen Teil der Blätter, um die Verdunstung radikal zu drosseln und nicht einzugehen. Die unberührten Parzellen mit intaktem Urwaldboden dagegen blieben kräftig grün und die Buchen schienen von der Hitzewelle völlig unbeeindruckt.

Dieses Phänomen trifft man überall in der Natur, selbst bei Ihnen und mir. Fühlen wir uns wohl, sind wir also seelisch ausgeglichen und körperlich gesund, so werden wir kaum krank. Stress in Beruf oder Familie macht uns dagegen anfällig für Infektionen. Und den Bäumen ergeht es nicht anders. Werden sie durch die Forstwirtschaft gequält, halten sie kaum noch weitere Belastungen aus. Doch statt die Wälder endlich zu schonen, wird an anderen Lösungen gebastelt.

Fremdlinge und ihr Gefolge

Es könnte so einfach sein. Förster bräuchten nur mit den natürlich vorkommenden Baumarten zu arbeiten, überließen der Natur die Aussaat und die Pflege des Waldes und würden nur hier und da einzelne Stämme ernten. Die ursprünglichen Prozesse, das Sozialleben der Bäume könnte weitgehend ungestört ablaufen und alle wären zufrieden. Solche Wälder würden mindestens so viel Holz wie die Plantagen erzeugen und wären, verknüpft mit dem einen oder anderen Schutzgebiet, in meinen Augen für das dicht besiedelte Mitteleuropa die Ideallösung. Einen Haken gibt es dabei leider, denn dazu müsste man sich eingestehen, bisher etwas verkehrt gemacht zu haben. Und diese Einsicht fehlt bis heute. Daher wird der Klimawandel genauso bewertet wie das Waldsterben: Immer sind die anderen schuld. Die bisherige Bewirtschaftung wird beibehalten oder gar noch zur Gewinnung von Biomasse verschärft, und dennoch muss schleunigst eine Lösung her. Denn in den tieferen Lagen der großen Flusstäler sterben schon heute quadratkilometerweise Fichtenwälder ab. Aber deswegen auf fremde Baumarten, gar auf Nadelhölzer, verzichten? Kommt gar nicht infrage, und deshalb suchen Verwaltungen und forstliche Forschungseinrichtungen nach Alternativen. Denn wenn der Brotbaum, der Gewinnbringer, ausfällt, muss gleichwertiger Ersatz geschaffen werden. Mit der Weißtanne und ihren positiven ökologischen Eigenschaften, also der laubbaumähnlichen Streu und ihrer Eignung als Lebensraum für heimische Insekten und Pilze, wäre dies zumindest in Mischung mit Laubbäumen denkbar, aber ihre magische Anziehungskraft für Rehe und Hirsche verhindert vielfach ihren Anbau. Wie wäre es mit der Waldkiefer? Sie gilt als Trockenkünstler und müsste doch mit der Erwärmung zurechtkommen. Schließlich wird sie schon seit etlichen Generationen im regenarmen Brandenburg mit seinen heißen Sommern angebaut. Viele Jahre zum Anbau empfohlen, wird es stiller um diese Baumart. In meinem Revier lasse ich in letzter Zeit Kiefern nach und nach überall dort fällen, wo irgendeine Laubholzart in der Nähe steht. Denn seit 2003 gab es mehrere sehr trockene Vegetationsperioden und zu meiner eigenen Überraschung stirbt die gelobte Alternativart massenweise ab. Sie ist wohl doch nicht so gut für Trockenstandorte geeignet … Glücklicherweise stehen meist jüngere Eichen unter den Todeskandidaten und der Wald erneuert sich so noch rascher in Richtung natürlicher Waldgesellschaft. Für die Umwelt ist so ein Wechsel also kein Beinbruch.

Der zweite Ersatzbaum ist die Douglasie, die aus Nordamerika, genauer gesagt von der Nordwestküste Amerikas stammt. Dort bildet sie ganze Urwälder, und dort hätte man sie besser auch gelassen. Neugierige Förster pflanzten sie jedoch schon vor 100 Jahren in die Alte Welt, wo sie zu beeindruckenden Riesen heranwuchsen. Ihre Eigenschaften sind bestechend. Sie wächst viel schneller als die Fichte und verträgt dabei mehr Trockenheit und Wärme. Ihr Holz eignet sich gut für Gartenmöbel oder Terrassendielen, da es auch ohne Schutzanstrich kaum fault. Mittlerweile bezahlen Sägewerke für Douglasien aufgrund dieser Eigenschaften höhere Preise als für andere Nadelhölzer. Wird bei der Holzernte ein Stamm beschädigt, so führt die Wunde nicht zu einer Stammfäule. Douglasien sind demnach unübertroffen und vor allem offensichtlich bestens für unser zukünftiges Klima gerüstet. Die staatlichen Forstverwaltungen werden daher nicht müde, allen Waldbesitzern den Anbau dieser Bäume wärmstens ans Herz zu legen. Und viele Privatwaldbesitzer folgen nur zu bereitwillig dem Rat der Experten.

Doch Douglasien können noch mehr. Sie trotzen den Borkenkäfern, die gerade landstrichweise die Fichten dahinraffen. Dass darunter ökologische Wüsten entstehen, dass Hornmilben, Springschwänze, Pilze und heimische Pflanzen wenig mit der fremdartigen Biomasse mit ihren nach Orangen duftenden ätherischen Ölen anfangen können, wen interessiert das?

Förster rühmen sich, langfristig zu denken, aber bei den Douglasien scheint dieses Gedächtnis Lücken zu haben. Denn die Amerikaner sind ja erst ein Jahrhundert bei uns, also gerade einmal ein Viertel eines normalen Baumlebens. Welche Auswirkungen sie auf das mitteleuropäische Ökosystem haben, kann noch niemand beurteilen. Auch für die Zugereisten selber kann das noch nicht einmal ansatzweise abgeschätzt werden. Jede Art hat ganz spezifische Schadorganismen, die sie befallen. Diese sind im Fall der Douglasie bisher überwiegend jenseits des Atlantiks geblieben. Hier bei uns konnten die Neuankömmlinge daher sorglos wachsen, denn Douglasienschädlinge gab es hier nicht. Das änderte sich jedoch mit der Zeit, wie ein Beispiel verdeutlichen mag. Grundsätzlich galt, dass der Furchenflügelige Fichtenborkenkäfer keine Douglasien befällt. Doch vor einigen Jahren berichtete die Fachpresse Alarmierendes aus Österreich. Dort wurden plötzlich ganze Douglasienbestände von diesen Insekten attackiert, die etliche der Bäume zum Absterben brachten.[60] Offensichtlich hatte es einige Dekaden gebraucht, bis die Käfer auf den Geschmack gekommen waren.

Im Zuge des ungebremsten globalen Handels kommen die Peiniger oft mit großer Verzögerung bei uns an. Im Sommer 2007 erhielt ich einen Anruf des Bürgermeisters der Nachbargemeinde. Ich solle mir einmal die Bäume neben dem Gemeindehaus ansehen, da seien monsterartige Blattläuse zugange. Tatsächlich, schon beim Einbiegen auf den Parkplatz sah ich unter den Nadelbäumen einen klebrigen Belag auf dem Boden. Bei den befallenen Bäumen handelte es sich um Coloradotannen. Solche Koniferen werden seit Jahrzehnten in europäischen Gärten und Parks kultiviert und auch bei mir am Forsthaus steht ein Exemplar. Bisher war die Art unauffällig. Die beiden Bäume am Gemeindehaus waren jedoch über und über mit fetten, schwarzen Läusen besetzt. Mehr als einen halben Zentimeter Länge maßen die größten unter ihnen. Ihr zuckersüßer Kot erzeugte einen klebrigen Nieselregen, der nicht gerade schön für ein öffentliches Gebäude war. Ich hatte bis dato noch nichts von den kleinen Monstern gehört und musste erst einmal nach Hause fahren, um mich auf den Homepages der

Forschungsinstitute zu informieren. Es handelte sich offensichtlich um Coloradotannentriebläuse, die es bisher bei uns nicht gegeben hatte. Sie wurden mit Waren aus Nordamerika bei uns eingeschleppt und werden nun wohl auch auf Dauer bleiben. Zwar schaden sie den Coloradotannen nicht übermäßig, jedoch kann diese Baumart aufgrund der ungebetenen Gäste für den Garten nicht mehr empfohlen werden.

Waldwirtschaft ist eine langfristige Angelegenheit. Im Zweifelsfall sollte man daher auf Bewährtes setzen. Ich verstehe meine Kollegen nicht, wenn sie ohne Not fremde Baumarten anpflanzen und das Risiko, das Nachzügler in Form von Pilzen oder Insekten mit sich bringen können, einfach ignorieren. Denn ob sich nicht heimische Nadelhölzer wirklich lohnen, können erst mehrere Generationen nach uns beurteilen.

Gefahren von Exoten drohen aber nicht nur durch experimentierfreudige Förster. Auf den Wald kommen durch den globalen Handel Risiken zu, die manche Art an den Rand des Aussterbens bringen kann. Ein trauriges, frühes Beispiel sind Ulmen. Ihnen geht es seit den 1960er-Jahren ans Leder. Denn mit Holzimporten aus Asien wurde eine aggressive Pilzart eingeschleppt. Normalerweise kann sich ein Baum gut gegen Pilzattacken wehren, aber in diesem Fall gibt es mit dem Ulmensplintkäfer einen Wegbereiter. Er bohrt sich in seine Lieblingsbäume, um dort ein wenig zu fressen. Das funktionierte viele Tausend Jahre problemlos, bis der asiatische Import ins Spiel kam. Denn die Käfer verbreiten ungewollt die Pilzsporen und bringen diese beim Einbohren durch die Borke mit ins Holz. Ist die Rinde als letzte Barriere gegen Infektionen überwunden, so fängt der Pilz an, das Holz zu befallen. Er wuchert in den äußeren Jahresringen, die für den Wassertransport zuständig sind. In seiner Not versucht der Baum, die befallenen Areale abzuriegeln, indem er die Leitungen verstopft. Damit fließt aber auch kein Wasser mehr, und im weiteren Verlauf verdurstet die Ulme. Das Ulmensterben ist schon über ganz Europa, ja sogar Nordamerika gezogen und hat dafür gesorgt, dass die verschiedenen Arten lokal ausgestorben sind.

Auch von der Industrie droht Ungemach. In Holzpaletten, auf denen Waren aus China geliefert werden, gelangte ein Laubholzbockkäfer in die Umgebung von Bonn. Hier entfloh er und befiel heimische Laubbäume, in deren Äste er daumendicke Löcher bohrte. Die befallenen Stämme brachen ab, die Bäume starben. Ähnliche Käfer waren in Zierpflanzen versteckt, die 2008 über Lebensmitteldiscounter vertrieben wurden. Im globalen Handel bedeuten Vorsicht und Quarantänemaßnahmen jedoch finanzielle Einbußen, die das Wachstum bremsen und den Warenverkehr hemmen. Der Verzicht auf solche Vorkehrungen gefährdet unsere Umwelt und unsere Wälder, die einmal mehr das Nachsehen haben.

Ökologische Waldwirtschaft

Müssen Waldnutzung und Waldzerstörung Hand in Hand gehen? Diese Frage kann niemand beantworten. Nach heutigem Stand des Wissens ist jedoch eine Kombination aus ökologisch bewirtschafteten Flächen und Schutzgebieten vertretbar, die das Ökosystem Wald erhalten oder erneuern kann.

Nicht in jeder Packung, auf der öko steht, ist auch öko drin. Offiziell wirtschaften heute alle Forstbetriebe umweltfreundlich, denn die Bevölkerung beginnt, zu rebellieren. Regelmäßig erreichen mich Anfragen von Bürgerinitiativen, die sich gegen die örtlichen Förster zur Wehr setzen. Von Maschinen zerstörte Waldwege, starke Holznutzungen, bei denen die alten Bäume fast völlig verschwinden, der wieder aufkommende Nadelholzanbau: Die Bevölkerung ist heute so gut informiert, dass die Waldhüter nicht mehr widerspruchsfrei wirken können. Anstatt nun die Arbeitsweise umzustellen, wird einfach behauptet, die besonders schonenden Methoden ließen sich nur in wenigen Landschaften umsetzen. Wie oft musste ich schon hören, nur dort seien die klimatischen Bedingungen gegeben, ließe sich der Wald urwaldähnlich bewirtschaften. Damit Sie nachvollziehen können, wie sehr geschwindelt wird, möchte ich Sie zu den Wurzeln der ernsthaft umweltfreundlichen Forstwirtschaft entführen.

Es gibt in Deutschland einen Zusammenschluss ökologisch wirtschaftender Förster, der eine lange Tradition hat. Im Jahr 1950 gründete sich die Arbeitsgemeinschaft Naturgemäße Waldwirtschaft, kurz ANW genannt. In ihr fanden sich Forstleute zusammen, die schon lange gegen den Strom geschwommen waren.

Sie wollten die natürlichen Prozesse eines Waldes so wenig wie möglich stören, wollten aus Beobachtung lernen und im eigenen Revier Schüler der Natur sein. Klar, dass Kahlschläge, Chemie und Nadelholzplantagen nicht infrage kamen.

Die Schweiz und Österreich folgten deutlich später. Hier wurden erst unter dem Namen ANW, dann unter ProSilvaSchweiz bzw. Pro Silva Austria in den Jahren 1992 und 2000 ähnliche Organisationen gegründet. Dabei gab es im Alpenraum schon früher bekannte Pioniere der umweltfreundlichen Waldwirtschaft. So etwa Henri Biolley, der im Schweizer Jura im Gemeindewald von Couvet tätig war. Er wirtschaftete nach der Plentermethode, bei der alle Altersstadien eines Wirtschaftswalds auf kleinster Fläche erhalten bleiben. Er dokumentierte jeden Eingriff akribisch, vermaß alle lebenden Exemplare und wiederholte diese Inventuren regelmäßig im Abstand einiger Jahre. Dadurch konnte er sein Wirken besser kontrollieren und verstand, was seine Maßnahmen bewirkten. Für den Gemeindewald war dies ein Segen und glücklicherweise führten seine Nachfolger sein Werk fort. Heute steht in Couvet ein Vorzeigebestand. Mächtige alte Bäume, unter ihnen ihr Nachwuchs im Dämmerlicht, nur hier und da ein Baumstumpf, der von einer schonenden Holzernte zeugt: ein schönes Beispiel für die Harmonie von Mensch und Natur.

Solche Pioniere hat es in jedem Land gegeben und selbst diese Vorväter der naturgemäßen Waldwirtschaft griffen auf das Wissen ihrer Vorfahren zurück. Oft waren dies einfache Bauern, die mit gesundem Menschenverstand schonend mit ihrem Eigentum umgingen. Wurde in diesen Wäldern Holz geerntet, sahen die Bestände hinterher nicht viel anders aus als zuvor. Das war den amtlichen Kontrolleuren unheimlich. Konnte es nicht sein, dass die Besitzer heimlich den Wald plünderten, mithin mehr Bäume fällten, als nachwuchsen? Daher wurde diese waldfreundliche Verfahrensweise, die Plenterung, im 19. Jahrhundert gesetzlich verboten.[61] Denn das Kästchenschema eines Kahlschlagbetriebs ließ sich viel besser überwachen. Wurde eine Parzelle abgeholzt, so musste sie wieder aufgeforstet werden. So eine Fläche ließ sich vermessen, da gab es keine Unklarheiten. Bis heute hält sich aus dieser Zeit die Lehrmeinung vieler Professoren und damit auch etlicher Förster, Plenterwald könne es nur im Alpenraum, dem Schwarzwald oder der Schwäbischen Alb geben, da er sonst kaum zu finden ist. Gewiss, dort finden sich besonders viele Beispiele solcher Baumbestände. Das hat aber nichts mit der Landschaftsform zu tun, sondern mit der Hartnäckigkeit der dortigen Landbevölkerung. Denn diese hat dort gegen die amtlichen Anordnungen weiter nach alter Väter Sitte gewirtschaftet. Heute sind die Parzellen dieser Rebellen forstliche Mekkas, zu denen busweise staunende Waldbesitzer gekarrt werden, um einmal mehr oder minder echte Wälder zu sehen.

Die Übertragbarkeit auf weitere Gebiete demonstrieren ebenso unbeugsame Waldbesitzer anderer Regionen, etwa die des Waldgebiets Hainich in Thüringen. Auch dort gibt es Plenterwälder, die im Gegensatz zu denen des Alpenraums mit seinen Buchen, Tannen und Fichten ausschließlich aus Laubbäumen bestehen.

Hoffnung Generationswechsel?

Die Hoffnung ruht auf der Jugend. Dieses alte Prinzip sollte auch im Wald Gültigkeit haben. Wenn dereinst die alten Förster in Pension gehen, werden sie durch frische, dynamische ersetzt, die den Wäldern wieder aufhelfen können. Auch hier in Hümmel bieten wir in jedem Jahr zwei Praktikumsplätze an, um das erworbene Wissen weiterzugeben. Für mich ist es nebenbei eine Art Training, bei dem ich meine Kenntnisse überprüfen und gut verständlich formulieren muss. Zudem werde ich so auf dem Stand des aktuellen Fachwissens gehalten. Und das ist vielfach erschreckend. Eine ganz banale Frage, die ich den jungen Leuten standardmäßig stelle, ist die nach der Größe ausgewachsener Bäume. Schließlich sollte man die Wesen, die uns anvertraut werden, wenigstens von den Eckdaten her kennen. Wie hoch wird eine Fichte, welchen Kronendurchmesser erreicht eine erwachsene Buche? Da ernte ich oft nur weit aufgerissene Augen oder höre viel zu kleine Werte. Wie alt so ein Baum denn werden könne? 100 oder 200 Jahre, kommt es dann zaghaft zurück. Und das ärgert mich gewaltig. Studenten erfahren scheinbar nichts über die sagenhaften Entdeckungen in Schweden mit ihren fast 10 000 Jahre alten Fichten, über die Kommunikation zwischen den Bäumen oder ihr extrem langsam erfolgendes Jugendwachstum. Was die Hochschüler hingegen bestens parat haben, ist Fachwissen zum Betrieb von Plantagen. Welche Maschine wann wo eingesetzt werden muss, welche Chemikalien einzusetzen sind oder wie ein Baum zu schnellstem Wachstum angeregt werden kann, um ihn rasch zu ernten – davon wissen sie viel zu erzählen. Auch das gute

Öko-Image von Holz ist schon fest in den Köpfen verankert. So viel wie möglich davon solle die Wirtschaft verwenden – jeder gefällte und verarbeitete Stamm sei ein Segen für die Natur.

Was nicht vermittelt wird, sind Respekt und Liebe für das einzigartige, komplizierte Ökosystem Wald. Wo eigentlich Langsamkeit gefragt wäre, wird Geschwindigkeit gelehrt, wo genaues Hinsehen erforderlich wäre, herrscht grobes Verallgemeinern.

Die Misere beginnt schon mit einer Art Filter. Menschen fühlen sich zumeist nur unter Gleichgesinnten wohl und das ist bei Studenten nicht anders. Diese Gesinnung wird bereits durch die Rahmenbedingungen vorgegeben. So ist es an einigen Fakultäten immer noch erlaubt, Hunde mit in die Vorlesung zu bringen. Diese Ausnahmeregelung gilt nicht für alle Studenten, wohl aber für angehende Förster. Und damit werden die Hochschüler beruflich in eine völlig falsche Richtung gelenkt. Immerhin sollen sie später als Beamte und Angestellte, überwiegend in öffentlichen Verwaltungen, Dienstleistungen für die Bevölkerung erbringen. Stellen Sie sich einmal vor, an jeder Kasse eines Supermarkts säße ein grimmiger Schäferhund. Wie oft würden Sie dort noch einkaufen gehen? Ruppige Jagdhunde, die jede Erziehung vermissen lassen und Spaziergänger anspringen, sind häufige Begleiter meiner Berufskollegen und werden gern zu dienstlichen Anlässen jeglicher Art mitgenommen. Das ist in der heutigen Zeit, in der die Orientierung am Wohl des Kunden höchste Priorität genießt, nicht mehr angebracht. Doch wenn schon an den Hochschulen suggeriert wird, so etwas gehöre zur Grundausstattung, dann wird sich daran so schnell nichts ändern.

Weiter geht es mit der Kleidung. Je schlampiger und dreckiger, desto besser. So zumindest präsentieren sich mir etliche Anwärter auf ein Praktikum bei ihrem Vorstellungsgespräch und so treten viele ihren Dienst in Hümmel an. Ich komme mir manchmal wie ein Erziehungsberechtigter vor, wenn ich in langen Gesprächen klarmachen muss, dass unsere Kunden gern zuvorkommend behandelt werden. Und dazu gehören nun einmal gewaschene Haare, der Gebrauch von Deo und einigermaßen saubere Kleidung. Gewiss, ein Förster darf als solcher erkennbar sein, aber muss er zehn Meter gegen den Wind stinken? Auf meine Frage, warum er denn mit völlig verdreckter Hose und verschwitztem T-Shirt zu einem wichtigen Kundentermin erschien, antwortete mir ein Student: »Aber man darf doch sehen, dass ich gearbeitet habe!«

Zurück zu den Hochschulen. In einer solchen Horde fühlt sich nicht jeder wohl und zartbesaitete Zeitgenossen, die mit ihrer anderen Art der Waldwirtschaft neue Impulse geben könnten, werden eher abgeschreckt. Als ob das noch nicht reichte, kommt noch das Thema Jagd hinzu. Förster sind eine der wenigen Berufsgruppen, die dienstlich und somit kostenfrei jagen können. Zudem gibt es als Studienfach den Jagdschein gratis obendrauf. Aus diesem Grund ziehen forstliche Studiengänge viele junge Menschen aus Förster- oder Jägerfamilien an, denen nicht der Wald, sondern die Trophäenjagd sehr am Herzen liegt. Eine geistige Erneuerung, ein Befreiungsschlag für die geschundenen Wälder ist unter diesen Voraussetzungen nicht zu erwarten. Abhilfe könnten meiner Meinung nach Quereinsteiger schaffen, die man zu Professoren ernennen könnte. Lutz Fähser, ehemaliger Leiter des nach Greenpeace-Standards bewirtschafteten Stadtwalds Lübeck, wäre so ein Kandidat. Doch der eloquente Förster gilt in Fachkreisen als forstlicher Spinner und der Lübecker Stadtwald als abschreckendes Beispiel, das keinesfalls Schule machen soll, schließlich kombiniert er die Plenterwirtschaft mit Schutzgebieten. Wenn das jeder Kollege umsetzen müsste – nicht auszudenken …

Hoffnung am Horizont?

Gibt es in Mitteleuropa nicht viele schöne Wälder? Habe ich nicht alles ein bisschen zu krass geschildert? Nein. Es fällt nur kaum jemandem auf, wie kaputt diese Ökosysteme sind. Und das hängt mit dem Gewöhnungseffekt zusammen. Dazu würde ich mit Ihnen gern eine kleine Zeitreise in die Zukunft machen, und zwar auf die Insel Borneo. Die Regenwälder dort sind heute schon fast vollständig verschwunden und überall erstrecken sich Öl-palmplantagen bis zum Horizont. Viele heimische Tier- und Pflanzenarten sind ausgerottet und die Orang-Utans finden kaum noch einen intakten Platz zum Überleben.

Einige Jahrzehnte später hat sich die Bevölkerung an die Palmen, die ursprünglich aus Afrika stammen, gewöhnt. Wenige Vogel-, Säugetier- und Insektenarten konnten sich anpassen und leben nun in diesen Monokulturen. Ein kleines bisschen Artenvielfalt ist also geblieben. Die Kinder und Kindeskinder finden diese »Wälder« inzwischen normal, wissen nichts mehr vom einstigen Urwald und ihren Bewohnern. Proteste gegen Öl-palmpflanzungen sind unbekannt, warum auch? Palmen in den Tropen sind idyllisch, produzieren nebenbei Nahrungsmittel und Treibstoff und dienen dabei etlichen Tieren und Pflanzen als Ökosystem. Wenn nun noch für jeden Baum, der gefällt wird, ein neuer gepflanzt wird, so ist der Nachhaltigkeit Genüge getan, oder?

Wir hingegen sind längst in diesem Szenario angekommen. Nadelhölzer auf großer Fläche, eine enorme Artenverarmung und keinerlei Urwald mehr, daran haben wir uns seit Generationen gewöhnt. Protestieren würden wir nur, wenn diese Plantagen verschwinden würden. Aber da die meisten Förster dieses System erhalten wollen, herrscht hier größtenteils Konsens mit der Bevölkerung. Was wir wirklich verloren haben, was es noch zu retten oder wiederherzustellen gilt, wissen wir gar nicht mehr. Wer hat schon einmal einen europäischen Urwald gesehen, Bäume, die in Würde altern dürfen oder eine Baumjugend, die sich mit dem Wachstum noch Zeit nehmen darf? Und ohne diesen Vergleich ist es sehr schwer, die Missstände in unseren Kunstforsten wahrzunehmen.

Sind alle Förster Waldschinder? Nein, natürlich nicht. Ich kenne einige Kollegen, die sich aufopfernd um ihr Revier kümmern. Sie möchten der Natur zu ihrem Recht verhelfen, wollen urwaldähnliche Waldstrukturen aufbauen und das Rad der Plantagengeschichte zurückdrehen. Organisiert sind sie europaweit im Verein Prosilva. Einen ähnlichen Zusammenschluss gibt es mit dem Ökologischen Jagdverband bei ökologisch orientierten Jägern.

Trotzdem bleibe ich bei meinen Aussagen. Denn ich schätze, dass 95 Prozent der Jäger und Förster genauso handeln, wie ich es beschrieben habe. Unsere Waldwirtschaft wird tatsächlich auf dem Niveau eines Entwicklungslands betrieben, nur besser verbrämt.

Etwas Optimismus möchte ich Ihnen zum Schluss dennoch mitgeben. Dazu reisen wir gedanklich noch einmal nach Brasilien. Die tropischen Regenwälder dort gelten als artenreichste, aber auch besonders fragile Ökosysteme. Manche Arten kommen nur auf wenigen Quadratkilometern vor und ein Hektar Wald, eine Fläche von 100 mal 100 Metern, weist oft mehr Baumarten auf als ganz Mitteleuropa. Holzt man hier ab, so geht dies alles verloren. Nicht nur Affen, Faultiere und seltene Schmetterlinge verschwinden für immer, sondern auch der empfindliche Boden.

Denn die geologisch besonders alte Erde enthält kaum Mineralien. Der Wald hält diesen kargen Vorrat im stetigen Kreislauf fest – was hinunterfällt, wird von Kleinstlebewesen zersetzt und gleich wieder von den Bäumen aufgenommen. Verschwinden die Urwaldriesen durch Abholzung, so gehen auch die Nährstoffe verloren. Sie werden mit den Regengüssen fortgespült, zurück bleibt karges, unfruchtbares Land. So meinte man jedenfalls bisher. Doch wie die *Frankfurter Allgemeine Sonntagszeitung* im August 2008 berichtete, entdeckten Forscher im heutigen Regenwald ausgedehnte historische Siedlungsgebiete der Ureinwohner.[62] Vor vielen Jahrhunderten dehnten sich im südlichen Amazonasgebiet Städte, Ackerflächen, Wege und Straßen aus. Gräben und Aufschüttungen zeugen von intensiven Bauarbeiten, die nach dem Erlöschen der Kultur wieder vom Regenwald verschluckt wurden. Dies ist beispielsweise im Bundesstaat Rondonia der Fall, in dem heutzutage rücksichtslos abgeholzt wird und nun die Zeugen der Vergangenheit zur Überraschung der Wissenschaftler an Stellen auftauchen, an denen es sie gar nicht geben dürfte. Weite Teile der für ursprünglich gehaltenen Wildnis sind es möglicherweise gar nicht, der sogenannte Primärwald ist vielerorts in Wahrheit ein Sekundärwald, also erst nach massiver menschlicher Einflussnahme wieder neu entstanden. Abgesehen davon, dass so auch der Mythos vom ökologisch korrekten Ureinwohner ein wenig entzaubert wird, widerspricht diese Entwicklung der These, ein einmal abgeholzter Regenwald sei für alle Zeiten verloren. Damit sind die bis dato gültigen wissenschaftlichen Annahmen zur Waldregeneration zumindest in ihrer Allgemeingültigkeit widerlegt. Sollte das möglicherweise auch für unsere Gefilde gelten?

Ich gebe die Hoffnung nicht auf, dass Urwälder auch bei uns eine neue Chance erhalten. Dazu sind wir in meinen Augen schon allein moralisch verpflichtet. Denn solange wir nicht vor der eigenen Haustüre kehren, brauchen wir nicht mit Tränen in den Augen nach Malaysia oder Indonesien zu schauen und das Aussterben der Orang-Utans zu beklagen. Aber da sind ja noch Sie. Hätten Sie nicht Lust, Ihren Waldhütern einmal ein wenig auf die Finger zu sehen? Oder bei der nächsten Stadt- oder Gemeinderatssitzung dabei zu sein, bei der Waldfragen verhandelt werden, gar zuvor eine Eingabe zu machen? Vielleicht dem staatlichen Forstamt um die Ecke unangenehme Fragen zu stellen? Es lohnt sich in jedem Falle, denn es ist Ihr Wald, es sind Ihre Bäume, die Hilfe brauchen. Jetzt.

Quellenverzeichnis

1 Bundesministerium für Ernährung, Landwirtschaft und Verbraucherschutz (BMELV) (2011): Unser Wald. Berlin
   sowie: Bundesamt für Umwelt BAFU: Waldfläche.
   www.bafu.admin.ch/wald/01198/01201/index.html?lang=de. Stand 07.09.2012
   sowie: Bundesforschungszentrum für Wald (2012): Österreichs Wald. Wien

2 Bundesministerium für Ernährung, Landwirtschaft und Verbraucherschutz (BMELV) (2011): Unser Wald. Berlin

3 Bundesministerium für Land- und Forstwirtschaft, Umwelt und Wasserwirtschaft (2012): Holzeinschlag 2011 gestiegen – Schadholzanteil weiter rückläufig.
   www.lebensministerium.at/forst/oesterreich-wald/wirtschaftsfaktor/rohstoff-holz/holzeinschlag_2011.html. Stand 07.09.2012
   sowie: Hofer P. et al. (2011): Holznutzungspotenziale im Schweizer Wald. Auswertung von Nutzungsszenarien und Waldwachstumsentwicklung. Bundesamt für Umwelt. Bern. Umwelt-Wissen Nr. 1116
   sowie: Statistisches Bundesamt: Forstwirtschaft – Gesamteinschlag nach Baumartengruppen. www.destatis.de/DE/ZahlenFakten/Wirtschaftsbereiche/Land-Forstwirtschaft/Forstwirtschaft/Tabellen/GesamteinschlagHolzartengruppen.html. Stand 07.09.2012

4 Schutzgemeinschaft Deutscher Wald: Was leistet der Wald für uns?
   www.sdw.de/waldwissen/oekosystem-wald/waldleistungen. Stand 07.09.2012

5 Denzler, L. (2007): Der Bödmerenwald unter der Lupe. www.waldwissen.net/wald/naturschutz/monitoring/wsl_boedmerenwald/index_DE.
   Stand 25.09.2012

6 Boland, W. (2007): Wehrhafte Pflanzen: Abwehr und Kommunikation mit Düften. In: Labor & more, 1, S. 34–39

7 ZDF.umwelt: Raubbau am Wald. Sendung vom 16.06.2011

8 Zimmermann, R. (2011): Erfassung und Operationalisierung von ökosystemaren Funktionen und Dienstleistungen im Hinblick auf eine nachhaltige Waldnutzung. Diplomarbeit am Institut für Umweltforschung der RWTH Aachen

9 Niederlich, I. (2012): Sind unsere Buchenwälder in Gefahr? In: Abendzeitung Nürnberg. 08.05.2012

10 Wellenstein, G. (1975): Biologische und öko-toxikologische Probleme bei einer Flug-Begiftung unserer Wälder mit Derivaten der Phenoxyessigsäure. In: Plant foods for human nutrition, 1, S. 1–20

11 Mit Helikoptern gegen Forstschädlinge in der Mark. In: Märkische Allgemeine. 04.05.2012

12 Land Brandenburg, Landesbetrieb Forst Brandenburg (2012): Bekämpfungsmaß-
nahmen 2012 gegen Forstschädlinge. www.forst.brandenburg.de/sixcms/detail.
php/550473. Stand 24. 09. 2012

13 Thüringer Landesforstverwaltung (2008): »Kyrill« – Ein Orkantief mit weitrei-
chenden Folgen für die Thüringer Forstwirtschaft. www.thueringen.de/de/forst/
thueringenforst_anstalt_oeffentlichen_rechts/forstaemter/Frauenwald/kyrill.
Stand 12. 09. 2012

14 Conedera, M. et al. (2007): Pilze als Pioniere nach Feuer. In: Wald und Holz, 11, S. 45

15 Arnold, W. (2002): Der verborgene Winterschlaf des Rotwildes. In: Der
Anblick, 2, S. 28–33

16 Dohle, U. (2009): Besser: Wie mästet Deutschland? In: Ökojagd, Februar, S. 14–15

17 Niedersächsisches Ministerialblatt (2007): Langfristige, ökologische Waldentwick-
lung in den Niedersächsischen Landesforsten (LÖWE-Erlass). www.landesforsten.
de/fileadmin/doku/W_u_U/loewe_erlass_2007.pdf. Stand 24. 09. 2012

18 Motorradzeitung (2012): Wildunfälle: Vorsicht in der Dämmerung!
www.motorzeitung.de/news.php?newsid=71651. Stand 16. 09. 2012

19 Gesamtverband der Deutschen Versicherungswirtschaft e. V. (GDV): Pressemitteilung. 07. 11. 2011

20 Deutscher Jagdschutzverband: Wildunfall-Statistik 2010/2011. medienjagd.test.
newsroom.de/201011_wildunflle2.pdf. Stand 24. 09. 2012

21 European Court Of Human Rights (2012): Grundstückseigentümer hätte nicht
verpflichtet werden dürfen, die Jagd auf seinem Land zu dulden. Pressemitteilung
des Kanzlers Nr. 274, 26. 06. 2012

22 VOX-TV, Sendung hundkatzemaus vom 31. 03. 2012

23 Spoerrle, M. (2007): Waidmanns Unheil.
www.zeit.de/2002/06/Waidmanns_Unheil. Stand 16. 09. 2012

24 Naturschutzgroßprojekt Obere Ahr-Hocheifel: Extensivgrünland.
www.obere-ahr-hocheifel.de/index.php?id=276. Stand 25. 09. 2012

25 Deutscher Bundestag, Drucksache 17/6021, 31. 05. 2011

26 Statistisches Bundesamt (2012): Bruttoinlandsprodukt 2011 für Deutschland.
Wiesbaden

27 Auswärtiges Amt (2012): Wirtschaft. www.auswaertiges-amt.de/DE/Aussenpolitik/
Laender/Laenderinfos/Brasilien/Wirtschaft_node.html. Stand 18. 09. 2012

28 Verband der Deutschen Säge- und Holzindustrie e. V.: Säge- und Holzindustrie –
Die Branche. www.saegeindustrie.de. Stand 18. 09. 2012

29 Mrosek, T. Kies, U. und A. Schulte (2005): Clusterstudie Forst und Holz 2005.
www.wald-zentrum.de/pdf/projekte/Clusterstudie.pdf. Stand 18. 09. 2012

30 Wald-Zentrum: Clusterstudie Forst- und Holzwirtschaft Bundesrepublik
Deutschland. www.wald-zentrum.de/index_innen.php?unav=projekte&subnav=
aktuelle&seite=clusterstudie_deutschland.html. Stand 18. 09. 2012

31 Bundesministerium für Ernährung, Landwirtschaft und Verbraucherschutz: Das
potenzielle Rohholzaufkommen in Deutschland. www.bundeswaldinventur.de/
enid/867d49b1b41e508e23a60790befb5ade,0/7p.html.
Stand 18. 09. 2012

32 Heitkamp, A. (2003): Die Einrichtung von (Ziel-)Nationalparks in Deutschland – dargestellt am Beispiel des für 2004 geplanten »Nationalpark Eifel«, Hausarbeit zur Erlangung des Grades Magister Artium der Philosophischen Fakultät im Fachbereich Geographie der Heinrich-Heine-Universität Düsseldorf. www.nationalpark-eifel.de/data/inhalt/Magisterarbeit_Eifel_1086941555_1136453997.pdf. Stand 24.09.2012

33 Verband der Säge- und Holzindustrie Baden-Württemberg e.V.: Positionspapier VSH – Ist der Schwarzwald für einen Nationalpark geeignet? www.vsh.de/nationalpark/positionspapier. Stand 25.09.2012

34 Bundesverband Säge- und Holzindustrie Deutschland (2012): Nationalpark Rheinland-Pfalz: Sägeindustrie fordert zeitgemäße Alternativen. www.bshd.eu/sites/pressemitteilungen.php?id=170&headline=Nationalpark%20Rheinland-Pfalz:%20S%F4geindustrie%20fordert%20zeitgem%F4%DFe%20Alternativen Stand 25.09.2012

35 Arbeitsgemeinschaft Deutscher Waldbesitzerverbände e.V. (2012): Buchwälder schützen durch nützen! www.agdw.org/index.php?option=com_content&view=article&id=64:buchenwaelder-schuetzen-durch-nuetzen&catid=11&Itemid=119. Stand 25.09.2012

36 Holzverbrauch 2011 auf über 1,3 m^3 pro Kopf gestiegen. In: Holz-Zentralblatt, 38, 21.09.2012, S. 1

37 Positionspapier des Vereins für Forstliche Standortskunde und Forstpflanzenzüchtung e.V. (VFS) (2006): Integrative Waldwirtschaft versus Segregation der Waldfunktionen. www.vfs-freiburg.de/html/seiten/output_adb_file.php?id=771. Stand 04.10.2012

38 Interne Mitteilung der Landesforstverwaltung Rheinland-Pfalz an ihre Mitarbeiter zur Vermeidung künftiger Gefahrensituationen

39 Ministerium für Umwelt, Landwirtschaft, Ernährung, Weinbau und Forsten (2011): BAT-KONZEPT: Konzept zum Umgang mit Biotopbäumen, Altbäumen und Totholz bei Landesforsten Rheinland-Pfalz

40 Pencz, H. (2007): Ausweisung von Altholzinseln. In: AFZ-Der Wald, 1, S. 29–31

41 Bundesamt für Naturschutz (BfN) (2007): Europäische Buchenwaldinitiative. BfN-Skripten 222, S. 7

42 www.wildebuche.de

43 Arbeitsgemeinschaft Deutscher Waldbesitzerverbände e.V. (2008): Forst- und Holzwirtschaft tragen zum Klimaschutz bei. www.agdw.org/index.php?option=com_content&view=article&id=134:forst-und-holzwirtschaft-tragen-zum-klimaschutz-bei&catid=59&Itemid=213. Stand: 19.09.2012

44 Unser Steigerwald e.V.: Ökopopulismus Nationalpark. www.unser-steigerwald.de/blog/2009/okopopulismus-nationalpark. Stand 19.09.2012

45 Arbeitsgemeinschaft Rohholzverbraucher e.V. und Bundesverband Säge- und Holzindustrie Deutschland e.V.: Umweltschutz an falscher Stelle! Die fünf größten Nationalparkirrtümer. www.forstkammer-bw.de/fileadmin/Forstkammer/Download/AGR-BSHD_Nationalpark-Irrtuemer.pdf. Stand 24.09.2012

46 www.treffpunktwald.de

47 FORDAQ (2007): Holzernte – Harvesterfahrer statt Förster. holz.fordaq.com/fordaq/news/Holzernte_Harvesterfahrer_Foerster_Forstunternehmer__16044.html. Stand 24.09.2012

48 Bundeszentrale für politische Bildung (2012): Die soziale Situation in Deutschland: Bevölkerung nach Ländern. www.bpb.de/nachschlagen/zahlen-und-fakten/soziale-situation-in-deutschland/61535/bevoelkerung-nach-laendern. Stand 04.10.2012
sowie: Statistik Austria (2012): Österreich und seine Bundesländer.
www.statistik.at/web_de/services/wirtschaftsatlas_oesterreich/oesterreich_und_seine_bundeslaender/index.html
sowie: Bundesamt für Statistik (2011): Kennzahlen.
www.bfs.admin.ch/bfs/portal/de/index/international/laenderportraets/schweiz/blank/kennzahlen.html. Stand 04.10.2012

49 Schutzgemeinschaft Deutscher Wald Landesverband Rheinland-Pfalz e. V. (2012): Wald-Jugendspiele Rheinland-Pfalz.
www.wald-jugendspiele.de/index.php?Waldjugendspiele. Stand 24.09.2012

50 Brand-Schock, R. (2010): Grüner Strom und Biokraftstoffe in Deutschland und Frankreich. Dissertation an der Freien Universität Berlin

51 + 52 Blasberg, A. und M. Blasberg (2011): Niebel und die Indianer.
www.zeit.de/2011/25/DOS-Ecuador-Yasuni-Nationalpark. Stand 21.09.2012

53 Landesregierung Rheinland-Pfalz, Ministerium für Umwelt, Landwirtschaft, Ernährung, Weinbau und Forsten (2011): Höfken und Lemke kündigen Ausbau der Windkraft im Wald an. www.rlp.de/no_cache/aktuelles/presse/einzelansicht/archive/2011/september/article/hoefken-und-lemke-kuendigen-ausbau-der-windkraft-im-wald-an-1. Stand 21.09.2012

54 Bayerisches Landesamt für Umwelt (2012): Windenergie in Bayern. Augsburg

55 Umweltbundesamt (2008): Klimaschutz konkret – Mut zum Handeln. Berlin

56+57 Schulze, E.-D. et al. (2009): CarboEurope-IP, An Assessment of the European Terrestrial Carbon Balance. Jena

58 Kölling, C. (2007): Klimahüllen für 27 Baumarten: In: AFZ-Der Wald, 23, S. 1242–1245

59 ZDF.umwelt: Raubbau am Wald. Sendung vom 16.06.2011

60 Völkl, M. (2009): Borkenkäfer an Douglasie.
www.bfw.ac.at/db/bfwcms.web?dok=8054. Stand 24.09.2012

61 Landratsamt Freudenstadt (2008): Plenterwald-Pfad

62 von Rauchhaupt, U. (2008): Gartenträume am Xingu. In: Frankfurter Allgemeine Sonntagszeitung, 31.08.2008, S. 59